国家出版基金项目
NATIONAL PUBLICATION FOUNDATION

智能电网技术与装备丛书

中低压直流配电系统运行与控制

Operation and Control of Medium and Low Voltage DC Distribution System

朱　淼　马建军　著

科学出版社
北　京

内 容 简 介

中低压直流配电系统的研究与实践，可有效支撑以新能源为主体的新型电力系统构建，对于高质量电能供给、新能源高效消纳与互联电网灵活运行具有重要意义。本书聚焦直流配电的前沿理论，从直流变换器、区域直流配电系统以及互联直流配电系统三个维度，对若干新型直流电力电子拓扑与直流系统运行控制方法展开系统性介绍。本书同时总结了近年来国内外直流配电领域的工程实践与标准化工作进展，为今后的直流配电研究提供参考。

本书可供能源互联网、智能电网与电工装备领域的科研人员与工程技术人员参考阅读，也可以作为高等院校相关专业教师和学生的参考书。

图书在版编目(CIP)数据

中低压直流配电系统运行与控制=Operation and Control of Medium and Low Voltage DC Distribution System / 朱淼，马建军著.—北京：科学出版社，2022.12

(智能电网技术与装备丛书)

国家出版基金项目

ISBN 978-7-03-074625-2

Ⅰ.①中… Ⅱ.①朱… ②马… Ⅲ.①直流电路-配电系统-电力系统运行 ②直流电路-配电系统-控制 Ⅳ.①TM727

中国版本图书馆CIP数据核字(2022)第255425号

责任编辑：范运年 王楠楠 / 责任校对：王萌萌
责任印制：师艳茹 / 封面设计：赫 健

科 学 出 版 社 出版

北京东黄城根北街 16 号
邮政编码：100717
http://www.sciencep.com

三河市春园印刷有限公司 印刷

科学出版社发行 各地新华书店经销

*

2022 年 12 月第 一 版 开本：720 × 1000 1/16
2022 年 12 月第一次印刷 印张：16
字数：320 000

定价：116.00 元

(如有印装质量问题，我社负责调换)

"智能电网技术与装备丛书"序

国家重点研发计划由原来的"国家重点基础研究发展计划"（973 计划）、"国家高技术研究发展计划"（863 计划）、国家科技支撑计划、国际科技合作与交流专项、产业技术研究与开发基金和公益性行业科研专项等整合而成，是针对事关国计民生的重大社会公益性研究的计划。国家重点研发计划事关产业核心竞争力、整体自主创新能力和国家安全的战略性、基础性、前瞻性重大科学问题、重大共性关键技术和产品，为我国国民经济和社会发展主要领域提供持续性的支撑和引领。

"智能电网技术与装备"重点专项是国家重点研发计划第一批启动的重点专项，是国家创新驱动发展战略的重要组成部分。该专项通过各项目的实施和研究，持续推动智能电网领域技术创新，支撑能源结构清洁化转型和能源消费革命。该专项从基础研究、重大共性关键技术研究到典型应用示范，全链条创新设计、一体化组织实施，实现智能电网关键装备国产化。

"十三五"期间，智能电网专项重点研究大规模可再生能源并网消纳、大电网柔性互联、大规模用户供需互动用电、多能源互补的分布式供能与微网等关键技术，并对智能电网涉及的大规模长寿命低成本储能、高压大功率电力电子器件、先进电工材料以及能源互联网理论等基础理论与材料等开展基础研究，专项还部署了部分重大示范工程。"十三五"期间专项任务部署中基础理论研究项目占 24%；共性关键技术项目占 54%；应用示范任务项目占 22%。

"智能电网技术与装备"重点专项实施总体进展顺利，突破了一批事关产业核心竞争力的重大共性关键技术，研发了一批具有整体自主创新能力的装备，形成了一批应用示范带动和世界领先的技术成果。预期通过专项实施，可显著提升我国智能电网技术和装备的水平。

基于加强推广专项成果的良好愿景，工业和信息化部产业发展促进中心与科学出版社联合策划出版以智能电网专项优秀科技成果为基础的"智能电网技术与装备丛书"，丛书为承担重点专项的各位专家和工作人员提供一个展示的平台。出版著作是一个非常艰苦的过程，耗人、耗时，通常是几年磨一剑，在此感谢承担"智能电网技术与装备"重点专项的所有参与人员和为丛书出版做出贡献的作者和工作人员。我们期望将这套丛书做成智能电网领域权威的出版物!

我相信这套丛书的出版,将是我国智能电网领域技术发展的重要标志,不仅能供更多的电力行业从业人员学习和借鉴,也能促使更多的读者了解我国智能电网技术的发展和成就,共同推动我国智能电网领域的进步和发展。

2019 年 8 月 30 日

前　言

随着智能电网与能源互联网的快速发展，近年来中低压直流电力系统再次受到国内外学术界与工业界的广泛关注。其中，各种高性能的新型半导体器件显著提升了电力电子装置的容量和能量转换效率，为中低压直流电力系统的构建奠定了坚实的器件基础。而以光伏发电、风力发电、储能电池为代表的分布式直流发电元素则进一步丰富了中低压直流电力系统的技术内涵。与此同时，在用户端的各类直流负荷概念，如直流照明与家电、直流楼宇、电动汽车、直流数据中心等，通过直流功率变换环节，节能减排作用显著，为中低压直流电力系统的发展提供了外部驱动力。

在现阶段与可预见的未来，围绕着全社会碳达峰、碳中和目标，中低压直流配电系统在居民低压供电、城市负荷密集区域配网改造、工业园区供电以及交通电气化等领域中均具有广阔的应用前景。中低压电力系统的源-网-荷-储全场景的直流化趋势日趋显著。各类相关基础科学问题与关键技术受到越来越广泛的关注，并成为智能电网与能源互联网下一阶段发展的重要方向和关键组成部分。

然而，中低压直流配电系统同样正面临多种技术挑战。直流功率变换拓扑理论与高性能装备的研制、直流系统集成设计、直流系统控制与保护等方面均存在大量急需深入研究的技术难点。尽管近年来我国中低压直流配电系统实证与示范工程建设得到了较为充分的展开，但国内与国际相关标准规范的制定工作呈现出滞后现状。

基于上述背景，本书对现有中低压直流配电系统发展的基本概念、典型应用场景、工程案例、相关技术标准等进行概述，并从直流配电系统中的变换器、区域直流配电系统以及互联直流配电系统三个维度，分别介绍作者研究团队近年来在中低压直流配电系统相关电力电子拓扑与运行控制方面取得的若干研究成果。

本书共分为6章。第1章从当前配电系统发展趋势出发，分析现有交流配电系统面临的挑战，梳理直流配电系统的主要技术特征、典型结构以及国内外直流配电研究与实践现状，对直流配电系统研究中的关键问题做提炼总结。

第2章介绍直流配电系统的典型电力电子变换器，包括基础DC-DC变换器与DC-AC变换器，两类新型分布式电源接口变换器、两类直流接口变换器。在此基础上围绕直流配电系统直流变换器宽运行范围的工作特点，介绍变参数建模方法与"面向区域"的控制思路，可用于变换器层面的动态特性分析与控制方案设计。

第3章针对由多变换器构成的区域直流配电系统，以单极型系统为对象，介绍分布式控制方式与层级运行策略，进而针对双极型系统，从正负极电压均衡的角度出发，提出自主均衡双极与非自主均衡双极两类拓扑架构与运行方式。

第 4 章介绍由位于不同区域的直流配电系统互联所构成的互联直流配电网，重点介绍作为互联直流配电系统枢纽节点的"直流变电站"概念。通过类比交流变电站，展开直流多端口变电站拓扑架构分析与特性指标评价。同时为实现多端口控制目标，介绍多端口变电站的相应的层级控制架构与集中控制策略等。

第 5 章针对中低压直流配电系统网络复杂化与潮流可控性薄弱之间的矛盾，给出单潮流控制自由度直流潮流控制器的原理分析，并在此基础上提出复合型直流潮流控制器以及模块化多线间直流潮流控制器的新概念，分别对其拓扑与装置级控制进行介绍。

第 6 章介绍直流配电在新能源、交通、建筑、信息等领域的典型应用场景，并对国内外近年来的代表性直流配电工程进行梳理。同时，对直流配电领域的相关标准化工作进行简要概述，为未来的理论研究、技术攻关与工程实践提供参考。

本书由上海交通大学朱淼教授与马建军博士共同撰写，同时借鉴吸收了直流配电领域国内外若干先进理论技术成果。在有关直流系统基础研究及本书初稿形成过程中，作者课题组的李修一博士、钟旭博士做了很多基础性研究工作。同时多位研究生，包括陈阳、胡皓、张弘毅、叶惠丽、潘春阳、裔静、滕百川、刘靖伟等同学均参与了部分资料整理、文稿编纂、图表绘制、文字校对等工作，在此一并感谢。

本书的撰写与出版工作得到"十三五"国家重点研发计划项目（2018YFB0904100）的支持，在此向长期关心与支持项目推进及著作出版的刘建明主任、韦巍教授、袁小明教授、崔翔教授以及项目组各位同仁致以最衷心的感谢与最崇高的敬意。

由于我们的水平和经验有限，书中难免存在不妥之处，恳请广大读者批评指正。作者联系方式：电话，021-34207001；电子信箱，miaozhu@sjtu.edu.cn。

作　者
2022 年元旦

目　录

第1章 概　　述

社会生产的进步引领着社会用电需求的不断增长和用户电能质量要求的持续提高。由于新能源发电的发展和电力电子技术的进步，传统交流配电系统将面临分布式能源大量接入、电力电子负荷持续增长的发展趋势，由此产生了配电系统接线复杂、负荷调度困难和潮流优化困难等一系列问题。

国内外研究表明，相比交流配电网，基于全控器件的直流配电系统，在系统可控性、电能输送容量和供电质量等方面均具有更加优越的性能，且能通过主动控制手段协调分布式能源与配电系统之间的矛盾，充分利用分布式能源，更好地促进"双碳"目标的达成。随着技术的继续进步，直流配电系统在可靠性、稳定性、安全性和经济性等方面的优势将进一步加大，具有巨大的经济价值和市场潜力。

1.1　配电系统应用与背景

城市供用电系统起始于 19 世纪 80 年代，爱迪生创立了爱迪生电灯公司，最早在纽约、伦敦等地通过直流进行配电。随着交流发电机和变压器的发明和推广，交流配电逐渐成为主流的供电方式。应用旋转磁场的两相感应电动机的发明进一步加速了交流电力的供应和普及。19 世纪末期，欧洲、美国的电力传输技术迎来了长足进步，包括发电机、变压器、输电线及作为电力负载的各种电器的发展，初步形成了包含发电、输电、变电、配电以及用电等各环节的完整交流电力系统。至 20 世纪初，斯坦梅茨(Steinmetz)等学者建立了完整的交流理论体系，巩固了交流电力传输技术的发展基础，交流配电技术占据了配电系统的主流地位。

在我国，随着改革开放的推进和国民经济的迅速发展，现代化的居民小区和各类经济技术开发区如雨后春笋，城乡居民用电和工商业电力负荷的不断增长，导致配电系统成为制约经济发展的重要因素之一。具有更加稳定的供电能力、更加优良的电能质量的城市配电系统愈发成为经济发展和社会进步的基本要求。

配电系统是电力系统中直接与用户侧相联系的中低压部分。配电系统直接面向广大的民生需求，因此对自身可靠性提出了很高的要求。其中，城市配电系统是城市基础设施建设的重要组成部分，其影响范围更加广泛。城市配电系统的规划建设和升级改造一般均与所在城市的中长期规划设计密切配合、同步实施。目前，发达国家的城市配电网通常采用多回路网状结构，使其平均供电可靠率达到99.99%以上。对于中小城市配电系统，常常先在高压配电等级构建 110kV 单(或双)环网。高压配电环网建成后,再片运行。面向特大城市配电系统,如日本东京等地,则选择先在市郊建设超高压输电外环,再与高压配电内环相连,为市区居民和工商业供电。

近年来,我国在配电系统建设方面也取得了长足的进步,其主要成果如下[1]。

1. 配电线路升压技术的发展

配电设备通常具有较为宽裕的绝缘裕度。提升电压等级是提升现有配电系统供电能力最直接有效的措施。充分利用现有配电杆塔的绝缘裕度,配合杆塔头部结构改造,并通过一定的措施加强线路绝缘强度、加大线路间距,能够提升配电系统电压等级。

我国众多城市都采用直接升压的方法提高配电系统的供电能力。此外,通过配电线路升压运行,可以淘汰非标准电压,简化系统电压等级,达到提升配电系统运行效率的效果。1959 年起,北京市就已经将 5kV 线路升压为 10kV。目前我国已经普遍采用 10kV 作为中低压配电系统的标准电压等级,部分城市和工业园区正在试点使用 20kV 电压等级。高压配电线路则普遍使用 110kV 和 35kV 电压等级。负荷密度特别大的城市的高压配电系统也可以采用 220kV 电压等级。

2. 配电设备的进步

中压配电变压器的额定容量从数十千伏安增加为数百千伏安甚至更高;高中压配电线路的导线截面积由数十平方毫米增加到 $240\sim400\text{mm}^2$,显著提升了配电线路的载流能力;同时,配电线路断路器的短路电流开断能力大幅提高到 $31.5\sim40\text{kA}$,并广泛使用节能环保、损耗小、可靠性高的成套配电设备等,适应了不断增长的用电负荷需求。

3. 配电系统规划的发展

20 世纪 60~70 年代,由于缺乏统一的城市建设规划意识,配电系统往往仅依据近期负荷需求进行建设,导致配电变电所等投运几年后就需要进一步扩建和重建,造成资金浪费,且难以进行后续的电网优化。80 年代初,随着各项国家标准的制订、修改和落实,配电系统规划逐渐步入正规化、流程化。配电网的建设开始结合城市总体发展规划,以城市中远期负荷发展预测为基础,合理布置配电变电所位置和配电线路走廊。对于传统架空线,部分城市采用窄基杆塔和同塔多回线并架等形式,并注意使架空线路的造型更美观;更多的城市则开始在市中心地区使用地下电缆,建设专用电缆隧道,节约空间资源,进一步美化城市景观。

4. 灵活的配电系统结构

传统配电网络多为放射形,其供电灵活性和可靠性均不能满足现代配电系统的基本需求。因此，现代配电系统通常使用两端供电、双回线或环网等主接线形式并配合多分段多联络环形接线盒等，尽量减少故障导致的系统停电。环形接线、分段运行是常见的配电系统运行方式，能够实现运行可靠性与经济性的统一。

5. 配电网运行管理自动化、信息化

随着计算机技术和通信技术的不断发展，配电系统的运行管理也在发生深刻变化。配电系统自动化技术，利用信息技术将配电系统的系统结构、实时运行、设备状态、用户信息和地理分布等因素结合起来，共同组成全面的配电自动化系统，实现配电系统的控制运行自动化和监管的信息化，显著加强了配电系统的实时监控能力，提升了配电系统供电质量与运行可靠性。

此外，配电系统也出现了一些新的特点和发展趋势。为了响应国际气候保护和环保需求，太阳能、风能等可再生能源将越来越多地接入配电系统。配电系统中的可再生能源通常具有小型化、分布式的特点。同时，位于偏远地区的海岛、钻探平台等孤立负荷，过去常采用柴油机等就地发电方式，用电成本偏高；而城市居民和工商业用电负荷的持续增长也不断对配电系统容量提出新要求。如何将可再生能源更加经济、环保地接入配电系统，并最大限度地发挥其发电潜力，是配电系统亟须解决的重要问题之一。

由于在分布式能源并网等方面的优势，直流输配电技术重新进入了人们的视野。此外，直流输电方式规避了交流电力传输中的稳定性问题，便于引入高性能电力潮流控制技术，且不存在交流电力电缆的充电电流导致的送电容量偏低的问题。上述特点均给直流配电技术的应用带来了新的生命力。

1.2　交流配电系统技术特征

传统交流配电系统通常包括高压配电线路、配电变电站、中低压配电线路、配电变压器和继电保护等环节。由于涉及的电力设备种类和数量繁多，配电系统的投资通常占到电力系统总体投资的一半，运行成本则占到电力系统总体成本的五分之一。配电系统的主要作用是将用户和电力系统发、输电环节相衔接，其主要要求是供电稳定性和电能质量。配电系统的正常运行中，需要在安全可靠的基础上，满足电能质量和运行经济性要求，并保证足够的拓展改造裕度。

1.2.1　交流配电系统结构

选择配电网的主接线方式时，需要综合考虑其可靠性、经济性、电能质量、主变压器和线路负载率、短路容量、"N-1"和"N-2"安全准则等多种因素。传统交流微电网的接线方式主要有辐射状接线、"N-1"接线、多分段多联络接线、$n \times C_n^2$

接线等。

1. 辐射状接线系列

辐射状接线属于无备用接线方式，其主要形式有树枝状(干线式)接线、完全放射状接线和中介点放射状接线三种形式，如图 1-1 所示。

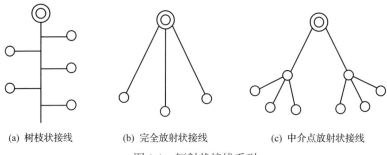

|　　(a) 树枝状接线　　|　(b) 完全放射状接线　|　(c) 中介点放射状接线　|

图 1-1　辐射状接线系列

树枝状接线通常由主干线、次干线和分支线共同构成。其优点在于接线方式清晰简单，但存在供电可靠性差、需进行扩容改造等缺点。当供电负荷沿线分布较为均匀时，可采用树枝状接线，但分支线不宜过多。因此树枝状接线通常只应用于城市配电系统的 6~10kV 架空线供电、非重要用户供电和郊区农村供电。完全放射状接线结构更加简单，但同样存在供电可靠性差、停电影响范围大等缺陷。中介点放射状接线初期施工和后期拓展比较灵活，供电容量较前两种接线方式更大，比较适合用户负荷密集的供电区域。

整体上看，辐射状接线结构简单、经济性好，但整体供电可靠性不高，不能满足"N-1"安全准则，因此仅用于对供电可靠性要求较低的地区。

2. "N-1"接线系列

环网供电、两端供电等有备用接线方式是较为常见的提高配电系统供电可靠性的接线形式。在此基础上，可以发展出多种具有高供电可靠性的接线方式。其中，"N-1"接线方式是在环网系统或两端供电系统的基础上，添加备用供电线路发展而成的。常见的"N-1"接线包括："2-1"接线、"3-1"接线(包括两供一备、互为备用两种接线方式)以及"4-1"接线等，如图 1-2 所示。

图 1-2(a)所示的"2-1"接线方式，具有结构简单、操作运维清晰、供电可靠性高的特点，且便于进行配电自动化改造，因此在目前城镇配电系统中得到普遍应用。但"2-1"接线方式运行方式较少，切换不灵活，配电网整体资源利用率较低。"3-1"接线方式中，对于如图 1-2(b)所示的两供一备接线方式，通常要求线路容量裕度不低于1/3，通过合理切换运行方式，充分利用线路有效载荷，提升配

电网整体运行效率。但两供一备接线方式在正常运行时，线路容易进入满负荷状态，影响运行灵活性，因此实际应用案例较少。图 1-2(c)所示的互为备用接线中，通过合理的运行方式切换，能够将线路的最高负荷控制在安全载流量的 2/3，从而提高配电线路利用率。图 1-2(d)所示的"4-1"接线方式，实际上是一种三供一备接线方式。相比前几种接线方式，"4-1"接线方式运行方式较多，可靠性也显著提升，在负荷集中区域的配电网利用率更高。但"4-1"接线方式的电网结构较为复杂，维护难度大幅增加，且经济性相对较差，目前主要在大中城市负荷密集区域实现应用。

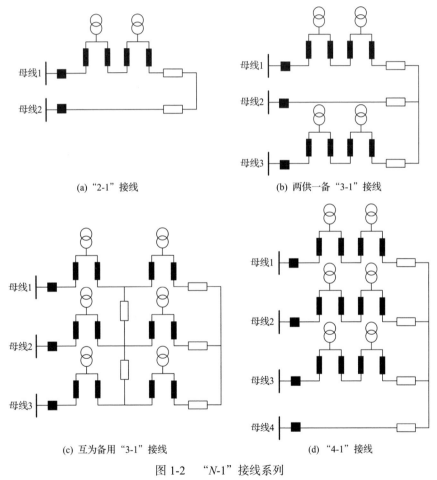

(a) "2-1" 接线

(b) 两供一备 "3-1" 接线

(c) 互为备用 "3-1" 接线

(d) "4-1" 接线

图 1-2　"N-1" 接线系列

■ 出口断路器(常闭)；■ 分段开关(常闭)；□ 联络开关(常开)

总体上看，"N-1"接线属于有备用接线，满足"N-1"运行要求，因此供电可靠性较高。配电线路利用率较高，通过选择合适的运行方式，能够最大限度地利用配电线路的有效载荷，紧急情况下的供电负荷转移也更加灵活。但是，当发生两条线路同时出现故障等情况时，也可能没有合适的转供运行方式，导致部分区域停电。该接线系列的主要应用场景是大中城市中经济发展水平较高、居民负荷较为密集的区域。

随着城市规模的不断扩大，部分地区的配电系统正在接近其设计极限。如果原配电系统为单环网回路或两端供电等接线方式，则可以通过在扩建中增加专用备用线路等方式，将配电网接线演化为"N-1"接线，从而进一步挖掘现有配电线路的输送潜力，进一步提升线路负载率，满足负荷增长新需求。

3. 多分段多联络接线系列

多分段多联络接线是一种新型配电网接线方式，正在我国城市配电系统中得到逐步推广应用。典型的多分段多联络接线如图 1-3 所示。依分段和联络数量的不同，多分段多联络接线可以分为两分段两联络接线、三分段两联络接线、三分段三联络接线等方式。通过设置较多的分段和联络数目，多分段多联络接线使配电系统演化为复杂网状结构。因此配电网络整体可靠性较高，经济性较好。但过于复杂的网络也会导致运行方式过多，运行方式优化和保护定值计算复杂，因此分段数通常不会超过四。

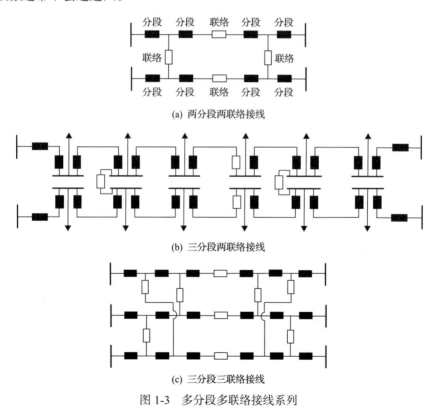

(a) 两分段两联络接线

(b) 三分段两联络接线

(c) 三分段三联络接线

图 1-3　多分段多联络接线系列

由上述分析可见，多分段多联络接线系列是目前配电系统接线方式中综合性能较为优秀和均衡的选项，应用潜力较大。

4. $n \times C_n^2$ 接线系列

$n \times C_n^2$ 接线的典型方式有 3×3 和 4×6 等，如图 1-4 所示。在实际应用中，从系统复杂性和运行维护便利性的角度出发，$n \times C_n^2$ 接线系列的 n 一般不大于 5。

图 1-4(a) 的 3×3 网络接线形式也可以看作三角形接线方式的一种。通常情况下联络开关断开，各电源分别带负荷运行。配电线路发生故障时，断开分段开关，闭合联络开关，切换运行方式，实现负荷转移。当配电系统的某一母线或其所连接的电源发生故障时，电源所连接的出线部分的开关将全部断开，相应线路的联络开关闭合，从而将负荷全部转移至邻近的另外两个配电网电源。

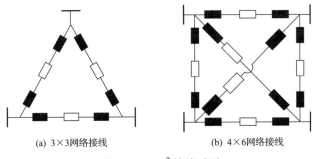

(a) 3×3网络接线　　　　　　(b) 4×6网络接线

图 1-4　$n \times C_n^2$ 接线系列

4×6 网络接线如图 1-4(b) 所示。该接线方式由加拿大学者 Ronald Page 于 1981 年发明，并分别于 1982 年和 1983 年申请了美国和加拿大发明专利。由图 1-4(b) 可见，4×6 网络接线中，任意两条电源母线间都直接存在电气联系。因此，在系统内任意两个元件发生故障的情况下，仍能保证网络剩余部分的正常供电，系统的整体可靠性满足严苛的 "N-2" 安全准则，故障情况下的负荷转移率下降了 2/3。

由于 4×6 网络接线方式的网络结构具有对称性，且各母线之间均具有完备的联络，一方面系统的运行方式更加灵活多样，可以通过设置合理的运行方式，提升电能质量，均衡负载分布，降低网损，减小短路容量，提高系统运行效率；另一方面，实际应用中可以使用模块化结构，在工厂中预先装配为成套配电设备结构，大大降低建设难度，节约初期建设投资，且便于后期扩展。

1.2.2 交流配电系统的运行与控制

1. 中性点接地方式

电力系统的中性点接地方式通常有中性点直接接地、中性点不接地和经消弧线圈接地等方式。采用中性点不接地运行方式的系统发生单相接地故障时，另外两相供电不受影响，具有较高的供电可靠性，但是对系统的绝缘水平要求较高。综合考虑供电可靠性和绝缘水平要求，配电系统通常采用中性点不接地运行方式，以优先满足供电可靠性要求。由于电缆线路具有较大的充电电流，重负荷地区发生单相接地时接地点可能形成稳定电弧，并引起弧光接地过电压，此时系统需要使用中性点经消弧线圈接地，并选择过补偿方式。

2. 继电保护配置

传统配电系统通常是无备用的单端电源辐射状网络。此时配电系统为单向潮流，即从配电母线流向负荷，因此故障时无须判别故障方向。为降低配电网继电保护配置复杂度和建设成本，结合配电系统实际情况，我国通常在中低压配电系统中使用单端三段式电流保护作为配电网馈线保护。其中，主保护为电流速断保护和限时电流速断保护，后备保护为定时限过电流保护。通过对不同位置的保护元件配置合理的保护定值和动作时限，实现完整的配电网继电保护。为了进一步提升瞬时故障情况下的供电可靠性，配电系统中通常还配置三相重合闸装置。

3. 无功电压控制

无功电压控制对维持系统电压稳定、保证供电质量、降低系统网损、提升运行经济性具有重要意义。分布式电源正在大量并入交流配电系统，而目前配电系统中无功调控措施不足，产生电压质量不合格、电压不稳定等问题，严重影响配电系统的稳定运行。因此，需要进行电力系统无功优化控制，即通过改变变压器分接头或调整无功补偿装置输出等手段，优化系统的无功分布，使得母线和各负荷节点电压、系统的功率因数等指标均在合格范围内。

目前，配电系统无功电压控制手段主要有集中式控制和分散式控制两大类。其中，集中式控制是通过对配电系统的全面测量和监控，利用配电自动化系统和能量管理系统实现配电系统全局协同、精准控制。配电系统无功电压控制所涉及的设备主要包括：

(1) 传统无功电压控制设备，包括有载调压变压器 (on-load-tap-changer，OLTC)、投切电容器等。

(2) 增强型无功补偿装置，包括分布式储能装置、静止无功发生器 (static var generator，SVG)、静止无功补偿器 (static var compensator，SVC)、配电网静止无功补偿器 (distributed static var compensator，DSVC) 等。

(3) 具备无功调控能力的分布式电源 (distributed generator，DG)，主要是电力电子逆变电源和有无功输出裕度的燃气轮机等。

1.2.3　交流配电系统的局限与挑战

随着社会的进步和经济的发展，交流配电系统面临着分布式能源大量接入、用户侧负荷多样化等变化趋势。配电系统的安全性、可靠性和经济性均面临着多重挑战。

1. 不便于分布式发电及储能装置接入

除了来自上级电网的电能，配电系统的电源形式更加多样化。例如，分布式电源中的光伏发电和蓄电池储能等通常通过电力电子变换器逆变接入配电网；风力发电则通过交直交变换或直接变频等方式接入配电网。这些形式和特性各异的分布式电源如果直接接入交流配电网，会带来变换器损耗、电能质量、短路电流和继电保护配合等问题。另外，光伏、储能、电动汽车等内部均使用直流形式，因此必须通过至少一级 DC-AC 变换才能并入交流配电系统，在某些场合下还需要笨重昂贵的工频变压器实现电气隔离。此外，未来配电系统中还将出现双向潮流问题，导致一些现有继电保护方案不再适用。

2. 无法满足各类形式的负荷需求

随着城镇化进程不断推进和社会主义新农村建设的加快，第三产业尤其是居民生活和商业用电等持续快速增长，配电系统负荷承载能力急需拓展。而交流配电系统存在供电半径有限、输电能力不足的先天缺陷。同时，交流配电系统负荷中心的无功电源常态不足，交流电压崩溃的潜在威胁更加严重。

另外，新型民用负荷如通信、照明、电器等设备内部多为直流供电，通常需要通过一级 DC-AC 变换接入交流配电系统。这一环节增加了能量损耗，降低了供电效率。而在工业设备中，为实现装置本身的节能降耗，大量应用了变频调速技术。变频器通常也是经 AC-DC-AC 两级变换才最终实现变频，这同样降低了整体电能变换效率。而且变频器的输入级多采用不控整流桥以降低成本。这在配电系统中表现为非线性负荷，引发交流配电系统的电能质量问题，需增设电能质量治理设备，使配电系统进一步复杂化[2,3]。

3. 无法满足高品质供电的要求

交流配电系统采用架空线配电时故障率高，采用电缆配电时则会因充电电流限制导致供电半径有限。同时未来配电系统中将大量存在诸如电力电子设备、电气化轨道交通和冲击性负荷等谐波污染源，这些谐波污染源极易在交流系统中大范围传播，进一步降低供电质量。

4. 难以应对电网智能化、互联化趋势

智能化、互联化是未来电网发展的必然趋势。这一趋势要求未来的配电系统具有高可控性，而交流配电系统的可控性改造难度较高。能量路由器作为未来配电系统中的重要设备，需要 AC-DC-AC 两级变换，才能接入交流配电系统中。这也导致配电系统的整体效率和可靠性都难以达到实际应用的要求。

综上所述，面向未来电力系统发展新趋势，传统交流配电系统面临着诸多难题。随着功率半导体技术、电力电子变流及其控制技术的日渐成熟，直流配电技术针对上述问题表现出了一系列的优越性，为我们提供了一条解决上述问题的新思路[4]。

1.3　直流配电系统发展与挑战

在配电系统领域，交流解决方案的主要优势在于电压等级变换容易，以无源器件为主导即可实现基本配电功能；在配电系统的继电保护等方面，交流方案的理论体系和解决方案也更加完整成熟。然而，随着城市规模的快速增长，区域负荷密度显著提升，系统中的敏感负荷也越来越多；交流配电系统固有的线损大、供电走廊紧张等缺陷日益严重且难以克服；负荷多样化带来的电压波动、电网谐波、电压闪变和三相不平衡等电能质量问题日趋恶化。与此同时，随着电力电子技术等先进电网技术的发展，直流配电系统重新进入学术界与工业界的视线[5]。

1.3.1　基本概念与技术内涵

1. 直流配电的优势

相关文献研究表明，直流配电系统在可再生能源接入、降低线路损耗、改善电能质量、提高供电能力等方面均存在显著优势[6]。相关特点总结如下。

1) 供电能力（供电半径）

城市规模的不断扩大，导致配电系统用电负荷不断增加，对配电线路容量提出了更高的要求。与此同时，城市发展也带动土地资源紧张，新建配电线路走廊成本将越来越高。因此，如何提升现有配电线路走廊的输送能力，成为未来配电系统发展的重要课题[7]。

对于交流配电系统，假设配电线路的线电压额定值为 U_{AC}，线电流额定值为 I_{AC}，功率因数 $\cos\varphi=0.9$，则可以计算得到该交流线路的额定功率 $P_{AC}=\sqrt{3}\,U_{AC}I_{AC}\cos\varphi$。对于直流配电系统，若采用双极结构，电压额定值为 U_{DC}、电流额定值为 I_{DC}，则线

路额定功率为 $P_{DC}=2U_{DC}I_{DC}$。在相同绝缘水平和电流密度下，即 $U_{DC}=\sqrt{2}\,U_{AC}/\sqrt{3}$、$I_{DC}=I_{AC}$ 的情况下，双极直流的单极传输功率与三相交流的单相传输功率之比如式(1-1)所示：

$$\frac{P_{DC}}{P_{AC}}=\frac{2U_{DC}I_{DC}/2}{\sqrt{3}U_{AC}I_{AC}\cos\varphi/3}=\frac{\sqrt{2}U_{AC}I_{AC}/\sqrt{3}}{0.9\sqrt{3}U_{AC}I_{AC}/3}\approx1.57 \qquad (1-1)$$

由式(1-1)可知，在线路建造费用及占用走廊宽度相同时，直流线路的传输功率约为交流线路的 1.57 倍，亦即采用双极结构的直流配电线路的传输功率明显大于相同等级的交流配电线路。可见，直流配电系统相比交流配电系统能够有效提高供电能力(供电半径)。

2) 电能质量

半导体芯片生产等精密行业对电能质量有极高的要求。稍大幅度的电压波动、频率波动、电压闪络以及谐波畸变，就有可能对产品质量造成较大影响甚至直接导致产品报废。因此这些企业对电能质量的要求远高于基本的电能质量国家标准。而建材、汽车、电缆制造等重工业负荷通常存在大量的冲击负荷。接入交流配电网的冲击性负载会对交流配电网电能质量造成负面影响。

直流配电系统中，通常不存在谐波等电能质量问题。研究表明，如果系统中接入具有快速响应能力的储能设备，冲击性负载只会对直流配电系统造成 1%~2%的电压闪变。而直流系统在储能接入方面具有先天优势，技术难度极低。随着未来储能技术的突破，大规模分布式储能接入直流配电系统，将会在更大程度上解决直流电能质量问题[8]。

3) 线路损耗

直流配电系统中不存在因交变电流导致的涡流损耗，同时也不传输无功功率，不存在无功功率引起的有功功率损耗。因此，同样电压等级下，直流配电系统的线损仅有交流配电系统的 15%~50%。虽然交流配电系统可以通过就地布置无功补偿设备优化无功分布，同样降低网损，但这将同步增加系统整体投资，且系统运行维护更加复杂[9]。

4) 能量传输效率

交流配电系统的主要优势在于能够通过变压器等无源器件实现较高效率的电压等级变换。交流变压器的主要能量损耗为铜损和铁损，其整体能量传输效率可以达到98%以上。由于现有技术条件的限制，采用电力电子器件构成的直流配电系统中，电力电子器件的开关损耗和通态损耗较高，装置的整体能量传输效率为85%~95%，显著低于交流变压器。随着技术的进步，电力电子器件的损耗正在逐步降低，软开关技术的发展也进一步提升了能量传输效率。更为重要的是，对于大部分家用电器，采用直流配电系统供电减少了一级 AC-DC 能量变换，显著提升了能量利用效率。因此，目前交流配电系统和直流配电系统的整体效率相差不明显。但随着技术的进步，直流配电系统的传输效率具有更大的提升空间[10]。

5) 供电可靠性

现代配电系统中，包含服务器和存储设备的数据中心通常需要不间断运行，属于敏感负载，对供电可靠性提出了很高的要求。采用真双极配置的直流配电系统在某一极发生故障时，另一极可以继续工作，维持大部分负荷的正常工作。如果接入蓄电池、电容等储能设备，供电可靠性还能进一步提高。

6) 节能降耗及直流配电到户的可行性

现有的家用电器内部普遍使用直流工作电源，接入交流配电网时需要使用大量的电源适配电路，增加了电能转换级数。如果略去交直流电源适配电路而将家用电器直接接入直流配电系统，则能够减少电能变换级数，从而降低换流损耗，促进节能降耗。

7) 清洁能源及储能设备的便捷接入

光伏、风电等新能源是未来电网中的重要能量来源。以分布式形式接入配电系统是新能源利用的重要形式之一。目前，光伏通常利用 DC-DC 变换器实现最大功率点跟踪(maximum power point tracking，MPPT)，再通过 DC-AC 变换接入交流电网。风电则依发电机组的不同有不同的利用方式，但各方式中均需要历经AC-DC-AC 等至少两次能量变换，方能接入交流电网。因此，光伏和风电的利用中，均需要经过多次能量变换。此外，由于交流电网电能指标的复杂性，新能源的分布式接入过程中，最后一级的 DC-AC 控制较为复杂。储能系统同样存在相似的问题[11]。

如果采用直流配电系统，则光伏、风电和储能的利用均无须最后一级 DC-AC变换，因此上述过程将大大简化。图 1-5 分别给出了光伏接入交流配电系统和接入直流配电系统的示意图。如图 1-5(a)所示，采用交流接入时，各光伏子站都连接一个低压逆变器，所有光伏子站的功率汇集到交流系统，导致电缆损耗较高。如图 1-5(b)所示，采用直流接入时，各光伏子站都通过一个 DC-DC 变换器连接到一个公共中压直流汇集母线，一个中压逆变器从该直流汇集母线中馈入能量，由于减小了逆变器和电缆损耗，光伏电站的效率可以得到提高[12,13]。

2. 系统级结构与控制

通常输电网络的结构较为稳定，而配电系统的结构变化相对更加频繁。一方面，配电系统直接面向用户侧，系统结构、容量都随着用户需求的变化而不断变化，每月甚至每日新建配电变电站、新增配电线路、新增入户负荷等情况非常普

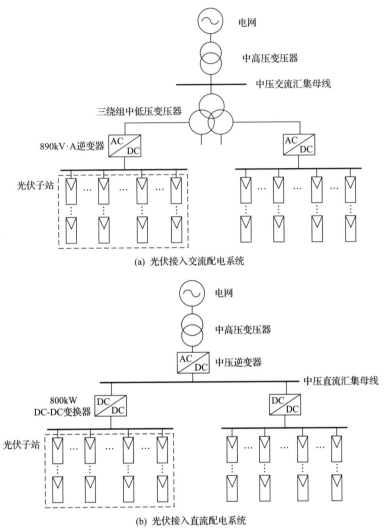

(a) 光伏接入交流配电系统

(b) 光伏接入直流配电系统

图 1-5 光伏接入交、直流配电系统架构对比

遍。另一方面，为了提升运行灵活性和供电可靠性，配电系统通常采用较为复杂的主接线形式，具有多样化的运行方式。因此，配电系统也较多采用通过开关切换的运行方式。运行方式的切换通常也意味着拓扑结构的实时改变。相应的控制保护方案也会发生变化。运行方式及其控制保护方案，直接影响着配电系统的运行可靠性，是直流配电系统关注的核心内容之一[14]。

1) 直流配电系统结构

单母线直流配电网的系统结构一般包括：辐射状结构、两端供电结构、环状结构，这三种系统结构同样适用于多母线系统和双极系统。

辐射状结构又称为链式结构或放射状结构，如图 1-6 所示[15,16]。这种网络结构由不同电压等级的直流配电母线组成主干，主网结构呈树枝状。交流侧通过换流器连接大电网并将电能输送至中压直流母线，在中压直流母线上有多条分支并连有分布式电源，各分支线路通过 DC-DC 变压器或 DC-AC 逆变器将电能输送至下一级网络给交直流负荷供电。放射状拓扑具备扩展性强、运行控制简易、建设经济、保护配置简单等特点，其缺点是供电可靠性低，分支线路发生故障时，可通过线路首端的断路器切除故障，若故障发生在上游直流母线或交流侧时，故障点之后的所有线路均会被保护切除，导致停电面积扩大。一般情况下，该拓扑适用于直流负荷集中区和对供电可靠性要求不高的居民住宅区。

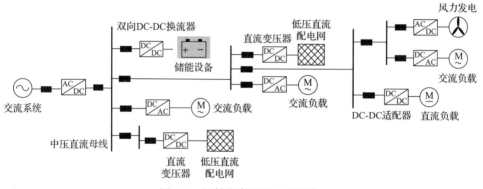

图 1-6　辐射状直流配电网结构

两端供电直流配电网结构如图 1-7 所示，在这种结构中，电能通过两个换流器从两侧给直流线路供电，负载的供电、分布式电源与系统电能的转换也可以从两端进行。两端供电方式提高了供电的可靠性，当直流线路发生故障时，可只隔离故障区段，通过断开或闭合联络开关，将网络变为一个或两个辐射状结构运行，减小停电面积。与辐射状结构相比，该拓扑在控制方式和保护配置方面稍显复杂，建设成本有所提高，一般适用于对供电可靠性要求较高的工业园区[17]。

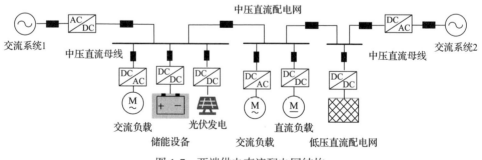

图 1-7　两端供电直流配电网结构

环状直流配电网结构如图 1-8 所示,其供电可靠性进一步提高。当环网中某条线路发生短路故障时,直流断路器迅速动作,切除故障线路,进一步缩短自愈时间,保证其他部分正常供电。环状供电方式可靠性最高,但其保护配置也更为复杂,随着直流配电相关技术的发展和对供电可靠性要求的提高,环状供电方式将会得到更大规模的应用[18]。

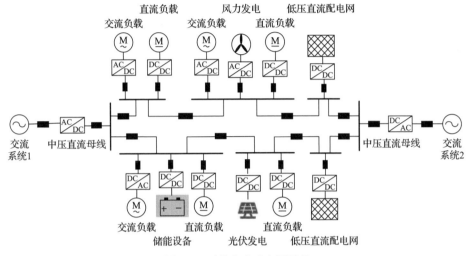

图 1-8　环状直流配电网结构

2) 直流配电系统母线形式

基于可再生能源与储能接口变换器,通过变换器之间的互联可以构成分布式直流配电系统。根据直流母线形式,可将现有分布式直流配电系统分为单母线系统、多母线系统和双极系统等代表性结构,其中单母线系统又可视为其他结构的基础[19,20]。

单母线系统:在早期单母线直流配电系统中,往往将储能电池组连接在单条直流母线上,直接调节母线电压。该系统结构常见于通信电源场景,母线电压在48V 左右。尽管结构简单,但该系统母线电压不可控,同时取决于电池荷电状态(SOC)、负载条件等多种因素。此外,电池不可控的充放电不仅会降低电池寿命,也不利于未来系统扩建。为解决该问题,可以将储能装置经电力电子变换器接入直流系统,实现可控充放电,保证多组储能装置灵活运行与能量优化管理。然而由于系统中只存在单一母线,母线处故障将会影响所有接入变换器单元,导致系统可靠性较低。

多母线系统:相对于单母线系统,多母线系统可以增加多条冗余母线,提高系统可靠性。该系统运行的关键在于如何在正常运行时选择负责功率传输的母线,并在出现故障时及时实现功率转移。如图 1-9 所示,伊利诺伊大学提出一种基于箝位二极管实现母线间的热切换的多母线结构。在该结构基础上，为降低母线切换时间和电磁干扰，Balog 等提出了一种箝位二极管和变换器相组合的母线选择单元。还可以将母线选择器的概念进一步推广，基于博弈论方法用于多条母线之间进行实时选择，在不依赖集中控制的条件下实现最优母线的选择与系统整体效率优化。

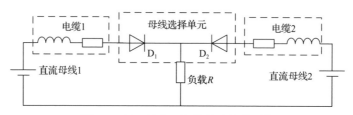

图 1-9　基于箝位二极管的多母线系统

双极系统：与多母线系统相比，双极系统虽然同样包含多条母线，但两条母线分别具有正负不同极性。与单极直流相比，双极直流不仅能够降低线路对地绝缘水平，也能够提供潜在的单极系统独立运行能力，提高供电可靠性。此外，该系统结构在配电电压等级呈现明显的 2∶1 划分关系，这使得在双极系统内部能够不借助变换器实现 2∶1 升/降压，方便负载与分布式发电单元的灵活接入。基于上述优势，双极直流配电被视为直流配电典型系统结构，在直流充电站、家庭供电等领域得到了广泛应用。

尽管双极系统(包括真双极与对称单极)在基于晶闸管技术的直流输电年代已经出现，但限于点对点或多端直流接入形式。适用于直流配电的双极系统最早见于大阪大学所提出的 ±170V 直流配电。如图 1-10(a)所示，单极直流正负极间电压(U_{pn})经电压均衡器(voltage balancer，VB)均分后得到双极电压(U_p 和 U_n)。后续研究中提出将电压均衡器功能集成到中点箝位三电平逆变器中，如图 1-10(b)

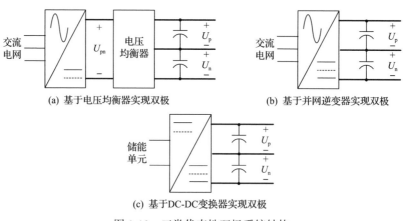

(a) 基于电压均衡器实现双极　　　　　　　(b) 基于并网逆变器实现双极

(c) 基于DC-DC变换器实现双极

图 1-10　三类代表性双极系统结构

所示。还可以通过三电平 DC-DC 变换器消除正负极负载功率不均衡，如图 1-10(c)所示。上述系统中正负极电压调节依赖于具备电压均衡功能的变换器，此外，尚有一系列双极系统结构未被研究。

3) 直流系统控制

为实现互联系统内部多变换器之间的协调运行，要求系统级控制具备以下功能[21]。

(1)高运行可靠性，单一电源或负载处故障不会导致系统整体故障。

(2)即插即用功能，保证不同制造商所生产的设备之间相互兼容，且系统正常运行不受制于整体规模和未来扩建因素的影响。

(3)自主运行，考虑到系统实际物理距离所带来的传输延时，以及运行中可能存在的通信中断场景，要求系统级变换器具备基于本地测量信息自主运行的能力。

为满足上述运行目标，在变换器级，各变换器单元控制方式可分为电压裕度控制、下垂控制以及混合控制[22]。

电压裕度控制：电压裕度控制最早用于高压直流输电系统中，是一种恒压控制与恒流/恒功率控制的组合。如图 1-11(a)所示，如果电压偏差位于设定范围内(位于 k_1U_0 与 k_2U_0 之间时，其中 U_0 为电压设定值)，变换器控制目标为输出功率或输出电流。如果电压偏差偏离设定范围，则变换器控制目标切换为输出电压，从而避免电压的进一步偏移。该控制策略依赖母线电压偏差区分变换器运行状态，输出电压不能连续调节，不可避免地会带来供电质量的降低。

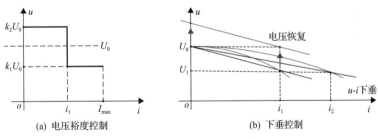

(a) 电压裕度控制　　　　　　　(b) 下垂控制

图 1-11　两类基本电压控制

下垂控制：下垂控制中，变换器输出电压 u 与电流 i(或功率 p)之间依照指定下垂关系运行，可以一般性地表示为式(1-2)所示关系。根据下垂系数 k_d 是否固定可分为线性下垂控制与非线性下垂控制。线性下垂控制在实际系统中得到广泛应用，但同时受线路寄生电阻影响，存在电源重载时电压偏差较大的问题。如图 1-11(b)所示，为实现电压调节与负载按比例分配，可以随负载条件调节下垂系数。令下垂系数在重载时取较大值，在轻载时取较小值，实现输出电压偏差和均流能力之间的优化。为消除下垂关系所带来的电压偏差，可以调节零输出电流(或功率)时电压设定值，在图 1-11(b)中相当于垂直移动下垂曲线。具体电压恢复控制可以采用集中控制或分散控制方式实现。

$$u = U_0 - k_d \cdot i \qquad (1\text{-}2)$$

混合控制：除上述两类基本控制策略外，还有一系列两种控制方式的组合，统称为混合控制，如含死区下垂控制、直流母线信号控制等，综合利用母线电压信号传递变换器工作状态信息，同时实现电压的连续调节。

3. 互联系统级网架结构与控制

随着直流配电系统的发展，电网中将同时出现多个直流配电系统，如图 1-12 中 $Grid_1$, …, $Grid_N$ 所示。然而，图中所示的系统存在着一些固有缺陷。当 $Grid_1$ 发出功率过剩而 $Grid_2$ 功率不足时，功率将由 $Grid_1$ 开始经过 VSC_1（电压源换流器）、变压器 1（Tr_1）、交流线路、……、Tr_N 和 VSC_N 流向 $Grid_N$，造成多级功率转换，导致系统效率较低。当交流电网发生故障时，会缺失唯一的功率交换路径，导致 $Grid_N$ 中需要切负荷[23]。

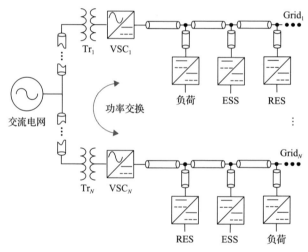

图 1-12　典型直流配电系统

ESS 表示能量储存系统；RES 表示可再生能源

为解决上述问题，可以在直流系统之间增设额外的互联功率路径，用于实现电网故障时直流系统之间的相互功率支撑。现有互联直流配电系统结构可以从以下两方面进行划分：①互联功率路径的位置；②是否需要增加额外的功率变换器[24]。

基于交流线路的直流互联系统的一种典型方法是在交流电网侧增设额外的交流线路，互联功率线路位于交流电网侧，则系统间不需要额外的功率变换器，其系统结构如图 1-13 所示。

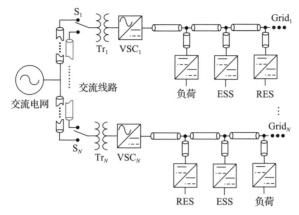

图 1-13　基于交流线路的直流互联系统

　　在并网模式下，S_1 和 S_N 与公共电网相连。交流电网发生故障时，S_1 和 S_N 则切换至与内部交流母线相连，通过每个直流系统中的 VSC 组成一个新的交流系统。新形成的交流系统的运行目标是在交流电网故障后，实现直流系统之间功率交换。此时，交流系统的整体控制与交流微电网类似。

　　该方案的优点在于系统结构相对简单，且不需要额外的功率变换器。然而，由于图 1-13 中直流系统间功率路径与图 1-12 基本相同，因此系统运行效率并没有得到提升。此外，当 VSC 从交流电网切换到交流线路时，相应变换器工作模式需要从各直流系统内部直流电压调节模式切换到新形成交流系统中的功率调节模式，这将对 $Grid_1$，…，$Grid_N$ 等直流系统的正常运行造成一定的影响。此外，直流系统间需要经两级能量转换也是交流电网侧互联存在的问题。因此，可以考虑在直流系统内部互联，降低转换级数。

　　直流线路直接互联如图 1-14(a)所示。这种结构不需要额外的功率变换器，但

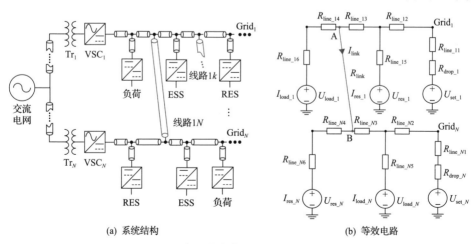

(a) 系统结构　　　　　　　　　　　　(b) 等效电路

图 1-14　直流线路直接互联及其等效电路

是会引起直流电压质量下降。

　　为了简化分析，考虑由两个直流系统(Grid$_1$ 和 Grid$_N$)所构成的互联系统。假设每个直流系统内部包含一个电压调节单元、一个可再生源和一个负载。计及线路电阻的互联直流系统等效电路如图 1-14(b)所示。假设直流系统 Grid$_1$ 和 Grid$_N$ 内部负载处电压能够得到良好调节，不存在电压偏差，则图 1-14(b)等效电路中，流经连接线处的电流 I_{link} 由式(1-3)给出：

$$I_{link} = \frac{I_{load\_1}(R_{line\_16} + R_{line\_14}) - I_{load\_N}R_{line\_N5} - I_{res\_N}R_{line\_N3}}{R_{line\_N3} + R_{link}} \tag{1-3}$$

式中，各电路参数如图 1-14(b)所示。根据式(1-3)，随着 Grid$_N$ 中负载电流 I_{load_N} 的减小，从 Grid$_1$ 流向 Grid$_N$ 的电流 I_{link} 反而增大，且不受 Grid$_1$ 中可再生源输出电流 I_{res_1} 的影响，这与互联直流系统的运行目标相悖。如果以连接线处电流 I_{link} 为控制对象，则相应负荷点的电压不能独立调节，导致系统电能质量下降，增加直流系统控制的复杂性。出现上述问题的原因是两个直流系统间通过直流线路直接耦合。为解决该问题，可以在互联线路上增加额外的功率调节变换器，实现系统间解耦调节。

　　上述两种方案除了直接通过线路互联外，还可以通过 DC-DC 变换器互联，实现互联系统解耦，简化系统运行与控制。然而，目前的研究局限于通过单输入单输出 DC-DC 变换器实现互联，对于更为一般的基于多端口变换器的直流系统互联方式还有待进一步研究[25]。

1.3.2　国内外中低压直流配电系统研究进展

1. 专用直流供配电系统

　　中低压配电系统的复兴，最早见于航天、通信等特殊供用电领域。早在 20 世纪 90 年代，直流配电已经用于航天系统供电。由美国航空航天局(NASA)所提出的国际空间站主体供电系统额定电压为 120V，总容量为 100kW，该系统中接入 76kW 光伏发电单元。与之相比，俄罗斯提出的空间站供电系统同时含有 120V 和 28V 两个低压直流等级[26]。

　　在通信供电领域，2000 年颁布的《通信局(站)电源系统总技术要求》第一次修订稿推荐采用–48V 直流作为通信局(站)用直流基础电源电压。在 2010 年及之后颁布的修订稿中则进一步规定通信局(站)电源系统包括–48V、24V 与 240V、336V 等多个直流电压等级。

2. 低压直流配电系统研究

21 世纪以来, 非特殊供用电领域的直流配电系统的研究与工程实践也在不断发展。2004 年, 日本的 Ito 等首次提出一种面向分布式发电接入的直流微电网实验系统。该系统额定电压为 345V, 额定容量为 10kW, 与当时的交流微电网相比, 该直流系统具有更高的运行效率与供电可靠性。同年, 意大利米兰理工大学提出一种面向分布式发电接入的双极性低压直流配电系统。该系统的直流母线电压为±400V, 并配备中性线以便多电压等级负载与分布式电源接入。考虑到负载灵活接入所带来的电压不均衡现象, 该系统还配有电压均衡器。2006 年, 日本大阪大学提出一种±170V 低压双极性直流微电网, 用于提升供电可靠性与电能质量, 且该系统中包含光伏、蓄电池、超级电容器、燃气机热电联产等电源[27]。

此外, 布加勒斯特理工大学于 2007 年提出了具有两条 750V 直流母线的配电系统结构, 两条直流母线之间通过双向 DC-DC 实现功率交换。2010 年, 美国弗吉尼亚理工大学提出了一种楼宇低压直流配电系统 "DC Nanogrid"。该系统采用放射状网络架构, 包含两种直流电压等级, 分别为 380V 与 48V。380V 直流母线连接光伏、风机、储能、电动汽车以及大功率家用电器, 并经逆变单元与外部交流电网相连。从 380V 直流母线上引出 48V 直流母线, 用于 LED 照明以及电子设备供电。该系统采用集中式控制方式, 能量控制中心(energy control center, ECC)与供、用电设备内置通信模块实现远程通信与遥控, 同时记录供、用电设备到直流母线的潮流, 楼宇低压直流系统通过 ECC 与外部电网实现解耦。ECC 负责低压直流系统内部能量管理, 维持系统稳定, 并在外部电网故障时实现配电系统孤岛运行[28]。

3. 中低压直流配电系统研究

中压直流配电系统的工程实践肇始于德国亚琛工业大学。亚琛工业大学在其 Melaten 校区建设了单端放射状 10kV 中压直流配电系统。该系统在风力发电驱动中心处建有 4MW 风机接入中压直流系统实验平台[29]。与传统的风机交流并网方式相比, 风机直流并网可省去网侧逆变器、LCL 滤波、变压器等环节, 减少电能变换装置数量, 从而实现风力发电系统整体效率提升。此外, 该系统还配有 5MW 电力电子与电机驱动实验平台、1MW 重载传动系统等负荷。

我国深圳供电局设计了基于直流配电的园区能源互联网, 如图 1-15 所示。该系统采用两端式架构, ±10kV 中压直流母线两端分别接入不同的 110kV 交流变电站。同时, ±10kV 直流母线分为多段, 形成"手拉手"结构。其中一段±10kV 直流母线单向接入低压直流微电网, 直流微电网母线电压为 400V。

图 1-15 中, UVSC 为单向电压源变换器, UDCSST 为单向直流固态变压器, DCSST 为直流固态变压器。

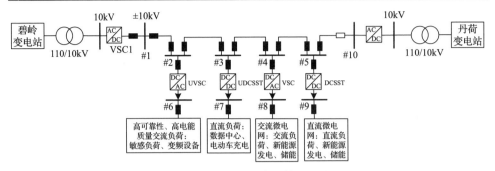

图 1-15　深圳某园区直流能源互联网

2018 年，贵州大学和贵州电力科学研究院合作，建成了我国首个中压五端柔性直流配电示范工程。该系统中，±10kV 直流母线通过 3 个 1MV·A 模块化多电平换流器(MMC)换流阀分别接入 3 条 10kV 交流线路，接入点不允许潮流反向。10kV 直流母线分别通过 500kW 双有源桥(dual active bridge，DAB)结构的直流变压器和 500kV·A MMC 换流阀接入 ±375V 低压直流母线与 380V 低压交流母线，接入点允许潮流反向。该系统通过直流配电中心实现集中式调度、控制和检测[30,31]。

4. 多端口互联低压直流配电系统的研究

前述中低压直流配电主要基于分布式单输入单输出变换器实现。中低压直流配电的另一种代表性技术是采用电力电子变压器(power electronic transformer，PET)实现直流配电与交流系统的多端口互联。该多端口电力电子变压器也被称为能量路由器(energy router)。

2011 年，美国北卡罗来纳州立大学提出了未来可再生电力传输与管理系统(future renewable electric energy delivery and management，FREEDM)，该系统以多端口电力电子变压器为核心,变换器的三个端口分别连接 12kV 交流配电系统、120V 低压交流母线，以及 400V 低压直流母线，两条低压母线均可实现即插即用[32]。

我国多端口互联低压直流配电网的研究在同里新能源小镇配电系统中得到应用，该配电系统以四端口电力电子变压器为核心，连接 10kV 交流母线、±750V 直流母线、380V 交流母线以及 ±375V 直流母线。各类分布式电源与直流负荷等接入 ±750V 与 ±375V 直流系统。其中 ±750V 直流主要接入直流分布式光伏、分布式风机、储能装置与充电桩。±375V 直流主要接入 375V 和 750V 直流负荷以及储能。该系统的分布式光伏发电具有多种接入形态，包括屋顶光伏、建筑物光伏幕墙、光伏车棚、户用光储协调系统，以及一条无线充电光伏公路。

综合以上分析，如图 1-16 所示，直流配电系统结构从单母线演变为多母线，结构更为复杂多样，电压与功率等级从最初的 LVDC（低压直流）到 MVDC（中压直流），呈现出覆盖中、低压全配网电压等级的发展趋势。

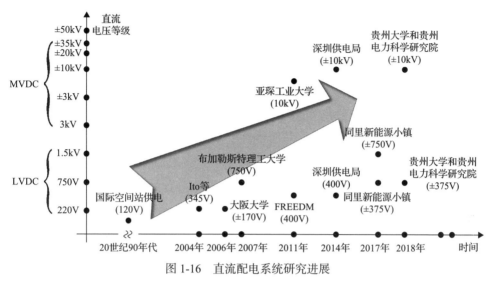

图 1-16　直流配电系统研究进展

1.3.3　直流配电关键问题与挑战

现有直流配电系统可等效表示为图 1-17 中所示结构。将直流配电系统分为接口变换器级、直流系统级和互联系统级。各层级运行关键目标如下[33,34]。

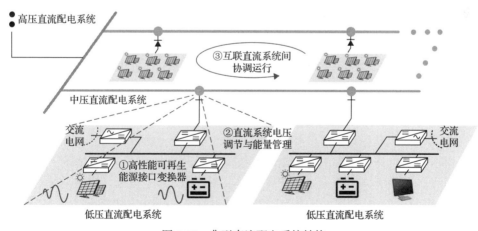

图 1-17　典型直流配电系统结构

（1）在接口变换器级，计及储能设备宽电压运行范围、新能源出力波动，实现接口变换器鲁棒稳定调节与动态性能优化。

（2）在直流系统级，实现正负极间功率互相支撑与系统高效、高可靠性运行。

(3)在互联系统级，实现多组直流系统之间的功率灵活调度。

针对上述直流配电系统的不同层级，目前直流配电系统的发展主要面临着以下问题。

1. 直流配电系统规划及评估技术

直流配电系统的基础参数、主接线形式等配电系统的基础性信息尚未在业内形成统一标准。由此导致直流配电系统规划和关键设备的标准化设计与评估也处于空白状态。开展兼顾配电系统网架规划和配电设备制造等多方需求的直流配电电压等级序列标准化和直流配电系统运行方式分析、规划方案评估是直流配电系统实用化的重要前提[35]。

2. 直流配电系统关键设备研发

当前关键设备的实用化程度偏低，是直流配电系统实践应用的关键瓶颈之一。当前，直流配电系统关键设备在成本、体积、效率和可靠性等方面均存在较大优化空间。大容量直流断路器，高速高精度传感器、高效率高可靠性直流变压器以及多端口高控制力能量路由器等都是直流配电系统中需要重点攻关的关键设备[36,37]。

3. 直流配电系统优化运行控制技术

直流配电系统中存在多个电压等级，且每个电压等级中都可能同时存在分布式电源、储能、多样化负荷甚至子电网系统，这对系统的整体调控能力提出了更高的要求。如何合理设计控制架构、优化系统整体运行情况是直流配电系统运行控制的重要研究课题之一[38]。

4. 直流配电系统保护技术

与交流配电系统相比，直流配电系统的结构和特性都发生了巨大的变化。直流配电系统的故障机理、故障特征等与交流系统迥异。因此，在直流故障感知方面，需要发展快速检测理论，研制快速故障检测设备；在故障响应方面，需要研制实用化的直流断路器等继电保护设备；由于直流配电系统运行方式的灵活性，如何迅速重构和优化故障后的系统运行方式也是未来研究的重点内容之一[39]。

1.4 本书研究意义与主要内容

本书作为系统介绍直流配电系统拓扑构建与运行控制的学术专著，将梳理整合该领域国内外最新理论技术成果，为后续学术研究与技术攻关提供富有价值的参考资料。同时，本书具备促进相关科技成果普及推广与转化应用的作用，将对相关企业单位开展新型装备论证、研发、定型、市场投放以及含分布式发电的直流配电网工程建设提供先导信息与参考依据。

本书主要内容安排如下：第 2 章介绍直流配电网中典型的 DC-DC 变换器与 DC-AC 变换器的建模与控制；第 3 章介绍区域直流配电系统的运行与控制，基于直流配电系统架构的基础，详细介绍自主均衡与非自主均衡的双极直流系统及其电压均衡调节；第 4 章介绍互联直流配电系统中的直流变电站拓扑及其层级控制策略；第 5 章介绍中低压直流配电系统的主动潮流控制和三种不同类型的直流潮流控制器；第 6 章对直流配电的工程及典型应用进行介绍，包括核心装备研发、实证性平台与示范工程建设及技术标准化建设，并对直流配电系统未来的发展进行展望。

参 考 文 献

[1] 汤广福, 罗湘, 魏晓光. 多端直流输电与直流电网技术[J]. 中国电机工程学报, 2013, 33 (10)：8-17, 24.

[2] Kwasinski A, Onwuchekwa C N. Dynamic behavior and stabilization of DC microgrids with instantaneous constant-power loads[J]. IEEE Transactions on Power Electronics, 2011, 26 (3)：822-834.

[3] 薛士敏, 陈超超, 金毅, 等. 直流配电系统保护技术研究综述[J]. 中国电机工程学报, 2014, 34 (19)：3114-3122.

[4] 温家良, 吴锐, 彭畅, 等. 直流电网在中国的应用前景分析[J]. 中国电机工程学报, 2012, 32 (13)：7-12, 185.

[5] 孙鹏飞, 贺春光, 邵华, 等. 直流配电网研究现状与发展[J]. 电力自动化设备, 2016, 36 (6)：64-73.

[6] 宋强, 赵彪, 刘文华, 等. 智能直流配电网研究综述[J]. 中国电机工程学报, 2013, 33 (25)：9-19.

[7] 王丹, 毛承雄, 陆继明, 等. 直流配电系统技术分析及设计构想[J]. 电力系统自动化, 2013, 37 (8)：82-88.

[8] 陈鹏伟, 肖湘宁, 陶顺. 直流微网电能质量问题探讨[J]. 电力系统自动化, 2016, 40 (10)：148-158.

[9] 雍静, 徐欣, 曾礼强, 等. 低压直流供电系统研究综述[J]. 中国电机工程学报, 2013, 33 (7)：20, 42-52.

[10] 周逢权, 黄伟. 直流配电网系统关键技术探讨[J]. 电力系统保护与控制, 2014, 42 (22)：62-67.

[11] Tabari M, Yazdani A. Stability of a dc distribution system for power system integration of plug-in hybrid electric vehicles[J]. IEEE Transactions on Smart Grid, 2014, 5 (5)：2564-2573.

[12] Dragičević T, Lu X, Vasquez J C, et al. DC microgrids-part Ⅰ: A review of control strategies and stabilization techniques[J]. IEEE Transactions on Power Electronics, 2016, 31 (7)：4876-4891.

[13] Dragičević T, Lu X, Vasquez J C, et al. DC microgrids-part Ⅱ: A review of power architectures, applications, and standardization issues[J]. IEEE Transactions on Power Electronics, 2016, 31 (5)：3528-3549.

[14] 王振浩, 成龙. 低压直流配电系统结构分析[J]. 电力系统及其自动化, 2016, 38 (5)：74-78.

[15] Ma J J, Zhu M, Cai X, et al. DC substation for DC grid-part Ⅰ: Comparative evaluation of DC substation configurations[J]. IEEE Transactions on Power Electronics, 2019, 34 (10)：9719-9731.

[16] Ma J J, Zhu M, Cai X, et al. DC substation for DC grid-part Ⅱ: Hierarchical control strategy and verifications[J]. IEEE Transactions on Power Electronics, 2019, 34 (9)：8682-8696.

[17] 马钊, 焦在滨, 李蕊. 直流配电网络架构与关键技术[J]. 电网技术, 2017, 41 (10)：3348-3357.

[18] 江道灼, 郑欢. 直流配电网研究现状与展望[J]. 电力系统自动化, 2012, 36 (8)：98-104.

[19] Chen S, Liang T, Yang L, et al. A cascaded high step-up DC-DC converter with single switch for microsource applications[J]. IEEE Transactions on Power Electronics, 2011, 26 (4)：1146-1153.

[20] Zhao B, Song Q, Li J, et al. High-frequency-link DC transformer based on switched capacitor for medium-voltage DC power distribution application[J]. IEEE Transactions on Power Electronics, 2016, 31(7): 4766-4777.

[21] Anand S, Fernandes B G, Guerrero J. Distributed control to ensure proportional load sharing and improve voltage regulation in low-voltage DC microgrids[J]. IEEE Transactions on Power Electronics, 2013, 28(4): 1900-1913.

[22] 彭克, 张聪, 徐丙垠, 等. 含高密度分布式电源的配电网故障分析关键问题[J]. 电力系统自动化, 2017, 41(24): 184-192.

[23] Xu L, Chen D. Control and operation of a DC microgrid with variable generation and energy storage[J]. IEEE Transactions on Power Delivery, 2011, 26(4): 2513-2522.

[24] Guerrero J M, Vasquez J C, Matas J, et al. Castilla, hierarchical control of droop-controlled AC and DC microgrids-A general approach toward standardization[J]. IEEE Transactions on Industrial Electronics, 2011, 58(1): 158-172.

[25] Liu X, Wang P, Loh P C, et al. A hybrid AC/DC microgrid and its coordination control[J]. IEEE Transactions on Smart Grid, 2011, 2(2): 278-286.

[26] 盛万兴, 李蕊, 李跃, 等. 直流配电电压等级序列与典型网络架构初探[J]. 中国电机工程学报, 2016, 36(13): 3358, 3391-3403.

[27] 熊雄, 季宇, 李蕊, 等. 直流配用电系统关键技术及应用示范综述[J]. 中国电机工程学报, 2018, 38(23): 6802-6813, 7115.

[28] Nejabatkhah F, Li Y W. Overview of power management strategies of hybrid AC/DC microgrid[J]. IEEE Transactions on Power Electronics, 2015, 30(12): 7072-7089.

[29] Stetz T, Marten F, Braun M. Improved low voltage grid-integration of photovoltaic systems in germany[J]. IEEE Transactions on Sustainable Energy, 2013, 4(2): 534-542.

[30] 赵彪, 赵宇明, 王一振, 等. 基于柔性中压直流配电的能源互联网系统[J]. 中国电机工程学报, 2015, 35(19): 4843-4851.

[31] 王一振, 赵彪, 袁志昌, 等. 柔性直流技术在能源互联网中的应用探讨[J]. 中国电机工程学报, 2015, 35(14): 3551-3560.

[32] 赵彪, 宋强, 刘文华, 等. 用于柔性直流配电的高频链直流固态变压器[J]. 中国电机工程学报, 2014, 34(25): 4295-4303.

[33] Dragičević T, Guerrero J M, Vasquez J C, et al. Supervisory control of an adaptive-droop regulated DC microgrid with battery management capability[J]. IEEE Transactions on Power Electronics, 2014, 29(2): 695-706.

[34] Nasirian V, Moayedi S, Davoudi A, et al. Distributed cooperative control of DC microgrids[J]. IEEE Transactions on Power Electronics, 2015, 30(4): 2288-2303.

[35] 马骏超, 江全元, 余鹏, 等. 直流配电网能量优化控制技术综述[J]. 电力系统自动化, 2013, 37(24): 89-96.

[36] Biela J, Schweizer M, Waffler S, et al. SiC versus Si-evaluation of potentials for performance improvement of inverter and DC-DC converter systems by SiC power semiconductors[J]. IEEE Transactions on Industrial Electronics, 2011, 58(7): 2872-2882.

[37] Huang X, Qi L, Pan J. A new protection scheme for MMC-Based MVdc distribution systems with complete converter fault current handling capability[J]. IEEE Transactions on Industry Applications, 2019, 55(5): 4515-4523.

[38] 胡竞竞, 徐习东, 裘鹏, 等. 直流配电系统保护技术研究综述[J]. 电网技术, 2014, 38(4): 844-851.

[39] Salomonsson D, Soder L, Sannino A. Protection of low-voltage DC microgrids[J]. IEEE Transactions on Power Delivery, 2009, 24(3): 1045-1053.

第2章 直流配电系统中的典型电力电子变换器

电力电子变换器是直流配电系统电能传递与变换的基本单元。本章首先介绍常见电力电子变换器[1-6]，然后聚焦于直流配电系统的关键电能变换环节，重点介绍直流配电系统中的三类变换器的典型拓扑及其工作原理。

2.1 常见电力电子变换器及其分类

从能量变换形式出发，可将电力电子变换器分为 DC-DC 变换器和 DC-AC 变换器两大类。

2.1.1 典型 DC-DC 变换器

DC-DC 变换器[7-10]以电隔离为分类标准可以分为隔离型和非隔离型两大类，图 2-1 为一种以电隔离为第一分类标准的 DC-DC 变换器族系。

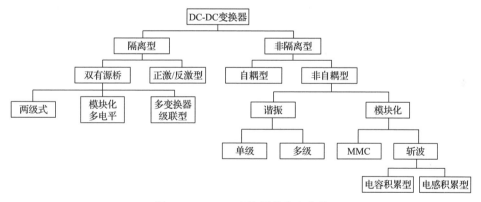

图 2-1 DC-DC 变换器的基本分类

1. 非隔离型 DC-DC 变换器

非隔离型变换器拓扑的涵盖范围比隔离型拓扑要大，以电路中是否存在变压器为分类标准，可进一步分为自耦型变换器和非自耦型变换器。

1) 直流自耦型变换器

图 2-2 为典型的直流自耦型变换器[11,12]拓扑，其采用两个 DC-AC 拓扑，在直流侧进行串联，交流侧通过变换器互联。其中，U_{DC2} 为直流自耦型变换器在直流

侧串联后的总直流电压，U_{DC1} 为单个 DC-AC 拓扑的直流侧电压。

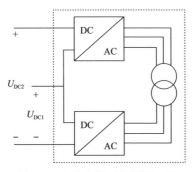

图 2-2　直流自耦型变换器拓扑

该拓扑与 DAB 系列拓扑的不同之处在于只有一小部分功率流过交流链路，以此降低功率损耗和变换器容量。由于两个 DC-AC 模块串联，每个单独的变换器的额定电压也降低了。然而，随着变压比的增加，它的优势将逐渐弱化，因此，直流自耦型变换器拓扑更适用于中低变压比的应用场景。

2）直流谐振变换器

谐振变换器基于 LC 谐振电路，原理是将 LC 谐振用作升压机制，同时实现半导体器件的软开关。根据谐振回路的数量，可以分为单级谐振变换器和多级谐振变换器。

（1）单级谐振变换器：这类直流变换器电压转换是不采用隔离电路，直接使用 DC-AC-DC 互联完成的。图 2-3 为一种单级谐振变换器拓扑，两个 AC-DC 半桥通过 LC 谐振回路在交流侧进行互联，单级谐振变换器多应用于高变压比场景，但由于仅使用一个主谐振回路，无源组件会承受很高的电压应力，它们的电流和电压额定值也会很高，这些问题将限制此变换器工作于中等变压比范围内。

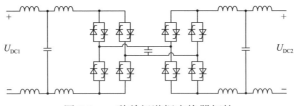

图 2-3　一种单级谐振变换器拓扑

（2）多级谐振变换器：图 2-4 为一种多级谐振变换器拓扑，单个的大功率 LC 谐振回路被多个小功率 LC 谐振电路所取代，从而能够大大降低设计的复杂性，这种结构接近于模块化结构。在工作过程中，各 LC 子回路将按顺序激活，依次向后级传递功率。这种多级结构相比单级结构的变换器同样具有高的变压比，而在谐振元件上却没有很强的电应力，但这类拓扑的主要问题是半导体器件中电流或电压的均分问题，难以获得模块化的解决方案。

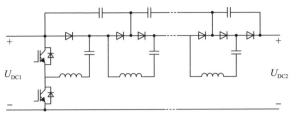

图 2-4　一种多级谐振变换器拓扑

3) 模块化直流变换器

这类拓扑采用 MMC 的完全模块化方法进行直流电压转换[13-16]。目前此类拓扑又可以进一步分为两类。

(1) 模块化直流多电平变换器：图 2-5 为一种模块化直流变换器拓扑，其采用子模块产生不同频率的电压和电流，形成交流和直流两个叠加的环路，交流组件用以平衡子模块中的能量，直流组件用于在直流端口间进行功率传输。此类变换器以硬开关的方式工作，开关频率较低，损耗多来源于半导体开关导通损耗。此外，提高交流分量的频率能够减小无源元件的尺寸，但会增加开关损耗。

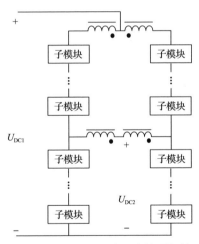

图 2-5　一种模块化直流变换器拓扑

这种形式的变换器具有模块化、高可靠性和可扩展性的优点，是大功率和中压应用的解决方案。但是滤波器的容量限制，以及交流回路的大电流将会导致变换器变压比处于中低范围。

(2) 基于斩波电路的模块化直流变换器：目前基于斩波电路的模块化拓扑已经应用于高压直流输电领域，它利用子模块替代原变换器上的某些开关，拓宽了变换器的控制功能。根据所采用的能量存储机制，这类变换器可进一步分为：①电容累积型变换器，如图 2-6(a)所示；②电感累积型变换器，如图 2-6(b)所示。这类变换器具备模块化的特点，且在低功率下具备高电压转换率，它的主要局限在于中央电感的容量限制。

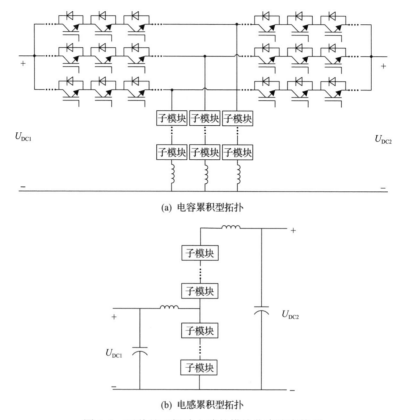

图 2-6　两种基于斩波电路的模块化直流变换器

2. 隔离型 DC-DC 变换器

隔离型 DC-DC 变换器利用两个 AC-DC 转换级，通过交流变压器或耦合电感器的磁耦合在交流侧实现电气隔离。一方面，在高变压比的应用场景下，基于电气隔离能够防止低压端口出现高压；另一方面，在两个直流电网互联的应用场景下，电隔离提供了各电网不同接地方案的可能性。通过其他方法也能够实现上述两种功能，但使用隔离结构可以简化设计和安全评估。此外，这类拓扑采用交流变压器，电压适应性很强，且具有直流故障阻止能力，如果发生直流故障，则变换器的两个 AC-DC 转换级将阻断故障电流。

不考虑 DC-AC 转换级内部的具体拓扑，采用交流变压器连接 DC-AC、AC-DC 的直流变换器拓扑均可认为是 DAB 族系下的不同分类。另外少数不属于 DAB 类的隔离型直流变换器是基于正激、反激原理的拓扑结构。

1) DAB

两级式 DAB 拓扑由两个与变压器互联的电压源型变换器组成[17]，如图 2-7 所示。此类变换器常规控制为基于固定占空比的移相控制。此变换器在中高压应用场景中存在一些缺点。在两级运行的情况下，施加在变换器上的高电压变化率会引起绝缘和电磁干扰(EMI)问题。此外，此类变换器需要缓冲电路或有源栅极驱动来避免晶体管上电压分配不平衡导致的高开关损耗问题。

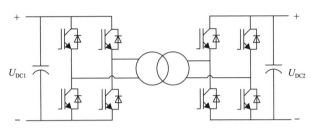

图 2-7 两级式 DAB 拓扑结构

2) 多变换器级联型 DAB

在多变换器级联型 DAB 电路中，使用低功率、低压 DAB 变换器作为基本单元来构建中高压结构，每个基本单元分担了总电压的一部分，因此无须进行晶体管串联，避免了晶体管电压电流均分问题。

变换器单元可以以不同的方式连接，如图 2-8 所示。如果子单元端口采用并

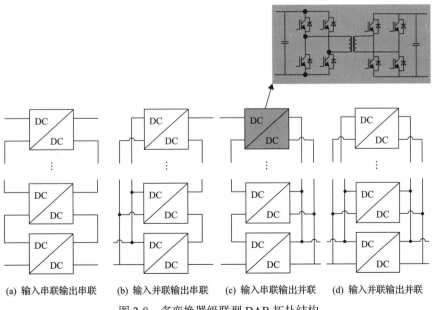

(a) 输入串联输出串联 (b) 输入并联输出串联 (c) 输入串联输出并联 (d) 输入并联输出并联

图 2-8 多变换器级联型 DAB 拓扑结构

联的连接方式，则各子单元分担总直流电流；而采用串联连接时，各子单元分担直流电压。故前者适用于大电流的应用场景，后者适用于大电压的场景，也可以将两种方案结合起来以满足不同的电压/电流的应用需求。

变换器运行时，每个子单元都在标准 DAB 控制方法的基础上，附加电压/电流均分约束进行控制。为了减小无源元件和变压器的尺寸，变换器通常运行于中频。如果拓扑参数设计得当，变换器可运行于软开关状态，大大降低损耗。

这类变换器的主要优点是模块化和可扩展性：可以根据电压、电流需求改变 DAB 基本单元的数量和连接方式，不同的连接方式允许变换器在大功率下依旧可以实现高变压比[输入并联输出串联(IPOS)方案]。然而，此类变换器的主要问题是绝缘要求高，目前的技术使此类变换器的应用限制在中压范围内。

3) 模块化多电平 DAB

模块化多电平 DAB 变换器的构建是通过一个交流变压器以面对面 (front-to-front)的结构连接两个模块化多电平变换器的过程，如图 2-9 所示。此类变换器通过控制两个模块化多电平变换器在交流侧生成两个相移的交流波形，来控制变换器的功率传输。可以通过在每个变换器臂中旁路或插入子模块电容器来产生交流电压，子模块常采用半桥或全桥拓扑，半桥子模块能够产生单极电压，而全桥子模块能够产生正、负两种电压，后者便于实现直流短路故障隔离。由于子模块在硬开关条件下以低频进行开关，基于模块化多电平的 DAB 变换器的主要损耗来源是开关导通损耗。

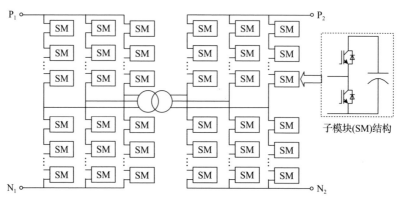

图 2-9　模块化多电平 DAB 拓扑结构

目前已有多种调制方案来优化变换器运行和尺寸，例如，使用梯形调制或中频运行来减小变压器、无源元件的尺寸。然而，在中频下使用非正弦波形的高压大功率交流变压器的设计仍具有挑战性。另外，在设计时必须考虑尺寸大小和开关损耗之间的平衡。

4）基于正激、反激原理的拓扑结构

目前，只有少数研究中提出了与 DAB 解决方案不同的隔离式变换器，其拓扑如图 2-10 所示。它们基于反激和正激变换器的原理，采用一个中央耦合电感器和模块化结构模拟中压开关即可实现经典结构对中压的适应。此类变换器拓扑被提出时期望用于高升压比的场景。然而，由于模块化方法中耦合电感器的高绝缘要求，此类拓扑的应用将被限制在低功率场景中。

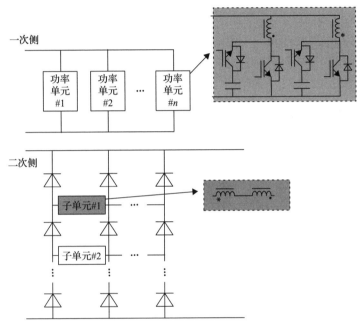

图 2-10　基于正激、反激的模块化变换器拓扑

2.1.2　典型 DC-AC 变换器

典型 DC-AC 变换器[18]按交流侧接入方式主要可分为单相 DC-AC 变换器、三相两电平 DC-AC 变换器、多电平 DC-AC 变换器。

1. 单相 DC-AC 变换器

单相 DC-AC 变换器由 4 组可控半导体开关组成，如图 2-11 所示，直流侧电容稳定直流侧电压，N 为直流侧零电位参考点，R_{dc} 是开关损耗等效电阻。两桥臂中点引出交流侧端口，交流侧电感用于滤除交流电流谐波。由于方波调制时谐波特性较差，单相 DC-AC 变换器通常采用脉宽调制（PWM），通过对变换器开关的通断控制，实现直流与交流之间的电压转换与功率传输。

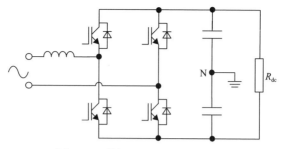

图 2-11　单相 DC-AC 变换器拓扑

2. 三相两电平 DC-AC 变换器

　　工程应用中，三相两电平 DC-AC 变换器要比单相 DC-AC 变换器应用得更为广泛。图 2-12 为三相两电平 DC-AC 变换器拓扑结构。这种变换器由 3 个桥臂组成，每个桥臂由两组可关断器件反并联续流二极管构成，直流侧中性点 N 为零电位参考点，R_{dc} 是开关损耗等效电阻。各桥臂中点引出三相交流侧端口。

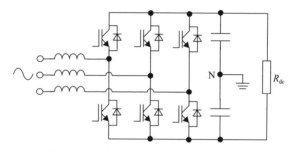

图 2-12　三相两电平 DC-AC 变换器拓扑

　　与单相 DC-AC 变换器类似，三相两电平 DC-AC 变换器采用方波调制，虽然会降低开关损耗，但会造成较差的谐波特性，且电压、频率控制不够灵活，难以应用于工程实际。而采用 PWM 时，谐波主要集中于开关频率附近，有利于减小滤波器尺寸，降低经济成本，且控制灵活。

3. 多电平 DC-AC 变换器

　　在低压低功率场合，两电平 DC-AC 变换器由于结构简单、控制方便，能够实现直流电能与交流电能的相互转换。而在中高压大功率场景下，开关器件耐压等级与功率限制难以满足需求，多电平 DC-AC 变换器应运而生。多电平变换器是指变换器输出电压波形中的电平数大于或等于 3 的变换器，如常见的三电平、五电平、七电平等。经过 30 多年的发展，多电平 DC-AC 变换器从原理上可进一步分为箝位式多电平 DC-AC 变换器和模块化多电平 DC-AC 变换器两大类。

1) 箝位式多电平 DC-AC 变换器

箝位式多电平 DC-AC 变换器是由基本换流单元经过串并联组合而成的一种单一直流源、桥式结构的多电平换流器，主要包括二极管箝位式和电容箝位式。

二极管箝位式多电平 DC-AC 变换器是研究较早的一种多电平变换器，它的优势在于结构简单、控制方便，有利于双向功率流动控制，但直流侧电容均压控制较为困难。德国学者 Holtz 于 1977 年最早提出一种三电平电路拓扑，于 20 世纪 80 年代进一步发展提出一种中性点加一对箝位二极管的三电平方案——中性点箝位型 (neutral point clamped，NPC) 变换器，其主电路拓扑如图 2-13 所示。每个桥臂需四组开关器件反并联续流二极管、两个箝位二极管，能够输出$-U_{DC}/2$（U_{DC} 为直流侧电压）、0、$U_{DC}/2$ 三种电平，所以被称为二极管箝位式三电平 DC-AC 变换器。

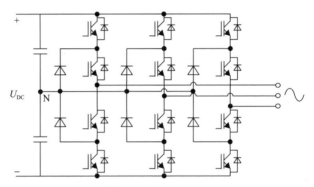

图 2-13　二极管箝位式三电平 DC-AC 变换器拓扑

电容箝位式多电平是法国学者 T. A. Meynard 和 H. Foch 于 1992 年首先提出的，该变换器也被称为悬浮电容多电平 (flying capacitor multilevel，FCML) 变换器。图 2-14 为电容箝位式三电平 DC-AC 变换器拓扑。每个桥臂能够输出三个电平，三个桥臂一共可以输出 $3^3=27$ 种电平组合。

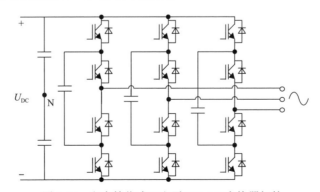

图 2-14　电容箝位式三电平 DC-AC 变换器拓扑

相比二极管箝位式变换器，电容箝位式变换器开关选择更多，电压合成更为灵活。随着飞跨电容的应用，可通过同一电平不同的开关组合，使直流分压电容上的电压保持均衡。但每个桥臂需要一个箝位电容，成本增加且不易封装，控制方法相比二极管箝位式更加复杂。

2）模块化多电平 DC-AC 变换器

当变换器所需输出的电平数增多时，对箝位式多电平 DC-AC 变换器来说，箝位二极管或箝位电容数量将大幅增加，给变换器的生产制造、控制都带来极大的困难。而模块化多电平 DC-AC 变换器不仅没有箝位式多电平 DC-AC 变换器直流母线间的电容、二极管组，还具有模块化的优势，广泛应用于中高压输配电场合。图 2-15 为模块化多电平 DC-AC 变换器示意图。图 2-15(b) 中，VT_{x1} 和 VT_{x2} 分别指上下两个 IGBT，VD_1 和 VD_2 分别是这两个 IGBT 的体二极管，u_x 和 u_{cx} 分别是输入和输出电压，i_x 为输入电流。

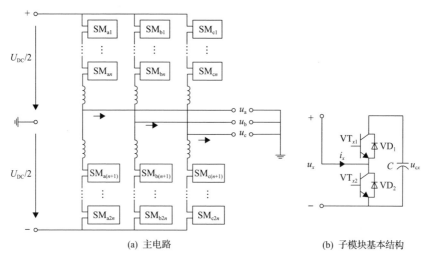

(a) 主电路　　　　　　　　　　(b) 子模块基本结构

图 2-15　模块化多电平 DC-AC 变换器示意图

模块化多电平 DC-AC 变换器的控制原则是,通过触发各相桥臂中对应子模块上的开关器件、串联叠加各子模块的输出电压并调节桥臂电压间的比率，使交流侧得到所期望的多电平电压输出，同时直流侧得到约等于 U_{DC} 的电压值。由于模块化的构造特点，此类变换器可以简便地得到较高电平的多电平输出，波形品质较优。理想情况下，输出电平无限多时，就能输出标准的正弦波，因此模块化多电平 DC-AC 变换器可以摒弃 PWM 高频控制策略，采用低开关频率的多电平控制方式。

相比箝位式多电平 DC-AC 变换器，模块化多电平 DC-AC 变换器用较低的开关频率就可以得到较优的电压波形，大大降低了器件的开关损耗，提高电能转换的效率和经济性；模块化的构造易于工业生产，扩展性好，能够满足不同电压、功率等级的工程应用；故障保护能力更强，易于实现变换器阀的冗余设计，当子模块发生故障时，可迅速切换到备用子模块，也能够限制冲击电流，保护开关器件，提高了变换器的可靠性；能够实现低电平台阶变化的多电平电压输出，具有良好的波形品质和较低的谐波含量，某些场景可以取消滤波器的使用进而降低成本，由于输出电压良好，对交流变压器的要求也较低。但这种结构本身存在一定的问题：子模块电容的均压问题、环流抑制问题。

2.2　分布式电源接口变换器

以新能源为主体的新型电力系统中，光伏等分布式电源将广泛利用小容量变换器的输入独立输出串联(input independent output series, IIOS)等方式接入直流配电系统[19]。变换器将扮演多元异质分布式能源并网接口的关键角色，需具备"宽范围、多模式运行"与"高增益、高效率变换"两大特征。针对小容量 IIOS 变换器的宽范围运行问题，现有拓扑方案均存在一定局限性，主要体现在：增加拓扑复杂度与硬件成本，降低系统效率；无法消除系统内部失配功率，难以实现系统全工作域运行。针对上述问题，本节提出两种接口变换器方案：方案一，阻抗型多模块串联式直流升压变换器；方案二，含有内部功率均衡单元的 IIOS 型直流升压变换器。

2.2.1　阻抗型多模块串联式直流升压变换器

Z 源变换器可以有效地克服传统变换器的不足，同时能获得传统变换器所不具备的一些新特性，因此具有广阔的应用空间[20]。准 Z 源阻抗网络，不仅继承了基本对称型阻抗网络的所有优点，还能以单级功率变换实现双级系统的功能，因此特别适合应用于光伏发电系统。本节以准 Z 源阻抗网络为基础，提出一种准 Z 源隔离式直流变换单元子模块(quasi Z-source DC-DC converter, QZSDC)，以该子模块为基础通过 IIOS 连接构成具有多独立端口的接口变换器。

1. QZSDC 基本单元电路拓扑与工作原理

QZSDC 的结构框图与电路拓扑如图 2-16 所示。图 2-16 中，$S_1 \sim S_4$ 为变压器原边全桥的四个开关管，$D_1 \sim D_4$ 为变压器副边的四个二极管，n_1、n_2 分别为变压器原副边绕组匝数，U_{in} 和 U_{out} 为输入电压和输出电压。该电路将准 Z 源阻抗网络与隔离式全桥 DC-DC 变换单元组合在一起，其中，电容 C_1、C_2 与电感 L_1、L_2 共同构成了阻抗网络。该拓扑结构可以作为直流光伏升压变换器的子模块单元应用到光伏直流升压汇集系统中。

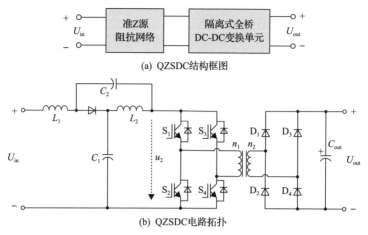

(a) QZSDC结构框图

(b) QZSDC电路拓扑

图 2-16　QZSDC 结构框图与电路拓扑

在传统 DC-DC 变换器中,由于同一桥臂的上下两个开关管同时导通时会导致直流侧电容短路,因此这种直通状态是被禁止的,变换器只存在 4 个有效开关矢量,包括 2 个非零矢量与 2 个零矢量。但在 QZSDC 中,由于阻抗网络的存在,直通状态被允许,从而使 QZSDC 除了上述 4 个开关矢量外,还存在一个额外的直通零矢量。正是这种额外直通状态的存在,使 QZSDC 具备了比传统 DC-DC 变换器更加灵活的升降压能力。

下面将对 QZSDC 的工作原理进行介绍。如前所述,根据同一桥臂上下两开关管的导通和关断情况,可以将 QZSDC 的工作状态分为非直通状态和直通状态。这两种状态下 QZSDC 的等效电路图分别如图 2-17(a)和(b)所示。此外,理论上变换器还存在一个传统移相零状态,即上桥臂或下桥臂上所有开关均断开,变换器无电流输出,这种状态下的阻抗网络等效电路与非直通状态相同,因此这里不对此状态做单独分析。

其中,当变换器处于非直通状态时,开关 S_1～S_4 轮流导通,变压器副边侧二极管相应导通。图 2-17(a)所示为 S_1 和 S_4 导通时的示意图。阻抗网络中二极管上电压为正,二极管导通。此时阻抗网络电感放电,电容充电。由基尔霍夫电压定

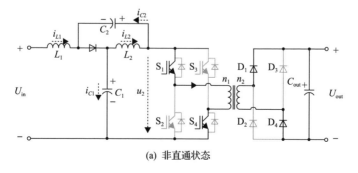

(a) 非直通状态

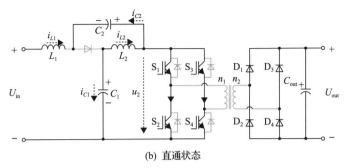

(b) 直通状态

图 2-17　QZSDC 工作状态下的等效电路图

律(KVL)、基尔霍夫电流定律(KCL)可列写非直通状态下的电路方程,如式(2-1)所示:

$$
\begin{cases}
L_1 \dfrac{\mathrm{d}i_{L1}}{\mathrm{d}t} = u_{\mathrm{in}} - u_{C1} \\[2mm]
L_2 \dfrac{\mathrm{d}i_{L2}}{\mathrm{d}t} = -u_{C2} \\[2mm]
C_1 \dfrac{\mathrm{d}u_{C1}}{\mathrm{d}t} = i_{L1} - i_{\mathrm{out}} \\[2mm]
C_2 \dfrac{\mathrm{d}u_{C2}}{\mathrm{d}t} = i_{L2} - i_{\mathrm{out}}
\end{cases}
\tag{2-1}
$$

式中,u_{in} 为阻抗网络输入端电压;i_{out} 为阻抗网络输出端电流。

当工作在直通状态时,同一桥臂上两个开关管同时导通,变压器副边侧二极管相应导通。图 2-17(b) 所示为 $S_1 \sim S_4$ 同时导通时的示意图。此时,阻抗网络中二极管承受反压截止,阻抗网络电容放电,电感充电。可列写直通状态下的电路方程,如式(2-2)所示:

$$
\begin{cases}
L_1 \dfrac{\mathrm{d}i_{L1}}{\mathrm{d}t} = u_{\mathrm{in}} + u_{C2} \\[2mm]
L_2 \dfrac{\mathrm{d}i_{L2}}{\mathrm{d}t} = u_{C1} \\[2mm]
C_1 \dfrac{\mathrm{d}u_{C1}}{\mathrm{d}t} = -i_{L2} \\[2mm]
C_2 \dfrac{\mathrm{d}u_{C2}}{\mathrm{d}t} = -i_{L1}
\end{cases}
\tag{2-2}
$$

稳态时,根据电感伏秒平衡与电容电荷平衡,可以得到如下方程组:

$$\begin{cases} (1-D)(u_{\text{in}}-u_{C1})+D(u_{\text{in}}+u_{C2})=0 \\ -u_{C2}(1-D)+Du_{C1}=0 \\ (1-D)(i_{L1}-i_{\text{out}})-i_{L2}D=0 \\ (1-D)(i_{L2}-i_{\text{out}})-i_{L1}D=0 \end{cases} \tag{2-3}$$

式中，$D=T_0/T_s$ 为直通占空比，且 $0\leqslant D<0.5$，T_s 为 QZSDC 的开关周期，T_0 为一个开关周期内的直通时间。

结合式 (2-1)～式 (2-3)，可以推出阻抗网络电容电压和电感电流分别与输入电压 u_{in} 和直通角 α 之间的关系式：

$$\begin{cases} u_{C1}=\dfrac{1-D}{1-2D}u_{\text{in}}=\dfrac{\pi-\alpha}{\pi-2\alpha}u_{\text{in}} \\ u_{C2}=\dfrac{D}{1-2D}u_{\text{in}}=\dfrac{\alpha}{\pi-2\alpha}u_{\text{in}} \end{cases} \begin{cases} i_{L1}=\dfrac{1-D}{1-2D}i_{\text{out}}=\dfrac{\pi-\alpha}{\pi-2\alpha}i_{\text{out}} \\ i_{L2}=\dfrac{1-D}{1-2D}i_{\text{out}}=\dfrac{\pi-\alpha}{\pi-2\alpha}i_{\text{out}} \end{cases} \tag{2-4}$$

式中，$\alpha=\pi D$ 为直通角，且 $0\leqslant\alpha<\pi/2$。

因此，当变换器处于非直通状态时，阻抗网络出口侧电压 u_2 可以表示为两个阻抗网络电容电压 u_{C1} 与 u_{C2} 之和，如式 (2-5) 所示：

$$u_2=u_{C1}+u_{C2}=\frac{\pi}{\pi-2\alpha}u_{\text{in}} \tag{2-5}$$

显然，当变换器处于直通状态时，阻抗网络出口侧电压为 0。由此可以得到阻抗网络出口侧电压 u_2 在一个开关周期内的通式：

$$u_2=\begin{cases} 0, & \text{直通} \\ \pi u_{\text{in}}/(\pi-2\alpha), & \text{非直通} \end{cases} \tag{2-6}$$

由式 (2-6) 可以看出，通过选择合适的直通角 α，便可以从阻抗网络获得需要的直流电压增益。

综上所述，QZSDC 具有以下几个特点。

(1) 输入电流连续。电感 L_1 的作用保证其输入电流连续，因此 QZSDC 子模块将匹配光伏组件输出特性。

(2) 由于阻抗网络的存在，其工作状态存在一个特殊直通状态，不但有效改善了可靠性，并且引入灵活升压能力，可在高频变压器匝比基准上进行二次升压控制。

(3) 无源器件电压应力较低。传统 Z 源阻抗网络结构对称，电容耐受同等电压，但该子模块中电容 C_2 电压应力较小。

(4) 准 Z 源阻抗网络的输入端与输出端为共地结构，易于装配，降低了 EMI。

2. 整体拓扑架构与稳态控制

图 2-18 为基于 QZSDC 的阻抗型多模块串联式直流升压变换器的拓扑结构。该变换器融合了阻抗网络概念，以前述 QZSDC 为子模块单元，各子模块具有独立的输入端，输出侧采用串联结构。由各个独立输入端输入的直流电压经各个子模块同时实现电压抬升功能，并在输出侧串联形成高电压等级的单极性直流电压。

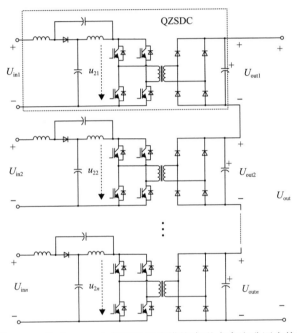

图 2-18　基于 QZSDC 的阻抗型多模块串联式直流升压变换器

将基于 QZSDC 的阻抗型多模块串联式直流升压变换器作为核心装置应用于光伏直流汇集系统时，为使所有光伏阵列实现最大功率输出，需要对变换器内的每一个子模块实施独立的最大功率点跟踪控制，以实现在任何日照和温度条件下，相应的光伏阵列都运行于最大功率点。因此，该变换器的控制架构为基于各子模块的分布式控制，变换器中各个子模块独立实现闭环控制。

图 2-19 为基于 QZSDC 的阻抗型多模块串联式直流升压变换器子模块控制框图，由采样模块、控制状态识别模块、控制量计算模块和脉冲调制模块四个部分组成。其中，采样模块测量光伏阵列的输出电压和输出电流（U_{pv} 和 I_{pv}）、QZSDC 子模块控制脉冲的移相角和直通角等数据信息，包括本次采样和前一次采样结果，并将其传递给控制状态识别模块[20,21]。控制状态识别模块接收到多个输入量后，依据双变量协同控制策略，得出系统当前的控制状态 SF，并将其传递给控制

量计算模块。

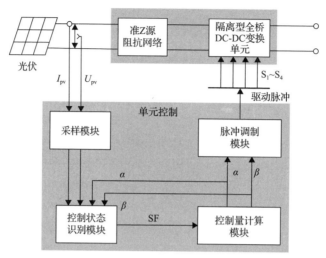

图 2-19　基于 QZSDC 的阻抗型多模块串联式直流升压变换器子模块控制框图

依据上一控制周期内 α 与 β 的取值以及预先设定的调节步长，控制量计算模块即可完成本控制周期内 α 与 β 的数值计算。最终，计算得到的 α 与 β 被脉冲调制模块接收，生成相应的开关器件触发信号。触发信号作用于 QZSDC 子模块上的开关器件，使 QZSDC 子模块的电压增益发生改变，进而使对应光伏阵列的工作点向最大功率点方向变化，接着进入下一控制周期。如此反复对子模块的当前输入功率进行检测，并使其向对应光伏阵列的最大功率点靠近，从而在无调度指令限制的稳态运行工况下，使整个光伏直流升压变换器连接的所有光伏阵列都可工作于其最大功率点，实现能量转换效率的最大化。

3. 输入功率失配下的运行适应性

在上述阻抗型多模块串联式直流升压变换器系统中，由于输出侧为串联结构，在理想情况下，变流器出口电压 U_{out} 将均匀分配至各个子模块，且输出电流处处相等。由于光伏电池的输出特性曲线受光照和温度条件影响很大，系统中光伏组件部分受到遮挡、光照不均等影响会导致各子模块输入功率不均衡，即发生失配现象。在这种情况下，U_{out} 将不再均匀分配，由于 U_{out} 在外部强电网支撑下可视为恒定值，部分模块的输出电压会较额定值降低，其余模块输出电压则会升高，以匹配各子模块之间的功率关系。为了使光伏阵列工作在最大功率点，各子模块输入电压基本保持恒定，这意味着各子模块电压增益将偏离额定数值。这种现象的出现对汇集系统子模块的直流升压能力提出了较高的要求。如果以传统全桥变换单元作为子模块，由于全桥变换单元最大升压能力受制于高频变压器匝比，当系统静态工作点确定后，进一步提高电压增益的空间往往很小，缺乏二次的灵活调节能力。当功率失配较为严重时，部分子模块电压增益将无法满足系统运行需求，进而导致输入侧 MPPT 控制失效，输出侧出现串联电流取小效应，造成系统发电能力下降，甚至无法正常运行。而本节所给出的新型光伏直流升压汇集系统方案中采用的 QZSDC 子模块在变压器匝比确定的基础上，可以通过调节直通角 α 和移相角 β，在一定范围内获得比全桥变换单元更为灵活的二次调节能力，从而可以在一定程度上减小功率失配对整个系统运行造成的影响，调高系统的运行适应性。下面将建立数学模型对输入功率失配程度与系统运行性能之间的关系进行具体分析。

建立以下基本假设条件：①由于在温度一定的情况下，光照强度主要影响短路电流的大小，而电压大小无明显变化，因此假设系统中光伏组件由于遮挡、光照不均等原因发生功率失配时，各光伏组件输出电压保持不变；②假设系统无损，各子模块输出功率与输入功率一致；③假设系统运行过程中各电路固定参数如阻抗网络电容值和电感值、高频变压器匝比等均不可变，且各子模块的电路参数完全相同。

在上述假设条件下，系统中各子模块保持正常工作所需的电压增益与其输入（输出）功率成正比。当某个子模块功率高于其他子模块时，其功率偏离程度越大，所需的电压增益就越大，系统抵抗功率失配造成的故障也就越困难。以单个子模块为研究对象，定义功率偏离程度 DPM_k：

$$\mathrm{DPM}_k = \frac{P_k - P_{\mathrm{ref}}}{P_{\mathrm{ref}}} \tag{2-7}$$

式中，P_k 为子模块 k 的输入（输出）功率；P_{ref} 为参考功率：

$$P_{\mathrm{ref}} = \frac{1}{m} P_{\mathrm{out}} \tag{2-8}$$

其中，m 为初始状态下系统中的子模块总数；P_{out} 为汇集系统的总输出功率。当 QZSDC 子模块实际功率与参考功率相等时，该子模块正常工作所需的电压增益恰好为额定值。

由式(2-7)和式(2-8)可得，子模块 k 正常工作所需的电压增益为

$$\lambda_k = \frac{U_{\mathrm{out}}}{m U_{\mathrm{pv}}}(\mathrm{DPM}_k + 1) = \lambda_e(\mathrm{DPM}_k + 1) \tag{2-9}$$

式中，U_{out} 为汇集系统的总输出电压；U_{pv} 为光伏阵列输出电压；λ_e 为 QZSDC 子模块电压增益额定值。

由式(2-9)可以看出，DPM 越大的子模块，对自身升压能力要求越高。由于受到阻抗网络电容、电感纹波以及有源器件应力限制，实际上 QZSDC 子模块的升压能力不可能达到理论值的无穷大，应存在一个上限。将此上限记作 $\lambda_{\max}$，则子模块 k 正常工作所需满足的条件可以表示为

$$\lambda_k \leqslant \lambda_{\max} \tag{2-10}$$

选取 DPM 最大的子模块为研究对象，若该子模块满足式(2-10)，说明系统中所有子模块均能满足式(2-10)，系统可以正常运行；若该子模块不满足式(2-10)，说明 QZSDC 的升压能力已不足以使该子模块所对应的光伏阵列继续工作在最大功率点，需将该子模块从系统中切除，并在余下的子模块中再次选取 DPM 最大的对象，重复上述分析。若通过切除功率偏离程度过大的子模块，最终可以使系统中剩余的子模块均满足式(2-10)，则系统仍可正常运行，此时汇集系统成功地抵御了光伏阵列输出功率失配故障。否则，若按此方式全部子模块均被切除，整个系统退出运行，则汇集系统对光伏阵列输出功率失配故障抵御失败。

考虑切除 DPM 过大的子模块后，系统中剩余子模块功率彼此相等的极端情况，则每个剩余子模块所需的电压增益为

$$\lambda = \frac{U_{\text{out}}}{q U_{\text{pv}}} \leqslant \lambda_{\max} \tag{2-11}$$

式中，q 为剩余子模块的个数。理论上讲，当系统中剩余子模块功率彼此相等时，对子模块的升压能力要求是最低的。因此，由式(2-11)可得出系统正常运行所需的最小模块个数为

$$q_{\min} = \left\lceil \frac{U_{\text{out}}}{U_{\text{pv}} \lambda_{\max}} \right\rceil \tag{2-12}$$

由上述分析可以推出，该直流升压汇集系统可以抵抗功率失配故障的条件是：系统中存在 q 个子模块，使得这 q 个子模块中，DPM 最大的子模块 k 满足式(2-10)，且 q 不小于系统正常所需的最小模块个数，即

$$\begin{cases} \text{DPM}_k \leqslant \dfrac{\lambda_{\max}}{\lambda_{\text{e}}} - 1 \\ \left\lceil \dfrac{U_{\text{out}}}{U_{\text{pv}} \lambda_{\max}} \right\rceil \leqslant q \leqslant m \end{cases} \tag{2-13}$$

将式(2-13)转换为功率表达式，则为

$$\begin{cases} P_k \leqslant \dfrac{\lambda_{\max}}{m\lambda_e - \lambda_{\max}} \displaystyle\sum_{i \neq k} P_i \\[4mm] \left\lceil \dfrac{U_{\text{out}}}{U_{\text{pv}}\lambda_{\max}} \right\rceil \leqslant q \leqslant m \end{cases} \tag{2-14}$$

式中，$\displaystyle\sum_{i \neq k} P_i$ 为这 q 个子模块中，除子模块 k 以外的子模块功率之和。

QZSDC 子模块的最大电压增益 $\lambda_{\max}$ 与直通占空比 D 有关，而 D 的取值范围由子模块的电路参数确定，具体来讲，包括以下限制条件。

1) 有源器件应力限制

当 QZSDC 子模块处于直通状态时（假设为单桥臂直通），电路中各开关管的电流应力等于阻抗网络输出电流，即 $i_{\text{stress}} = 2I_L$。其中，i_{stress} 为开关管电流应力，I_L 为阻抗网络电感电流。

为控制开关器件的电流应力，需要对电感电流纹波加以限制。假设限制电感电流纹波系数最大值为 a，则有 Δi_L（阻抗网络电感电流 I_L 的变化值）$\leqslant aI_L$。由电感电流波形图可得，电感上的电流峰值为 $i_{Lp} = I_L + 1/2\Delta i_L$。假设 IGBT 额定电流为 I_{FM}，则电感电流纹波应满足 $\Delta i_L \leqslant I_{\text{FM}} - 2I_L$。电感电流纹波系数最大值 a 应由 $a = I_{\text{FM}}/I_L - 2$ 确定。由图 2-17(b) 所示 QZSDC 直通状态等效电路可得，阻抗网络中电感电流可以表示为 $u_L = U_{\text{pv}} - U_C$。又由 $L = u_L \mathrm{d}t/\mathrm{d}i_L$，可得有源器件应力限制下直通占空比应满足的条件为

$$\frac{D(1-D)}{1-2D} \leqslant \frac{2aPf_s L}{U_{\text{pv}}^2} \tag{2-15}$$

式中，P 为子模块的输入/输出功率；f_s 为开关周期。

2) 阻抗网络输出电压纹波限制

QZSDC 阻抗网络输出电压的稳定程度与子模块输出电压的稳定程度有直接关系，因此，需对阻抗网络输出电压的纹波加以限制。

由图 2-17(b) 所示 QZSDC 直通状态等效电路可得，当 QZSDC 子模块处于直通状态时，电容与电感处于同一串联支路上，有 $i_C = i_L$。假设限制阻抗网络输出电压纹波系数最大值为 b，则有 Δu_L（阻抗网络电感电压变化值）$\leqslant bU_L$（阻抗网络电感电压稳态值）。可得阻抗网络输出电压纹波限制下直通占空比应满足的条件为

$$D(1-2D) \leqslant \frac{bCU_{\text{pv}}^2 f_s}{P} \tag{2-16}$$

3）二极管反向耐压限制

由图 2-17（b）所示 QZSDC 直通状态等效电路可得，当 QZSDC 子模块处于直通状态时，阻抗网络二极管上反向电压 $U_{\text{diode}}=u_{C1}+u_{C2}=u_{\text{in}}/(1-2D)$。假设二极管反向重复峰值电压为 U_{rrm}，则在二极管反向耐压限制下，直通占空比应满足的条件为

$$D \leqslant \frac{1}{2}\left(1-\frac{u_{\text{in}}}{U_{\text{rrm}}}\right) \tag{2-17}$$

4）能量传递效率限制

电路中的器件在工作过程中会造成一定的功率损耗。在阻抗网络中，由于二极管的存在，当直通占空比过高时，会使二极管上功率损耗过大，导致能量传递效率降低，影响系统性能。因此，需要从能量传递效率角度来对直通占空比进行限制。

由于二极管的反向电流一般较小，因此，能量损耗主要发生在二极管正向导通状态下，即 QZSDC 的非直通工作状态。由图 2-17（a）所示 QZSDC 非直通状态等效电路可得，当 QZSDC 子模块处于非直通状态时，流经阻抗网络二极管的电流为 $I_{\text{diode}}=i_{L2}+i_{L1}-I_2$，其中 I_2 为阻抗网络输出电流。可得出二极管正向电流 I_{diode} 关于直通占空比 D 的表达式为 $I_{\text{diode}}=1/(1-D)I_{\text{in}}$。

假设二极管的导通压降为 U_{F}，则非直通状态下二极管上的功率损耗为 $P_{\text{diode}}=I_{\text{diode}}U_{\text{F}}$。限制系统的最低能量传递效率为 η，则有 $\dfrac{P-P_{\text{diode}}}{P} \geqslant \eta$。由上述分析可以推出，在能量传递效率限制下直通占空比应满足的条件为

$$D \leqslant 1-\frac{U_{\text{F}}}{(1-\eta)u_{\text{in}}} \tag{2-18}$$

综上所述，QZSDC 开关触发脉冲的直通占空比合理范围为

$$\begin{cases} \dfrac{D(1-D)}{1-2D} \leqslant \dfrac{2aPf_{\text{s}}L}{U_{\text{pv}}^2} \\[3mm] D(1-2D) \leqslant \dfrac{bCU_{\text{pv}}^2 f_{\text{s}}}{P} \\[3mm] D \leqslant \dfrac{1}{2}\left(1-\dfrac{u_{\text{in}}}{U_{\text{rrm}}}\right) \\[3mm] D \leqslant 1-\dfrac{U_{\text{F}}}{(1-\eta)u_{\text{in}}} \end{cases} \tag{2-19}$$

变压器匝比 n 与移相角 β 固定的情况下，QZSDC 子模块的最大电压增益为

$$\lambda_{\max} = \frac{n(\pi - \beta)}{\pi(1 - 2D_{\max})} \tag{2-20}$$

式中，$D_{\max}$ 为 QZSDC 开关触发脉冲的最大直通占空比。

又因考虑的是 QZSDC 在所有可控条件下的最大升压能力，所以在最大电压增益情况下，应将移相角 β 置为与 α 相等，即

$$\lambda_{\max} = \frac{n(1 - D_{\max})}{1 - 2D_{\max}} \tag{2-21}$$

可以看出，QZSDC 子模块的升压能力与阻抗网络器件参数密切相关。在实际应用中，应综合考虑所需的升压能力与工程成本损耗、动态响应速度等因素来选择元器件参数。

上述分析表明，本节提出的基于 QZSDC 子模块的光伏直流升压汇集系统具有灵活的电压二次调节能力，可以很好地解决光伏阵列间功率失配问题，具有强大的运行适应性和稳定性，对于未来直流光伏电站的推广应用具备较大的潜在应用价值。

本方案的特点主要有通过引入阻抗网络，实现多路 MPPT 与高增益升压变流一体化功能，有效解决输入光伏阵列间功率不均衡问题，使系统具备良好的运行适应性；结构清晰可靠，具备抵御直通短路故障的能力，便于内部故障隔离与整站动态控制，大幅度提升电力电子系统运行可靠性。

2.2.2　含有内部功率均衡单元的 IIOS 型直流升压变换器

本节以多支路光伏直流升压变换器为例，提出如图 2-20 所示的 IIOS 拓扑方案。该方案在基本 IIOS 拓扑的基础上创新地引入内部功率均衡单元(power balancing units，PBU)，形成一种具备多输入端口独立运行能力的新型高增益直流升压变换拓扑[23,24]。每两个相邻子模块间引入功率均衡单元，功率均衡单元为双向单元，控制两个子模块间的功率流向，从而实现子模块输出电压均衡。该方案作为组串-并联型汇集系统中的多支路光伏直流升压变换器内部拓扑，或者作为组串-串联型汇集系统整体功率变换拓扑，可充分匹配分布式光伏中压直流并网应用需求。

1. 功率均衡单元电路拓扑

以光伏应用场景为例，具有 n 个独立输入端口的多支路光伏直流升压变换器基本拓扑如图 2-20 所示。

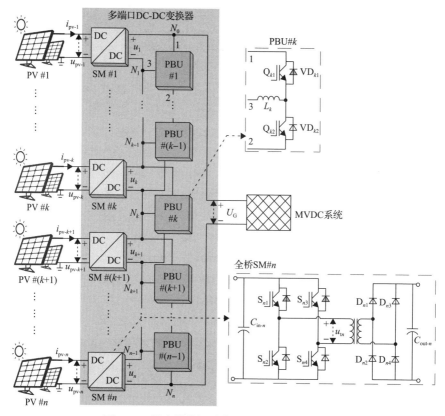

图 2-20 具有模块间功率均衡单元的 IIOS 拓扑

变换器整体由 n 个子模块单元与 $n-1$ 个 PBU 组成。各子模块单元输入端分别与前端光伏阵列相连接,其输出端彼此串联后接入电压为 U_G 的后级 MVDC 系统;各 PBU 均为两端口电路,跨接于相邻子模块间,以实现相邻子模块间双向功率交换。为便于分析:记第 k 个子模块单元为 SM #k,其对应输入端口所连接的前端光伏电源为 PV #k,第 k 个功率均衡单元为 PBU #k,与之相连接的子模块单元为 SM #k 与 SM #$(k+1)$。

实际应用中,根据 PV #k 单向能流特性与 MPPT 控制需要,SM #k 可选择具备良好输入端电压调节特性的隔离型全桥电路或 LLC 谐振电路,本节以全桥电路为例;PBU #1~PBU #$(n-1)$ 均采用双向 Buck-Boost 拓扑。

2. 基本工作原理分析

下面分别对子模块单元 SM #1~SM #n(全桥拓扑)与功率均衡单元[PBU #1~PBU #$(n-1)$]的运行机理与控制策略进行阐述[25]。不失一般性,选取 SM #k 与 PBU #k 作为对象,分别分析其工作原理。

1)子模块单元工作原理

在提出的方案中，各子模块单元采取相互独立的 MPPT 控制策略，即 SM #1～SM #n 分别独立控制 $u_{\text{pv-}1}$～$u_{\text{pv-}n}$ 以实现 MPPT 控制，以利用阵列 PV #1～PV #n 当前气象条件下的最大发电潜力；对于其输出电压 u_1～u_n，各模块单元不进行主动控制，即系统整体采取控制输入端电压模式运行。针对不同类型光伏组件与阵列规模，各模块可以选取不同的输入电压调节范围，通常情况下针对由 1000V 耐压等级商用光伏组件构成的前端阵列，其对应输入端口电压范围可选定为 450～850V。

针对隔离型移相全桥子模块，通常采用移相控制调节其输入电流、电压以实现 MPPT 控制，其具体原理如图 2-21 所示。

图 2-21 中，G_{k1}～G_{k4} 分别为低压输入侧开关管 S_{k1}～S_{k4} 的门极触发脉冲，u_{tk} 为高频变压器一次侧输入电压理论波形。稳态下，对于 SM #k 而言，其输入电压与输出电压平均值，即 $U_{\text{pv-}k}$ 与 U_k 之间的关系可以近似表达为

$$U_k \approx (1 - \varphi_k / \pi) N U_{\text{pv-}k} \tag{2-22}$$

式中，φ_k 为 SM #k 的移相角；N 为各子模块中高频变压器的副-原边匝数比。

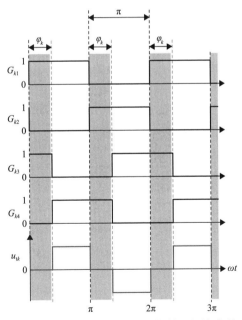

图 2-21　全桥子模块的移相控制及相关波形

结合以上原理分析，可建立变换器中各子模块正常工况下 MPPT 运行控制的整体策略，以 SM #k 为例则如图 2-22 所示，$u_{\text{pv-}k}^*$ 为经 MPPT 算法计算得到的电

压值，$e_{\text{upv-}k}$ 为 $u^*_{\text{pv-}k}$ 与输入电压的偏差值，$i^*_{\text{pv-}k}$ 为电压偏差值经 PI_B 控制算法得到的电流值，$e_{\text{ipv-}k}$ 为 $i^*_{\text{pv-}k}$ 与输入电流的偏差值。

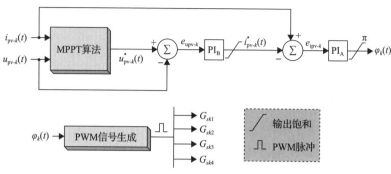

图 2-22　全桥子模块控制与调制策略

$G_{sk1} \sim G_{sk4}$ 下标中的 s 表示复数域

2) 功率均衡电路工作原理

如图 2-20 所示，以 PBU #k 为例，其电路本质为连接于 SM #k 与 SM #(k+1) 输出端之间的双向 Buck-Boost 电路，可提供相邻子模块单元输出端之间的双向功率交换通路，配合相应功率均衡控制策略，可消除相邻子模块单元之间的失配功率。

按照一个开关周期内平均功率方向的不同，PBU #k 的工作状态可分为 2 种模式(记作模式-1 与模式-2)；针对每种工作模式，根据其中开关管通断状态的不同，可分别划分为 2 种子模态，共计 4 种(分别记作子模态 I ～ IV)，具体如图 2-23 所示。为便于分析，用 $C_{\text{out-}k}$ 和 $C_{\text{out-}(k+1)}$ 分别表示 SM #k 与 SM #(k+1) 的输出电容；P_k 和 P_{k+1} 分别为 SM #k 与 SM #(k+1) 的平均输出功率。$\Delta I'_k$ 为 PBU #k 从 SM #k 输出端吸收的平均电流，$\Delta I''_k$ 为 PBU #k 向 SM #(k+1) 输出端注入的平均电流。另外对于 SM #k，其平均输出电流记作 $I_{\text{out-}k}$，其他子模块单元类似。

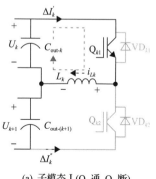 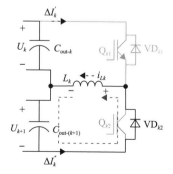

(a) 子模态 I (Q$_{k1}$通，Q$_{k2}$断)　　　　(b) 子模态 II (Q$_{k1}$与Q$_{k2}$断，VD$_{k2}$续流)

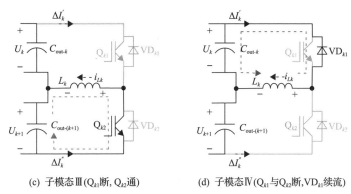

(c) 子模态Ⅲ(Q_{k1}断，Q_{k2}通)　　　(d) 子模态Ⅳ(Q_{k1}与Q_{k2}断，VD_{k1}续流)

图 2-23　功率均衡单元(PBU #k)工作模态分析

（1）模式-1（包含子模态Ⅰ与Ⅱ）。该模式下，Q_{k2} 保持关断，通过调节 Q_{k1} 的占空比控制能量由 SM #k 向 SM #($k+1$) 传递。

当 Q_{k1} 导通时［即子模态Ⅰ，如图 2-23(a)所示］，SM #k 的输出电容 $C_{\text{out-}k}$ 通过回路 Q_{k1}—L_k—$C_{\text{out-}k}$ 对电感 L_k 注入能量。

当 Q_{k1} 关断时［即子模态Ⅱ，如图 2-23(b)所示］，VD_{k2} 导通以建立 L_k—$C_{\text{out-}(k+1)}$—VD_{k2} 续流回路，将储存于电感 L_k 中的磁场能传递至 SM #($k+1$) 的输出电容 $C_{\text{out-}(k+1)}$。

（2）模式-2（包含子模态Ⅲ与Ⅳ）。该模式下，Q_{k1} 保持关断，通过调节 Q_{k2} 的占空比控制能量由 SM #($k+1$)向 SM #k 传递。

当 Q_{k2} 导通时［即子模态Ⅲ，如图 2-23(c)所示］，SM #($k+1$) 的输出电容 $C_{\text{out-}(k+1)}$ 通过回路 $C_{\text{out-}(k+1)}$—L_k—Q_{k2} 对电感 L_k 注入能量；当 Q_{k2} 关断时［即子模态Ⅳ，如图 2-23(d)所示］，VD_{k1} 导通以建立 L_k—VD_{k1}—$C_{\text{out-}k}$ 续流回路，将储存于电感 L_k 中的磁场能传递至 SM #k 的输出电容 $C_{\text{out-}k}$。

相较于开关管的通断动作，子模块单元输出电容电压平均值的变化是个缓慢的过程，因此在针对 PBU# k 的电路分析中，可将 SM #k 与 SM #($k+1$) 的输出电压 U_k 与 U_{k+1} 视为恒定值。

在模式-1 与模式-2 的稳态下，由电感 L_k 伏秒平衡原理分别可有

$$U_k D_{k1} T_s - U_{k+1}(1-D_{k1})T_s = 0 \tag{2-23}$$

$$-U_{k+1} D_{k2} T_s + U_k (1-D_{k2})T_s = 0 \tag{2-24}$$

式中，T_s 为 PBU 开关周期；D_{k1} 与 D_{k2} 分别为 Q_{k1} 与 Q_{k2} 在模式-1 与模式-2 下的稳态占空比。联立式(2-23)和式(2-24)可得

$$D_{k1} = \frac{U_{k+1}}{U_k + U_{k+1}}, \quad D_{k2} = \frac{U_k}{U_k + U_{k+1}} \tag{2-25}$$

由电路拓扑分析易知，在模式-1 下，当 Q_{k1} 导通时电感电流 i_{Lk} 将向正方向变化，当 Q_{k1} 关断时 i_{Lk} 将向负方向变化。同理，在模式-2 下，当 Q_{k2} 导通时电感电流 i_{Lk} 将向负方向变化，当 Q_{k2} 关断时 i_{Lk} 将向正方向变化。为避免误解，此处需要说明，当 $i_{Lk}>0$ 时，$|i_{Lk}|$ 增大称为"向正方向变化"，$|i_{Lk}|$ 减小称为"向负方向变化"；当 $i_{Lk}<0$ 时，$|i_{Lk}|$ 增大称为"向负方向变化"，$|i_{Lk}|$ 减小称为"向正方向变化"。事实上，若不考虑模式切换过程中的过渡状态，则无论均衡电路处于何种模式，当承担 PWM 控制的开关导通时，电感电流都将增长；当承担 PWM 控制的开关关断时，电感电流都将衰减。由此可知，对于工作在模式-1(或模式-2)的 PBU #k 而言，若 Q_{k1}(或 Q_{k2})的实际占空比 d_{k1}(或 d_{k2})大于其稳态占空比 D_{k1}(或 D_{k2})，则相应开关周期内电感平均电流的大小 $|I_{Lk}|$ 将呈现增大趋势，反之则呈现减小趋势；若 d_{k1}(或 d_{k2})等于 D_{k1}(或 D_{k2})，则 PBU #k 进入稳态，$|I_{Lk}|$ 保持不变。因此，实际控制中可通过在不同模式下调节 d_{k1} 或 d_{k2} 改变电感平均电流 I_{Lk} 的大小与方向，进而控制功率在相邻子模块单元间的流动情况。

由电路工作原理分析可知，$\Delta I'_k$ 与 $\Delta I''_k$ 可分别表示为

$$\Delta I'_k = \begin{cases} D_{k1}I_{Lk}, & \text{模式-1} \\ (1-D_{k2})I_{Lk}, & \text{模式-2} \end{cases} \tag{2-26}$$

$$\Delta I''_k = I_{Lk} - \Delta I'_k = \begin{cases} (1-D_{k1})I_{Lk}, & \text{模式-1} \\ D_{k2}I_{Lk}, & \text{模式-2} \end{cases} \tag{2-27}$$

若忽略功率损耗，在任意工作模式下，一个开关周期内经由 PBU #k 从 SM #k 传递至 SM #$(k+1)$ 的平均功率 ΔP_k 可表示为

$$\Delta P_k = \Delta I'_k U_k = \Delta I''_k U_{k+1} = \frac{U_k U_{k+1}}{U_k + U_{k+1}} I_{Lk} \tag{2-28}$$

可见 PBU #k 所传递的功率 ΔP_k(包含大小和方向)可由其电感平均电流 I_{Lk}(包含大小和方向)所决定，即可在不同模式下通过调节 d_{k1} 或 d_{k2} 而改变。

3) 内部功率均衡控制原理

对于图 2-20 所示拓扑，其子模块单元串联输出侧等效电路如图 2-24 所示。

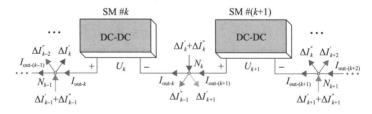

图 2-24　含有 PBU 的 IIOS 型变换器输出侧等效电路

各子模块单元输出功率可表示为

$$P_k = I_{\text{out-}k} U_k \tag{2-29}$$

对节点 N_k 由 KCL 可得

$$\Delta I'_k + \Delta I''_k + I_{\text{out-}(k+1)} = I_{\text{out-}k} + \Delta I''_{k-1} + \Delta I'_{k+1} \tag{2-30}$$

因此可得

$$\frac{U_k}{U_{k+1}} = \frac{P_k - \Delta P_k + \Delta P_{k-1}}{P_{k+1} + \Delta P_k - \Delta P_{k+1}} = \frac{P'_k}{P'_{k+1}} \tag{2-31}$$

式中，P'_k 与 P'_{k+1} 为经过功率均衡单元调节后 SM #k 与 SM #$(k+1)$ 的等效输出功率。

由式 (2-31) 知，可基于相邻子模块串联输出侧端口电压反馈比较，建立 IIOS 变换器内部功率均衡控制策略，具体如图 2-25 所示。

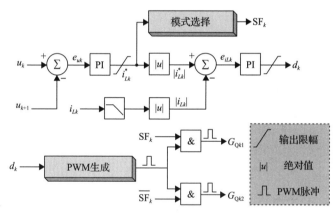

图 2-25 PBU 功率均衡控制策略与 PWM 脉冲生成机理

如图 2-25 所示，在外环中，相邻子模块单元输出电压 u_k 与 u_{k+1} 的差值 e_{uk} 经 PI 控制器后生成电感电流参考值 i^*_{Lk}，该参考值用于 PBU #k 工作模式选择并作为内环电感电流跟随控制的指令参考。工作模式选择标志变量 SF_k 由当前控制周期内的电感电流指令值 i^*_{Lk} 决定，具体关系如式 (2-32) 所示。若 $\text{SF}_k=1$，则 PBU #k 将采取模式-1；若 $\text{SF}_k=0$，则 PBU #k 将采取模式-2。

$$\text{SF}_k = 1 - \overline{\text{SF}_k} = \begin{cases} 1, & i^*_{Lk} \geqslant 0 \\ 0, & i^*_{Lk} < 0 \end{cases} \tag{2-32}$$

在内环中，电感电流参考值绝对值 $\left| i^*_{Lk} \right|$ 与实际值绝对值 $|i_{Lk}|$ 两者的差值 e_{iLk} 将

输入 PI 控制器，经过限幅输出后形成统一占空比变量 d_k；在模式-1（或模式-2）下，d_k 将作为实际开关管占空比 d_{k1}（或 d_{k2}）用以控制 PWM 脉冲。基于工作模式标志变量 SF_k 与统一占空比 d_k，PWM 模块可生成开关管门极脉冲 G_{Qk1} 与 G_{Qk2}。将相同的功率均衡控制策略运用于电力电子变压器（PET）内全部 PBU，则稳态下 SM #1～SM #n 的等效输出功率可实现均衡，如式（2-33）所述：

$$e_{uk} = 0, \ k \in 1 \sim n-1; \ P_i' = P_j', \ i,j \in 1 \sim n \qquad (2\text{-}33)$$

结合式（2-31）与图 2-25 所示功率均衡控制策略，可知该型变换器中各 PBU 无论处于何种工作模式，其稳态下的占空比均为 0.5。

本方案可以实现：基于模块间功率均衡单元的内部失配功率主动平抑；稳态下各端口输入功率与各子模块单元串联输出侧端口电压的完全解耦。由此可以实现 IIOS 型变换器的全工作域运行，从而适应前端不同输入端口的宽范围随机波动。

2.3 直流接口变换器

随着器件制造和控制技术的发展，直流配电系统中会产生电压等级变换和单双极性转换等多样化电能变换需求。本节面向上述需求，给出具有极性反转能力的直流接口变换器和实现单双极性转换的直流接口变换器[26-29]。

2.3.1 具有极性反转能力的直流接口变换器

1. 应用场景

目前，直流技术主要应用于高压输电领域，包括两大类高压直流输电技术：基于半控型晶闸管/相控变流器的传统高压直流输电技术（LCC-HVDC），以及基于全控器件/电压源型换流站的柔性高压直流输电技术（VSC-HVDC）。现有直流工程以点对点输送为主。随着未来电网规模的不断扩大和地区间功率的实时平衡需求，LCC-HVDC 与 VSC-HVDC 之间应当能够实现稳态情况下的功率交换与暂态情况下的互相支撑。将点对点的高压直流输电线路扩展到多端并建立直流输电电网，是实现大规模广域直流输配电的关键技术。因此，两大直流系统之间需要一个稳定可靠的直流互联接口来实现上述功能。

但两类直流系统分别表现出电流源和电压源的外特性。因而在发生潮流反转时，LCC-HVDC 表现为电流方向不变而电压极性改变，VSC-HVDC 则表示为电压极性不变而电流方向改变。因此，将两类电网直接互联显然是不合理不可行的，需设计一个可工作于电压极性反向状态下的互联直流接口变换器，作为连接两种直流电网的接口装置。除必须满足工作电压极性可反向的要求以外，接口装置还需要满足可匹配不同直流电压等级、可应用于高压直流电网和可实现潮流双向控制等基本要求。具有极性反转能力的直流接口变换器需要满足以下技术要求。

（1）具备恒定电压、恒定电流和恒定功率三种模式控制功能：其中恒定电压控制模式要求能够控制输出侧电压恒定或输入侧电压恒定；恒定电流控制模式要求能够控制输出侧电流恒定或输入侧电流恒定。

（2）具备直流 LCC 侧直流电压极性反转功能。

（3）具备双极运行模式。正负极性可反转变换器装置输入输出侧端口要求为正极、负极、中线双极接线方式，并且要求输出侧中线电压平衡。

（4）变换器内部要求采用电气隔离措施。

2. 基本拓扑

由于单个开关器件的功率限制，目前应用于较大功率场合的变换器技术主要包括串联阀技术以及 MMC 技术。结合以上技术要求，为体现能够向高压大功率场合扩展的技术特点，本节采用基于 MMC 技术的隔离型直流接口变换器，其应用实例如图 2-26 所示。

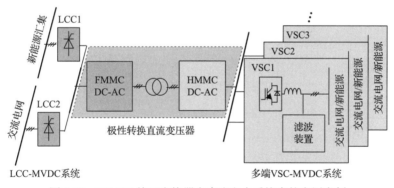

图 2-26　DC-DC 接口变换器在直流电力系统中的应用实例

MMC 的各相桥臂由多个子模块功率单元和两个桥臂电感依次串联构成，两个桥臂电感的连接点构成对应相桥臂的交流输出端。子模块功率单元可以采用单相半桥 MMC（HMMC）或者单相全桥 MMC（FMMC）结构。MMC 电路高度模块化，能够通过增减接入换流器的子模块数量来满足不同的功率和电压等级的要求，便于实现集成化设计，缩短项目周期，节约成本。与传统的 VSC 拓扑不同，尽管 MMC 的三相桥臂也是并联的，但交流电抗器是直接串联在桥臂中的，而不像传统 VSC 那样是直接接在换流器与交流系统之间的。MMC 中的交流电抗器（桥臂电抗器）的作用是抑制因各相桥臂直流电压瞬时值不完全相等而造成的相间环流，同时还可以有效抑制直流母线发生故障时的冲击电流，提高系统的可靠性。

　　图 2-27 给出一种适用于 LCC 与 VSC 互联的 DC-DC 接口变换器拓扑。该变换器中,用中频变压器连接两个 MMC 的交流侧,实现 DC-AC-DC 变换和一二次侧的电气隔离,同时变压器也可以起到一二次侧电压匹配的基础功能。MMC 和中频变压器采用三相结构。采用双套并行结构实现双极运行。由于半桥子模块成本较低,电流可以双向流过,但是只能输出 0 和正电容电压两种电平,因此 VSC 系统侧的 MMC 各子模块采用半桥拓扑结构;全桥子模块开关器件使用量增加了一倍,在电流双向流过的同时,能够输出 0、正电容电压和负电容电压三种电平,因此能够实现直流侧电压极性反转,因此 LCC 系统侧的各子模块采用全桥拓扑结构。

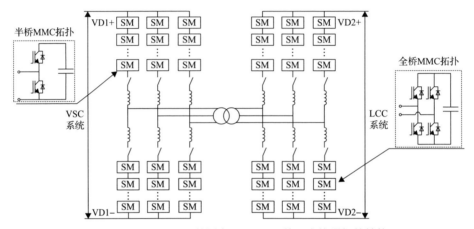

图 2-27　基于 MMC 的隔离型 DC-DC 接口变换器拓扑结构

3. 改进准两电平调制

　　根据图 2-27 所示的拓扑结构,功率控制与传输的环节主要集中在变压器两侧。即通过变压器两侧的电压波形实现功率控制与传输。传统的 MMC 调制策略主要面向交流并网场景。不论是载波移相调制还是最近电平逼近调制,其主要的目标都是形成质量好的工频电压信号,满足并网电能质量要求。

　　本节所述的直流接口变换器中,中频变压器的目的在于实现两侧电压匹配,并不与交流电网产生直接联系,因此并不需要关注交流环节波形质量。采用传统的调制方法可能并不是最优的。但是对于并不关注交流波形质量的直流接口变换器,如果继续采用现有调制方法,由于交流环节的电压频率较低,将会导致中间变压器的体积十分庞大。因此如果提高调制频率,能够减小中间变压器的体积。这对于基于 MMC 的直流接口变换器显得更加关键。MMC 的主要作用是实现直流电压匹配并进行大功率传输,可以考虑采用以两电平调制为基础的调制方案,提升整体功率传输能力。

　　基于以上考虑,本节给出一种更加适用于大规模直流功率传输的改进型准两电平调制策略。该调制策略属于基波调制策略,调制波基波频率等于子模块开关频率。该调制策略的基础为两电平调制。两电平调制策略是将某一个桥臂上所有的子模块同时进行投入和切除控制,桥臂电压呈现方波形态。但在实际应用中,两电平调制会带来极高的电压变化率 du/dt,不适合向高压应用领域拓展。若将子模块投切动作时机进行一定控制,则可使桥臂电压呈现边沿较为陡峭的阶梯波类型,在很大程度上减小了电压变化率 du/dt,可以应用于高压应用领域。本节基于以上思想提出一种改进型准两电平调制策略。以下继续以图 2-27 中单相桥臂为例进行说明。

　　图 2-28 中,S 表示桥臂上每个子模块 SM 对应的开关函数。作为两电平调制

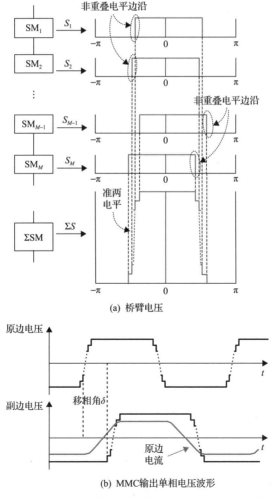

(a) 桥臂电压

(b) MMC 输出单相电压波形

图 2-28　MMC 型直流接口变换器的改进型准两电平调制策略

特点，每个子模块投切占空比均保持 50%不变。设每个开关周期为[−π，π]，则子模块在该周期内的投入时段为[$\gamma-\pi/2$，$\gamma+\pi/2$]，其中 γ 称为移相角。图 2-28（a）中，S_1 至 S_M 为桥臂上 M 个子模块各自的开关函数。通过对同一桥臂上的 M 个子模块的开关函数给定不同移相角 γ，可以使得桥臂电压整体呈现图 2-28（a）所示的准两电平形式，进而使得单相运行时 MMC 输出电压 u 如图 2-28（b）所示。

作为 MMC 正常运行的基本要求，应保证每相上下桥臂投入的子模块数量互补，总投入数恒定为桥臂模块数 M。子模块移相角 γ 的选择应当满足对称互补原则，形成周期中心对称波形。如果桥臂子模块数量为 M，则子模块的移相角集合 $\Gamma=\{\pm N/2\varDelta, \pm(N/2-1)\varDelta, \cdots, \pm\varDelta, 0\}$，其中 $\varDelta$ 为预先选定的单位移相角。每个子模块在集合 Γ 中对应的移相角由均压控制实现。

4. 电压极性反转方法

直流系统输送功率的大小和方向可以人为控制。一般将直流输电输送功率方向的变化称为功率反送，也称为潮流反转。当发生潮流反转时，两端的换流站的运行工况会发生变化，即原本的整流站变为逆变运行，而原本的逆变站则变为整流状态。对于基于 MMC 结构的 VSC-HVDC，如果采用半桥子模块，则只能改变电流方向，而不能改变电压极性。对于 LCC-HVDC，由于 LCC 换流阀的单向导电性，因此直流线路中的电流方向无法发生变化。从而 LCC-HVDC 中的潮流反转是通过改变电压极性来实现的，而非改变电流的方向。接口变换器具有定电压控制功能，两侧分别可以面向 LCC 和 VSC 实现电压和电流反转。本节简述面向 LCC 侧的电压极性反转方法。VSC 侧的电流反转属于 MMC 变换器的常规范围，本节不再赘述。

由于直流接口变换器在 LCC 侧使用了全桥子模块，该侧可工作于正电压极性与负电压极性两种工况，如图 2-29 所示。当 LCC 侧电压为正极性时，全桥子模块工作于正电压极性，即保持全桥子模块左上桥臂为闭锁状态。此时的全桥子模

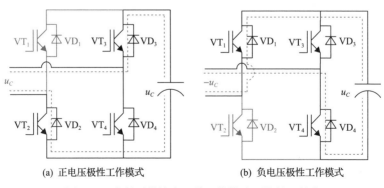

(a) 正电压极性工作模式　　　　　　(b) 负电压极性工作模式

图 2-29　全桥子模块在两种工作模式下的投入状态

块工作原理与半桥子模块相同。当 LCC 侧电压为负极性时，全桥子模块工作于负电压极性。即保持全桥子模块左下桥臂为闭锁状态。此时的全桥子模块可以反向接入电压，其工作方式与半桥子模块略有差异。

在全桥子模块工作于正电压极性时，VT_3 的导通状态将会使得全桥子模块处于投入状态。但在其工作于负电压极性时，VT_3 的导通会使得全桥子模块处于切除状态。因此对子模块投切的控制需要根据其工作的电压极性有所区别。

根据对两种工况的分析，在上下桥臂投入和切除动作完全相同时，直流侧电压可以完全配合 LCC 侧电压极性。即子模块的负电压极性工作状态对直流侧电压没有产生影响。但交流侧电压会受到完全反向的作用，即在上下桥臂投入和切除动作完全相同时，交流侧电压是完全反向的。

但是，正电压极性时的"切除"动作与负电压极性时的"投入"动作对应，正电压极性时的"投入"动作与负电压极性时的"切除"动作对应。因此从控制器角度来说，无须区别此时变换器是处于正电压工作状态还是处于负电压工作状态，按照原有的方式照常发生 PWM 即可实现包括均压控制和调制策略在内的正确的控制动作。

综上，可以通过控制 VT_1 与 VT_2 的导通与关断实现电压极性反转功能。电压极性反转时序可以按如下步骤操作。

（1）将接口变换器的功率降至 0。

（2）停止接口变换器的工作。

（3）下发控制指令，切换全桥子模块的工作模式。

（4）等待 LCC 侧直流电压缓慢反向，直至合理的电压范围。

（5）再次启动接口变换器。

2.3.2　具有单双极性转换能力的直流接口变换器

1. 应用场景

单极性直流是指包括正、零两条母线的直流，双极性直流是指包括正、零、负三条母线的直流。通常，光伏、风电、燃料电池、蓄电池、超级电容等均以单极性直流形式输出和交换电能。而直流电网的电能传输则采用双极性直流的运行方式。将分布式电源通过单双极性转换直流接口变换器接入直流配电系统，能够促进直流电网正负母线能量平衡，提升系统运行可靠性。因此，为实现新能源的单极性直流与双极性直流之间的互联转换，其技术网络架构需引入"单双极性转化 DC-DC 接口电路"的技术概念。该接口电路概念与应用场景可拓展至各高、中、低电压等级的直流电网。目前，国内外对于该特殊电力电子接口电路尚无系统化的理论研究与实践积累。

单双极性转化简单来说就是输入单极性电压、输出双极性电压。单极性侧只有正极和负极接线；双极性侧存在正极、地(中性线)、负极三条接线。单极性侧接可再生能源直流输入，双极性侧接直流电网。相对于单极性接线，采用双极性接线主要有以下几个优势。

(1)若控制中性线不平衡电流为0，则双极性接线方式没有接地极腐蚀问题，且不会对周围中性线接地变压器产生影响。

(2)直流侧发生单极故障或检修时只影响故障极，而对健全极几乎没有影响，仍能够保证一半的能量传输，提高了系统的可靠性。

(3)可在双极平衡、双极不平衡、单极大地回线、单极金属回线等方式下运行，运行方式灵活多样。

对单双极性转化DC-DC接口变换器，主要有以下4点基本技术要求。

(1)功率可双向流动。

(2)有电气隔离。

(3)有拓展性，能够允许不同的DC-DC拓扑结构接入。

(4)由于输入侧直流电压会有波动，因此变换器必须有输入侧定电压控制。

根据端口数量和功率耦合机制的不同，单双极性转化DC-DC接口变换器可分为：非紧凑型结构(双DAB结构)、三端口紧凑型结构(三端口拓扑)和四端口紧凑型结构(四端口拓扑)等类型。

2. 非紧凑型拓扑

DAB变换器作为一种拥有电气隔离和传输功率双向的DC-DC转换器，由两个端口构成，可以很好地应用于单双极性转化中。为避免直流正负极能量彼此耦合的问题，同时考虑故障条件下单极性运行能力，本节给出一种如图2-30所示的单双极性转换直流接口变换器，即采用双DAB并联输入、串联输出的结构。两个DAB变换器的其中一端并联作为单极性输入，接可再生能源直流发电；另一端串联作为双极性输出，与直流电网相接，从而构成双DAB拓扑。

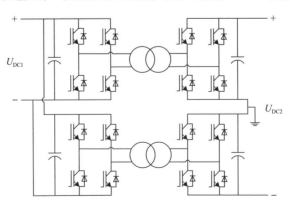

图 2-30　非紧凑型结构的单双极性转换直流接口变换器

图 2-30 中，上方 DAB 和下方 DAB 之间没有耦合，所以在对其中一个 DAB 进行控制时，另一个 DAB 的传输功率不会受到影响。因此，该方案的优点是直流正负极完全独立启动和运行，不存在电磁能量耦合问题，控制策略清晰。

对于双 DAB 拓扑，在电路分析中可以参考 DAB 的数学模型。该拓扑耦合关系简单，正极和负极两个功率传输通道之间不会互相影响。但是该方案应用两套高频变压器，因此设备体积较大、造价较高。一极出现故障后，另一极仍可传输 50%功率。

DAB 的 PWM 控制可以采用三种方案：双极性与同步整流控制、单侧移相与同步整流控制、移相控制方式。其中常用的是移相控制，又包括单移相控制、扩展移相控制和双移相控制。

单移相控制是指所有开关管均以占空比为 0.5 的方波脉冲触发导通。两个全桥内对角开关管同时导通，同一桥臂的上下开关管互补导通。两个全桥的方波脉冲之间有一个移相角，因此在变压器和漏感两端就会产生具有相位差的方波电压。

双移相控制是指不仅在 DAB 两边全桥之间存在外移相角，在变换器桥臂内部也存在内移相角。采用双移相控制的目的是减小变换器系统内环流，减少损耗，提高效率。

本节采用单移相控制，其控制时序图如图 2-31 所示，各阶段对应电路状态如图 2-32 所示。变压器两侧全桥之间整体有一个移相角，通过控制桥臂之间的移相角，实现控制变换器端口电压、传输电流和传输功率的功能。

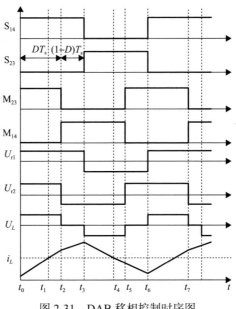

图 2-31　DAB 移相控制时序图

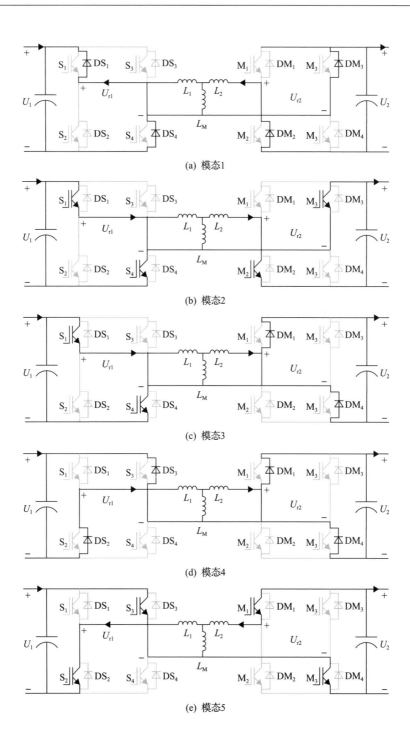

(a) 模态1

(b) 模态2

(c) 模态3

(d) 模态4

(e) 模态5

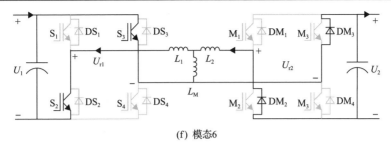

(f) 模态6

图 2-32　不同时间阶段的 DAB 电路开关状态

L_M 表示互感

（1）模态 1（$t_0 < t < t_1$）。给开关管 S_1、S_4、M_2、M_3 触发导通信号，由于电感电流为负，S_1、S_4、M_2、M_3 均没有电流流过，电流从二极管 DS_1、DS_4、DM_2、DM_3 中流过。此时 U_{r1} 为正，U_{r2} 为负，$U_L=U_1+nU_2$（n 表示变压器匝数比），流过电感的电流值从一个负值开始线性增加，t_1 时刻流过电感的电流增加到零。

（2）模态 2（$t_1 < t < t_2$）。所有开关管的触发信号不变，开关管 S_1、S_4、M_2、M_3 触发信号仍为高电平导通信号，此时电感电流增加为正值，电流由从二极管 DS_1、DS_4、DM_2、DM_3 中流过转为从开关管 S_1、S_4、M_2、M_3 中流过，$U_L=U_1+nU_2$，电感电流线性增加。

（3）模态 3（$t_2 < t < t_3$）。前桥的开关管 S_1、S_4 继续导通，给后桥开关管 M_2、M_3 关断信号，M_1、M_4 导通信号，但由于电感的电流为正，此时电流从 S_1、S_4、DM_1、DM_4 中流过。$U_L=U_1-nU_2$，电感电流继续线性增加，但增加速度较之前变小。

（4）模态 4（$t_3 < t < t_4$）。给前桥开关管 S_1、S_4 关断信号，S_2、S_3 导通信号，同时保持后桥开关管的触发信号不变，由于电感电流为正，此时电流从二极管 DS_2、DS_3、DM_1、DM_4 中流过，$U_L=-(U_1+nU_2)$，此时电感电流线性下降，在 t_4 时刻电感电流下降为零。

（5）模态 5（$t_4 < t < t_5$）。所有开关管的触发信号不变，由于电感电流变为负，电流由从二极管 DS_2、DS_3、DM_1、DM_4 中流过转到从开关管 S_2、S_3、M_1、M_4 中流过。此时 $U_L=-(U_1+nU_2)$。因此在 $t_4 \sim t_5$ 内，电感电流保持线性下降。

（6）模态 6（$t_5 < t < t_6$）。前桥开关管触发信号不变，开关管 S_2、S_3 仍然导通，给后桥 M_1、M_4 关断信号，给 M_2、M_3 触发信号导通，此时 $U_L=-(U_1-nU_2)$，电感电流线性减小，直到下一个周期开始。

固定电路参数（漏电感 L_s、开关频率 f_s、变压器匝数比 n），当负载电流不变时，输入电压和移相角有对应的关系。通过控制 DAB 全桥之间的移相角，就可以控制变换器的能量传输。即使负载电流变化时，调整移相角也可以稳定输入电压。由此单双极性变换器可以设置六种典型工作模式，分别为单极性侧电压控制模式、双极性侧电压控制模式、单极性侧电流控制模式、双极性侧电流控制模式、功率控制模式和最大功率点跟踪控制模式。

3. 紧凑型拓扑

上文中的非紧凑型拓扑中，各端口均由全桥基本单元与无源器件共同构成，端口的分解结构如图 2-33(a) 所示。端口之间使用双绕组高频变压器连接。各端口之间两两对应。如果将连接端口的双绕组变压器改为多绕组，则可以使整体结构更加紧凑。使用三绕组变压器可以构成三端口结构，使用四绕组变压器可以构成四端口结构。

三端口结构的紧凑型拓扑如图 2-33(b) 所示。由于采用三绕组高频变压器连接各个端口，各端口之间都有耦合关系，所以称之为"紧凑型"。其中三绕组高频变压器各侧连接端口，将端口 2 作为单极性侧，接可再生能源直流发电；端口 1 和端口 3 串联作为双极性侧接直流电网，就构成了单双极性转化的结构。虽然比双DAB 拓扑少了一个端口，但是耦合方式更为复杂。

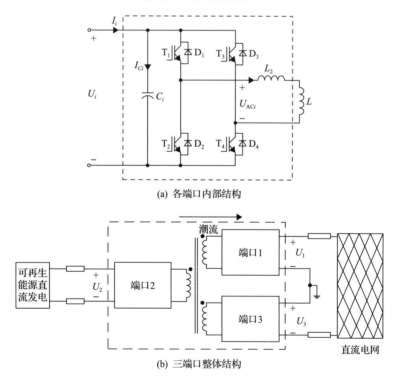

(a) 各端口内部结构

(b) 三端口整体结构

图 2-33　三端口紧凑型结构的单双极性转换直流接口变换器

三端口拓扑在分析上可以参考 DAB，但是需要做等效变换。三端口拓扑只有一个高频变压器，因此体积较小、造价较低。耦合关系相对于双 DAB 拓扑复杂，待控量并不由单独的控制量来控制，但可以实现解耦控制。由于单极侧只有一个

端口，因此输送相同的功率的时候，单极侧端口的导线上的电流是双 DAB 拓扑
或四端口拓扑的两倍左右，因此单极侧端口电路器件的额定电流要比另外两种方
案大。同时，由于单极侧只有一个端口，三端口拓扑单极侧如果出现故障，则将
无法继续传输功率。

　　四端口结构的紧凑型拓扑如图 2-34 所示。四端口拓扑各端口之间也彼此耦合，
四绕组高频变压器各侧连接端口。将端口 1 和端口 2 并联接可再生能源直流发电，
端口 3 和端口 4 串联接直流电网，就构成了单双极性转化的结构。端口 3 为双极
侧正极，端口 4 为双极侧负极。同样是采用多绕组高频变压器，四端口拓扑和三
端口拓扑在分析上有很多相同之处。该拓扑比双 DAB 拓扑少一个高频变压器，
但是耦合形式更加复杂。

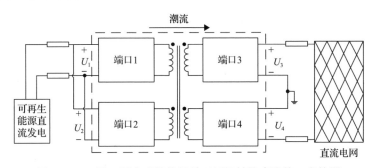

图 2-34　四端口紧凑型结构的单双极性转换直流接口变换器

　　四端口拓扑同样可以在分析上参考 DAB，也需要对变压器做等效变换。只有
一个高频变压器，体积较小，造价较低。同样由于只有一个高频变压器，单极侧
端口承受的电流比三端口拓扑要小。耦合关系较为复杂，待控量并不是由单独的
控制量来控制。一极出现故障后，另一极仍可传输 50%的功率。

2.4　面向宽工作范围变换器建模

　　传统电力电子变换器建模中，常用状态空间平均方法，建立稳态大信号模型
与基于稳态工作点的小信号模型。然而，应用于直流配电系统中的各类分布式电
源接口变换器的输入电压存在宽范围波动，工作点往往不固定。以图 2-35 所示非
反向 Buck-Boost(non-inverting Buck-Boost, NIBB)变换器为代表的具备多模式运
行能力的变换器能够满足宽电压运行范围需求。然而，多模式运行也给变换器稳
态运行和动态控制带来了一系列挑战。具体而言，多模式运行的 NIBB 变换器的
建模与控制设计需要考虑以下几个问题。

　　(1)由于开关死区与控制延时的存在，仅通过 Buck 模式和 Boost 模式不能保
证连续升压比。不连续升压比将会带来输出电压振荡与高次谐波。为此，需要在

Buck 模式和 Boost 模式之间插入过渡模式(transition mode)实现连续电压变换。

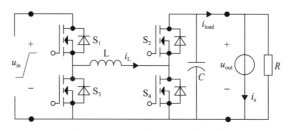

图 2-35　NIBB 变换器等效电路

(2)由于输入或输出电压波动,在运行过程中需要实时选择工作模式。

(3)宽运行范围下,NIBB 变换器在不同工作模式下表现出不同动态特性。Buck 模式与 Boost 模式的显著差异在于后者存在右半平面零点。如图 2-36 所示,基于小信号模型设计的 PI 控制器能够维持 Buck 模式和过渡模式下的稳定输出电压调节。而一旦 NIBB 变换器进入 Boost 模式,变换器将失去稳定。为设计适用于宽运行范围的稳定闭环控制,需要计及多工作模式下的变换器动态特性差异。

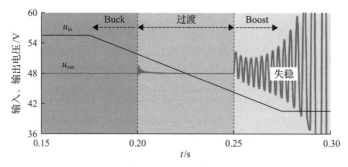

图 2-36　不同模式下变换器的稳定性

为解决上述问题,实现多模式变换器宽运行范围下的控制设计,本节从线性变参数(linear parameter varying,LPV)理论出发,建立 NIBB 变换器 LPV 模型。针对宽输入电压运行典型场景,分析过渡模式选取方法以及变换器开环与闭环动态特性。最后基于线性矩阵不等式(linear matrix inequality,LMI),实现变换器鲁棒稳定与动态响应之间的优化控制。

2.4.1　变参数建模方法

1. 多模态 Buck-Boost 变换器稳态运行特性

图 2-35 所示 NIBB 变换器中,负载侧诺顿等效电路建模为电阻 R 与电流源型负载 i_s 的并联。变换器总负载电流为 i_{load}。电路平均值模型为

$$\begin{cases} L\dfrac{\mathrm{d}i_L(t)}{\mathrm{d}t} = d_1(t)u_{\text{in}}(t) - \left[1-d_4(t)\right]u_{\text{out}}(t) \\ C\dfrac{\mathrm{d}u_{\text{out}}(t)}{\mathrm{d}t} = \left[1-d_4(t)\right]i_L(t) - \dfrac{u_{\text{out}}(t)}{R} - i_s(t) \end{cases} \tag{2-34}$$

式中，$u_{\text{in}}(t)$ 为输入电压；$u_{\text{out}}(t)$ 为输出电压；$i_L(t)$ 为电感电流；$d_1(t)$、$d_4(t)$ 分别为开关 S_1 与 S_4 的占空比。在连续电流模式(CCM)运行下，开关 S_2 的占空比 $d_2(t)$ 与开关 S_4 的占空比 $d_4(t)$ 的关系表示为

$$d_2(t) = 1 - d_4(t) \tag{2-35}$$

稳态运行时，变换器稳态升压比 K 表示为

$$K = \frac{U_{\text{out}}}{U_{\text{in}}} = \frac{D_1}{D_2} \tag{2-36}$$

式中，D_1、D_2 分别为开关 S_1 与 S_2 的稳态占空比；U_{in}、U_{out} 为稳态时的输入、输出电压。如果将 D_1 作为纵轴，D_2 作为横轴，K 可以图形化表示为变换器 (D_1,D_2) 平面工作点与原点 O 之间连线的斜率。如图 2-37 所示，在 Buck 模式下，S_2 一直导通，$D_2=1$，相应工作区域为 B_1B_2。在 Boost 模式下，S_1 一直导通，$D_1=1$，相应工作区域为 A_1A_2。由于实际电力电子开关存在死区时间，因此相应地具有最大占空比 $D_{\max}$ 和最小占空比 $D_{\min}$。仅有 Buck 模式和 Boost 模式不能够保证连续电压变换，在图 2-37 中表现为 A_1OB_1 区域内升压比处缺口。

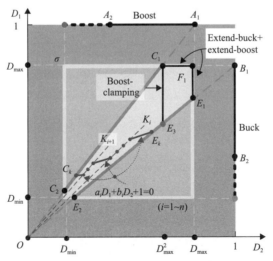

图 2-37　(D_1,D_2) 平面内 NIBB 变换器工作模式示意图

为实现连续电压变换，NIBB 变换器需要工作在区域 σ 中。实际上，任何 C_mC_n

与 $E_m E_n$ 之间的连线区域内理论上都可以作为过渡模式。现有研究所涉及的典型过渡模式包括单段型过渡模式、两段型过渡模式，以及更为复杂的 n 段型过渡模式。可以将包含 n 段的分段线性过渡模式一般地表示为式 (2-37)：

$$a_i D_1 + b_i D_2 + 1 = 0 , \quad U_{out}/U_{in} \in \left[K_i, K_{i+1} \right]$$
$$(i = 1 \sim n, \ D_{max} \leqslant K_i < K_{i+1} \leqslant 1/D_{max}) \tag{2-37}$$

如果过渡模式选为单段 Boost-clamping 模式，$n=1$ 并有 $a_1=0$，$b_1=-1/D_{max}^2$。如果过渡模式选为两段 Extend-buck+extend-boost 模式，$n=2$ 并有 $a_1=0, b_1=-1/D_{max}$，$a_2=-1/D_{max}$，$b_2=0$。可以预见的是，不同过渡模式将呈现出不同动态特性。如何分析和评估不同过渡模式下 NIBB 变换器的开环动态特性，是动态性能优化的关键。作为开展这一分析与评估的前提，首先需建立适用于多工作模式变换器的建模和分析方法。

2. 多模态 Buck-Boost 变换器 LPV 数学模型

为分析宽运行范围下多模式 NIBB 变换器动态特性，基于 LPV 系统理论，建立 NIBB 变换器动态模型。考虑基于数字控制器的实现手段，对式 (2-34) 在不同工作点处线性化，并以开关周期 T_s 离散。相应 NIBB 变换器模型为式 (2-38)，其中大写符号代表稳态直流量，小写符号代表扰动项。与传统小信号模型不同，这里的直流项 (D_1, D_2, U_{in}, U_{out}, I_L) 随工作模式和运行条件的不同而变化。此外，在每个工作模式下，控制量 d_1、d_4 并不独立，因此可选择一个统一的占空比 d 用于消除冗余的控制量。

$$\begin{cases} \tilde{i}_L(k+1) = \tilde{i}_L(k) - \dfrac{D_2 T_s}{L} \tilde{u}_{out}(k) + \dfrac{U_{in} T_s}{L} \tilde{d}_1(k) + \dfrac{U_{out} T_s}{L} \tilde{d}_4(k) + \dfrac{D_1 T_s}{L} \tilde{u}_{in}(k) \\ \tilde{u}_{out}(k+1) = \dfrac{D_2 T_s}{C} \tilde{i}_L(k) + \left(1 - \dfrac{T_s}{RC}\right) \tilde{u}_{out}(k) - \dfrac{I_L T_s}{C} \tilde{d}_4(k) - \dfrac{T_s}{C} \tilde{i}_s(k) \end{cases} \tag{2-38}$$

在 Buck 模式下，d_4 恒为 0，可以选取 d_1 为控制量 d，即有

$$\tilde{d}_1(k) = \tilde{d}(k), \quad \tilde{d}_4 = 0, \quad d_4(k) = 0 \tag{2-39}$$

在 Boost 模式下，d_1 恒为 1，可以选取 d_4 为控制量 d，即有

$$\tilde{d}_1(k) = 1, \quad \tilde{d}_4(k) = \tilde{d}(k) \tag{2-40}$$

在过渡模式下，式 (2-37) 中第 i 段过渡模式中主动控制量的选择与相应模式参数 a_i、b_i 有关。如果 $a_i=0$，d_4 为固定值（用变量 z 表示），选取 d_1 为控制量，即有

$$\tilde{d}_1(k) = \tilde{d}(k), \quad d_4 = z, \quad \tilde{d}_4(k) = 0 \tag{2-41}$$

如果 $a_i \neq 0$，选取 d_4 为控制量 d。占空比 d_1、d_4 与控制量 d 之间的关系为

$$\tilde{d}_1(k) = \frac{b_i}{a_i}\tilde{d}(k), \quad \tilde{d}_4(k) = \tilde{d}(k) \tag{2-42}$$

此外考虑数字控制所带来的单周期延时，引入中间控制量 m：

$$\tilde{m}(k) = \tilde{d}(k+1) \tag{2-43}$$

基于式(2-38)～式(2-43)，NIBB 离散时间模型可以统一表示为式(2-44)。式(2-44)中变化参数可分为两类：与输入/输出电压有关的变化参数 λ_1、λ_2、λ_3，以及与负载状态有关的变化参数 R、I_s。当输出电压调节在设定值时，总负载电流 I_{load} 由负载状态唯一决定。因此变换器性能优化的关键在于变量 λ_1、λ_2、λ_3。

$$\begin{bmatrix} \tilde{i}_L(k+1) \\ \tilde{u}_{\text{out}}(k+1) \\ \tilde{d}(k+1) \end{bmatrix} = \underbrace{\begin{bmatrix} 1 & -\dfrac{T_s}{L}\lambda_1 & \dfrac{U_{\text{out}}T_s}{L}\lambda_3 \\ \dfrac{T_s}{C}\lambda_1 & 1-\dfrac{T_s}{RC} & -\dfrac{I_{\text{load}}T_s}{C}\lambda_2 \\ 0 & 0 & 0 \end{bmatrix}}_{A(\lambda)} \begin{bmatrix} \tilde{i}_L(k) \\ \tilde{u}_{\text{out}}(k) \\ \tilde{d}(k) \end{bmatrix} + \underbrace{\begin{bmatrix} 0 \\ 0 \\ 1 \end{bmatrix}}_{B_u}\tilde{m}(k) + \underbrace{\begin{bmatrix} 0 \\ -\dfrac{T_s}{C} \\ 0 \end{bmatrix}}_{B_{is}}\tilde{i}_s(k)$$

$$\tag{2-44}$$

在各个模式下，相应参数值由式(2-45)给出。可见，各参数会随运行点(D_1, D_2, U_{in}, U_{out})而变化。传统小信号模型中单稳态运行点假设不再成立。同时，由于存在多种工作模式，参数 λ_1 恒定为 D_2，但参数 λ_2、λ_3 会随不同工作模式以及过渡模式参数 a_i、b_i 取值不连续变化。这些不连续变化的参数一方面给变换器设计带来新的挑战；另一方面，通过适当选取过渡模式相关参数 a_i、b_i 也为变换器动态性能优化提供新的自由度。

$$\lambda_1 = D_2, \quad \lambda_2 = \begin{cases} 0, & \text{Buck} \\ 0, & \text{过渡}, a_i = 0 \\ \dfrac{1}{D_2}, & \text{过渡}, a_i \neq 0 \\ \dfrac{1}{D_2}, & \text{Boost} \end{cases}, \quad \lambda_3 = \begin{cases} \dfrac{U_{\text{in}}}{U_{\text{out}}}, & \text{Buck} \\ \dfrac{U_{\text{in}}}{U_{\text{out}}}, & \text{过渡}, a_i = 0 \\ \dfrac{b_i}{a_i}\dfrac{U_{\text{in}}}{U_{\text{out}}}+1, & \text{过渡}, a_i \neq 0 \\ 1, & \text{Boost} \end{cases} \tag{2-45}$$

2.4.2　"面向区域"控制设计

为实现 NIBB 闭环控制，需要首先确定模式选择逻辑。以图 2-38 所示储能系

统接入场景为例，变换器控制目标为输出电压 u_{out}，而稳态工作模式随储能装置输入电压 u_{in} 而变化。

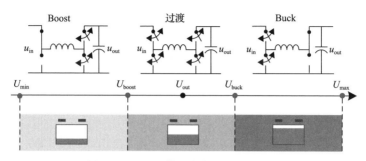

图 2-38 NIBB 外生多模式运行示意图

U_{min}、U_{boost}、U_{buck}、U_{max} 分别为最小电压、Boost 模式临界最大电压、Buck 模式临界最小电压、最大电压

一种实时模式选择逻辑是直接比较输入电压 u_{in} 与输出电压参考值 U_{out}^{*}。当 $u_{\text{in}} > U_{\text{out}}^{*}$ 时，NIBB 工作在 Buck 模式；当 $u_{\text{in}} < U_{\text{out}}^{*}$ 时，NIBB 工作在 Boost 模式；当两者接近时，NIBB 工作在过渡模式。由于变换器工作模式直接由外部输入量(电压)决定，因此将这种模式选择逻辑称为外生多模式运行。

为优化外生多模式运行下变换器动态响应特性，下文从开环动态特性和闭环控制设计两方面，分析宽工作域下变换器开环动态性能优化与闭环鲁棒控制。

1. NIBB 变换器开环性能优化

为实现开环性能优化，首先需要寻找能够反映开环动态性能并且可测量、可比较的指标。根据式(2-45)，NIBB 变换器模型参数随工作模式和运行条件变化。这些变化参数在超平面中构成凸多面体。根据凸优化理论，所形成的凸多面体的体积与闭环系统动态特性相关，称为凸多面体的顶点特性：对于线性变参数系统，越大的凸多面体体积将导致越为保守的闭环系统动态性能。因此，多模式 NIBB 变换器开环动态性能的优化可以归结为寻找最小凸多面体覆盖。基于该目标，对于储能接口 NIBB 变换器，分析如何获得最小凸多面体。

1) (λ_1, λ_2) 区域分析

式(2-44)中，变化参数 λ_1、λ_2、λ_3 与变换器自身特性有关。根据式(2-45)，过渡模式下 λ_1、λ_2 仅与 D_2 值有关。λ_3 取决于运行点 $U_{\text{in}}/U_{\text{out}}$ 以及过渡模式斜率 b_i/a_i。因此，可以分别分析过渡模式对 (λ_1, λ_2) 变化区域和 λ_3 变化区域的影响。首先考虑 (λ_1, λ_2) 变化区域。

基于式(2-45)，(D_1, D_2) 平面内工作区域与 (λ_1, λ_2) 平面内凸多面体覆盖的映射关系如图 2-39(a)和图 2-39(b)所示。

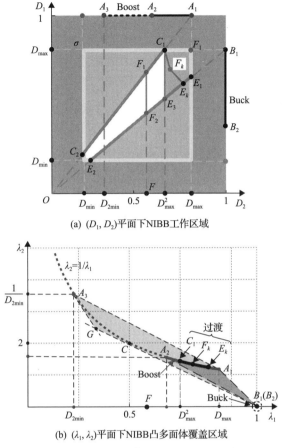

(a) (D_1, D_2)平面下NIBB工作区域

(b) (λ_1, λ_2)平面下NIBB凸多面体覆盖区域

图 2-39　最大升压比大于 $1/D_{\max}^2$ 时 NIBB 区域与凸多面体覆盖

(1) Buck 模式下, 图 2-39(a) 中运行区域 B_1B_2 映射为图 2-39(b) 中工作点 $(1,0)$。

$$\text{Buck}: \{\lambda_1=1,\ \lambda_2=0\} \tag{2-46}$$

(2) Boost 模式下, $(D_1,\ D_2)$ 平面工作区域 A_1A_2 (或 A_1A_3) 映射为 $(\lambda_1,\ \lambda_2)$ 弧线 A_1A_2 (或 A_1A_3)。该弧线位于曲线 $\lambda_2=1/\lambda_1$ 上, 其中一端 A_1 固定, 另一端 A_2 (或 A_3) 随最小输入电压波动, 如图 2-39(b) 中 A_1A_2 所示。

$$\text{Boost}: \left\{\lambda_1=D_2,\ \lambda_2=\frac{1}{D_2}\right\},\quad D_2 \in \left[\frac{U_{\min}}{U_{\mathrm{o}}}, D_{\max}\right] \tag{2-47}$$

(3) 过渡模式下, (λ_1,λ_2) 变化区域与各段过渡模式参数 $a_i(i=1\sim n)$ 值有关。当 $a_i\neq 0$ 时, 第 i 段过渡模式同样位于曲线 $\lambda_2=1/\lambda_1$ 上。当 $a_i=0$ 时, 第 i 段过渡模式位于 λ_1 轴上, 如式(2-48)所示:

$$
过渡：\begin{cases}\left\{\lambda_1 = D_2, \lambda_2 = \dfrac{1}{D_2}\right\}, & a_i \neq 0 \\ \{\lambda_1 = D_2, \lambda_2 = 0\}, & a_i = 0\end{cases} \tag{2-48}
$$

第 i 段过渡模式下 D_2 取值可以基于式(2-45)与式(2-47)得到，如式(2-49)所示：

$$
\begin{aligned}
D_2 &\in \left[\frac{-1}{a_i K_{i-1}+b_i}, \frac{-1}{a_i K_i + b_i}\right], \quad a_i \geqslant 0 \\
或 D_2 &\in \left[\frac{-1}{a_i K_i + b_i}, \frac{-1}{a_i K_{i-1}+b_i}\right], \quad a_i < 0
\end{aligned} \tag{2-49}
$$

考虑 NIBB 三种工作模式下的运行特性，相应凸多面体覆盖表示为 $P(\lambda_1,\lambda_2)$。

$$
P(\lambda_1,\lambda_2) = \text{Convex}\left\{\underbrace{B_1}_{\text{Buck}}, \underbrace{A_1 A_2}_{\text{Boost}}, \underbrace{C_1 F_k E_k}_{\text{过渡}}\right\} \tag{2-50}
$$

其中，Boost 模式运行区域 $A_1 A_2$ 随最小输入电压 $U_{\min}$ 变化。如图 2-39(a)所示，对于典型应用场景最大升压比 $U_{\text{out}}/U_{\min}$ 大于 $1/D_{\max}^2$，Boost 模式运行点 A_2 位于 $\lambda_1 = D_{\max}^2$ 的左侧。对于任何位于四边形 $C_1 F_1 E_1 E_3$ 内且 $a_i \neq 0 (i=1\sim n)$ 的过渡模式，相应工作区域 $C_1 F_k E_k$ 如图 2-39(b)所示。该区域位于 Boost 模式区域 $A_1 A_2$ 中，可以表示为 $C_1 F_k E_k \subseteq A_1 A_2$。相应式(2-50)所表示的凸多面体覆盖 $P(\lambda_1,\lambda_2)$ 可以表示为式(2-51)：

$$
P_{C1F1E1E3}(\lambda_1,\lambda_2) = \text{Convex}\left\{\underbrace{B_1}_{\text{Buck}}, \underbrace{A_1 A_2}_{\text{Boost}}\right\} \tag{2-51}
$$

可见凸多面体覆盖 $P_{C1F1E1E3}(\lambda_1,\lambda_2)$ 与过渡模式无关，有 $P_{C1F1E1E3}(\lambda_1,\lambda_2) \subseteq P(\lambda_1,\lambda_2)$ 关系成立，因此 $P_{C1F1E1E3}(\lambda_1,\lambda_2)$ 具有最小凸多面体覆盖。与之对比，如果存在过渡模式参数 $a_i=0$ 或过渡模式位于图 2-39(a)四边形 $C_1 F_1 E_1 E_3$ 以外，$C_1 F_k E_k \subseteq A_1 A_2$ 关系不再成立，这将导致 $P(\lambda_1,\lambda_2)$ 总是大于 $P_{C1F1E1E3}(\lambda_1,\lambda_2)$。

实际凸多面体覆盖 $P_{C1F1E1E3}(\lambda_1,\lambda_2)$ 的构造与最大升压比有关。如果最大升压比小于 2，相应 Boost 模式在 (λ_1, λ_2) 平面内运行区域位于点 $C(0.5, 2)$ 的右侧，如图 2-39(b)中弧线 $A_1 A_2$ 所示。包含三种工作模式的凸多面体覆盖为三角形 $A_1 B_1 A_2$。如果最大升压比大于 2，相应 Boost 模式运行区域位于点 $C(0.5, 2)$ 的左侧，如图 2-39(b)中弧线 $A_1 A_3$ 所示。包含三种工作模式的凸多面体覆盖可以由直线 $A_3 G$、$A_3 A_1$、$A_1 B_1$、$G B_1$ 构成，其中 $G B_1$ 与弧线 $A_1 A_3$ 在点 $C(0.5, 2)$ 处相切。假设 Boost 模式下 D_2 最小值表示为 $D_k=U_{\min}/U_{\text{out}}$，相应直线 $G B_1$、$A_3 G$ 及其交点 G 由式(2-52)和式(2-53)

给出。

$$
\begin{cases}
GB_1 : 4\lambda_1 + \lambda_2 = 4 \\
A_3G : D_k^2\lambda_1 + \lambda_2 = 2D_k,\ D_k < 0.5
\end{cases} \tag{2-52}
$$

$$
G : \left(\frac{2D_k^2 - 4D_k}{1 - 4D_k^2},\ \frac{4 + 16D_k - 24D_k^2}{1 - 4D_k^2} \right) \tag{2-53}
$$

综上，当最大升压比小于 $1/D_{\max}^2$ 时，如果过渡模式位于图 2-40(a)中四边形 $C_1F_1E_1E_3$ 内且 $a_i \neq 0(i=1\sim n)$ 成立，相应 (λ_1,λ_2) 平面内凸多面体覆盖具有最小面积。对于典型 $D_{\max} > 0.9$，相应要求最大升压比大于 1.2。该条件适用于大多数 NIBB 应用场景。

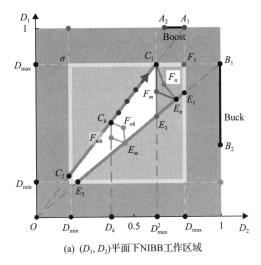

(a) (D_1, D_2)平面下NIBB工作区域

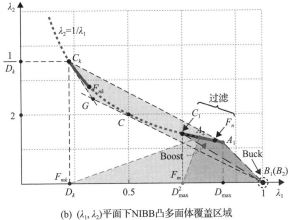

(b) (λ_1, λ_2)平面下NIBB凸多面体覆盖区域

图 2-40　最大升压比小于 $1/D_{\max}^2$ 时 NIBB 运行区域与凸多面体覆盖

为得到完整理论分析，以下对最大升压比小于 $1/D_{\max}^2$ 时的运行工况以及 NIBB 动态性能进行分析。

对于式(2-37)所表示的 n 段过渡模式，考虑与 C_1C_2 相连的最后第 n 段。如果 $a_n \neq 0$，如图 2-40(a)中 C_kF_{nk}，相应工作区域映射为图 2-40(b)中 C_kF_{nk}，并位于曲线 $\lambda_2 = 1/\lambda_1$ 上。相应凸多面体构造方法与图 2-39(b)中相似。为寻找最小凸多面体覆盖，C_k 点可以在图 2-40(a)中的 C_1C_2 上移动，相应工作点在图 2-40(b)中 $\lambda_2 = 1/\lambda_1$ 曲线上移动。最小凸多面体覆盖在 C_k 移动到 C_1 点时取得。此外，对于前 $n-1$ 段过渡模式，如果 $a_i = 0$($i = 1 \sim n-1$)出现，相应工作点将出现在图 2-40(b)中 λ_1 轴上。这将导致更大的凸多面体覆盖。因此为获得最小凸多面体覆盖，如果第 n 段过渡模式处 $a_n \neq 0$，则之前 $n-1$ 段过渡模式均位于四边形 $C_1F_1E_1E_3$ 内，同时有 $a_i \neq 0$ ($i = 1 \sim n-1$)成立。

如果第 n 段过渡模式处 $a_n = 0$，如图 2-40(a)中 C_kF_{mk}，相应工作区域位于 λ_1 轴。为寻找最小凸多面体覆盖，可以将 C_k 在图 2-40(a)中的 C_1C_2 上移动，相应图 2-40(b)中工作点 F_{mk} 在 λ_1 轴上移动。最小凸多面体覆盖 $A_2A_1B_1F_m$ 在 F_{mk} 移动到 C_1E_2 时达到。同时，对于剩余 $n-1$ 段过渡模式，如果 $a_n \neq 0$，相应 (λ_1, λ_2) 平面内过渡模式区域将出现在曲线 $\lambda_2 = 1/\lambda_1$ 上，并导致更大的凸多面体覆盖。因此当 $a_n = 0$ 时，对于剩余 $n-1$ 段过渡模式也同样要求 $a_i = 0$($i = 1 \sim n-1$)成立。相应过渡模式为图 2-40(a)中 C_1E_3，也被称为 Boost-clamping 模式。

对于 $a_n \neq 0$ 和 $a_n = 0$ 两种过渡模式，相应 (λ_1, λ_2) 平面内凸多面体覆盖分别为图 2-40(b)中三角形 $A_1B_1C_1$ 和四边形 $A_2A_1B_1F_m$。由于两个区域之间并不存在包含关系。因此在闭环设计时，需要同时对上述两种备选过渡模式进行分析。

2)$(\lambda_1, \lambda_2, \lambda_3)$ 凸多面体覆盖分析

基于上述 (λ_1, λ_2) 凸多面体覆盖分析，在计及额外变量 λ_3 的情况下，寻找 $(\lambda_1, \lambda_2, \lambda_3)$ 区域下的最小凸多面体。与 λ_1、λ_2 不同，根据式(2-45)，λ_3 由升压比和过渡模式参数 a_i、b_i 所共同决定。在 (D_1, D_2) 平面内 NIBB 工作区域和 λ_3 变化范围之间的映射关系如图 2-41(a)和(b)所示。

(1)Buck 模式下，λ_3 取决于升压比，并在 $[1/D_{\max}, U_{\max}/U_{\text{out}}]$ 区间内变化，如图 2-41(b)所示。

(2)Boost 模式下，λ_3 固定为 1。

(3)过渡模式下，λ_3 变化范围与第 i 段过渡模式参数 a_i 取值有关。为获得最小 (λ_1, λ_2) 凸多面体覆盖，当 $U_{\text{out}}/U_{\min} \geqslant 1/D_{\max}^2$ 时过渡模式需要位于四边形 $C_1F_1E_1E_3$ 内，同时有 $a_i \neq 0$($i = 1 \sim n$)成立。而为了保证 λ_3 变化范围最小，根据式(2-45)，该参数与过渡模式斜率 b_i/a_i 有关。如果 $b_i = 0$ 成立，过渡模式下 λ_3 固定为 1，与 Boost 模式区域重合。相应 λ_3 具有最小变化范围 $[1, U_{\max}/U_{\text{out}}]$。由于过渡模式需要同时位

于四边形 $C_1F_1E_1E_3$ 内，因此该过渡模式由两部分 $F_2E_1+C_1F_1$ 构成，如图 2-41（a）所示。这种新型过渡模式本书称为 Double-buck-clamping 模式。

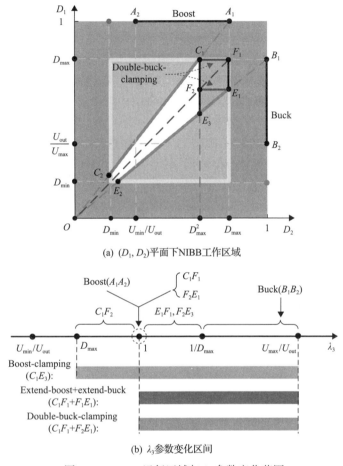

(a) (D_1, D_2) 平面下NIBB工作区域

(b) λ_3 参数变化区间

图 2-41　NIBB 运行区域与 λ_3 参数变化范围

　　在最大升压比 $U_{\text{out}}/U_{\text{min}} < 1/D_{\text{max}}^2$ 时，根据前文中分析结果，为得到最小 (λ_1, λ_2) 凸多面体覆盖，下面对两种备选过渡模式进行分析。当过渡模式位于 $C_1F_1E_1E_3$ 内部时，可以选取过渡模式为 Double-buck-clamping 模式从而获得最小 λ_3 变化范围。

　　该结论和最大升压比 $U_{\text{out}}/U_{\text{min}} \geqslant 1/D_{\text{max}}^2$ 时相同。而对于另一种过渡模式 Boost-clamping，相应 λ_3 变化范围更大，为 $[D_{\text{max}}, U_{\text{max}}/U_{\text{out}}]$。

　　基于上述分析，NIBB 在三维空间 $(\lambda_1, \lambda_2, \lambda_3)$ 内的凸多面体覆盖工作区域可以由 (λ_1, λ_2) 平面工作区域和 λ_3 参数变化范围所组成。以表 2-1 中电路参数为例，相应三维凸多面体运行区域如图 2-42 所示。

表 2-1　NIBB 变换器参数

参数	数值	额定值
L/mH	0.4	—
C/μF	330	—
R/Ω	40	—
I_s/A	[0,4]	2
D_{max}	0.9	—
开关频率 f_s/kHz	20	—
U_{out}/V	48	—
U_{in}/V	Boost: [24,44] 过渡: [44,53] Buck: [53,72]	Boost: 34 过渡:48 Buck: 63

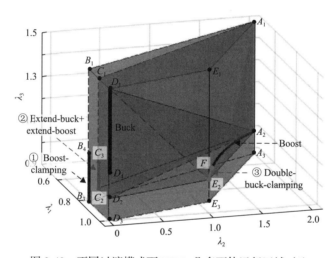

图 2-42　不同过渡模式下 NIBB 凸多面体运行区域对比

　　其中，Buck 模式运行区域为线段 D_1D_4，Boost 模式运行区域为弧线 E_2A_2。如果过渡模式选为 Double-buck-clamping，相应运行区域为弧线 E_2F，并且位于 Boost 模式区域 E_2A_2 之中。总凸多面体覆盖只取决于 Buck 模式与 Boost 模式。由于 Buck 模式下区域 D_1D_4 与 (λ_1, λ_2) 平面垂直，相应凸多面体为图中所示四面体 $D_1D_2E_2A_2$。与之相比，如果过渡模式选为 Boost-clamping 模式，相应工作区域为 B_4B_3。如果过渡模式选为 Extend-buck+extend-boost，相应工作区域为 C_3C_2。这两种过渡模式区域都位于 Buck 和 Boost 模式以外，从而导致更大的凸多面体体积。相应的凸多面体覆盖可以由上文中分析的 (λ_1, λ_2) 凸多面体覆盖和 λ_3 变化范围得到，分别为 $A_1B_1D_1E_1A_3B_3D_3E_3$ 和 $A_1C_1D_1E_1A_2C_2D_2E_2$。比较图中三种凸多面体，可以看出所提出的 Double-buck-clamping 模式具备最小凸多面体覆盖，与上述理论分析结果相吻合。

2. NIBB 变换器闭环控制设计

基于本节第 1 部分中得到的凸多面体覆盖，下面分析 NIBB 闭环控制设计。

在式 (2-44) 基础上，为消除静态电压偏差引入电压积分项。假设输出电压控制指令 U_{ref} 恒定，相应电压偏差积分项由式 (2-54) 给出：

$$u_{\text{int}}(k+1) = u_{\text{in}}(k) + \underbrace{\left[u_{\text{out}}(k) - U_{\text{ref}}\right]}_{e(k)} \tag{2-54}$$

基于式 (2-54) 和式 (2-44)，相应状态量 $x(k)$ 的小信号扰动项表示为

$$\tilde{x}(k) = \begin{bmatrix} \tilde{i}_L(k) & \tilde{u}_{\text{out}}(k) & \tilde{u}_{\text{int}}(k) & \tilde{d}(k) \end{bmatrix}^{\text{T}} \tag{2-55}$$

对应离散时间模型为

$$\tilde{x}(k+1) = \underbrace{\begin{bmatrix} 1 & -\dfrac{T_s}{L}\lambda_1 & 0 & \dfrac{U_{\text{out}}T_s}{L}\lambda_3 \\ \dfrac{T_s}{C}\lambda_1 & 1-\dfrac{T_s}{RC} & 0 & -\dfrac{I_{\text{load}}T_s}{C}\lambda_2 \\ 0 & 1 & 1 & 0 \\ 0 & 0 & 0 & 0 \end{bmatrix}}_{A(\lambda)} \tilde{x}(k) + \underbrace{\begin{bmatrix} 0 \\ -\dfrac{T_s}{C} \\ 0 \\ 0 \end{bmatrix}}_{B_{is}} \tilde{i}_s(k) + \underbrace{\begin{bmatrix} 0 \\ 0 \\ 0 \\ 1 \end{bmatrix}}_{B_u} \tilde{m}(k) \tag{2-56}$$

$$\tilde{y}(k) = \underbrace{\begin{bmatrix} 0 & 1 & 0 & 0 \end{bmatrix}}_{C} \tilde{x}(k) \tag{2-57}$$

为便于闭环控制实现，这里采用工业上广泛应用的线性控制。相应闭环占空比由式 (2-58) 给出，变换器控制框图如图 2-43 所示。

$$\tilde{d}_{\text{eq}}(k) = \begin{bmatrix} k_{\text{ip}} & k_{\text{vp}} & k_{\text{vi}} & k_{\text{d}} \end{bmatrix} \tilde{x}(k) \tag{2-58}$$

式中，k_{ip}、k_{vp}、k_{vi}、k_{d} 为控制参数。

NIBB 变换器在全工作域内的鲁棒稳定性和动态性可通过以下两个矩阵不等式进行优化。

鲁棒稳定性：为实现负载扰动抑制能力优化，如果存在对称正定矩阵 w_i、w_j 和矩阵 G、Z 使得在 $i=1,\cdots,N$、$j=1,\cdots,N$（N 为凸多面体运行区域顶点个数）时都有式 (2-59) 成立，相应 H_∞ 范数 $\|u_{\text{out}}\|_2/\|i_s\|_2$ 均小于 μ。

$$\begin{bmatrix} G + G^{\text{T}} - w_i & * & * & * \\ 0 & \mu I & * & * \\ A_i G + B_u Z & B_w & w_j & * \\ C_i G & 0 & 0 & \mu I \end{bmatrix} > 0 \tag{2-59}$$

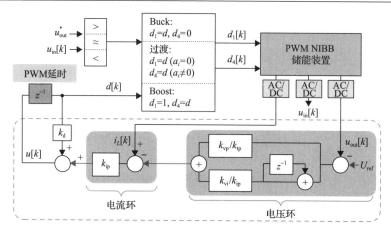

图 2-43　NIBB 闭环控制框图

动态性：对于给定正实数 r、d，定义位于单位圆中的圆形区域如图 2-44 所示。如果存在对称正定矩阵 w_i、w_j 和矩阵 G、Z 使得在 $i=1,\cdots,N$，$j=1,\cdots,N$ 时都有式(2-60) 成立，相应闭环特征根均位于图 2-44 所示的圆 (d,r) 内。

$$\begin{bmatrix} G+G^{\mathrm{T}}-w_i & * \\ r^{-1}(A_i-dI)G+r^{-1}B_u Z & w_j \end{bmatrix} > 0 \tag{2-60}$$

基于线性矩阵不等式方法，闭环系统鲁棒稳定性和动态性可以由式(2-59)和式(2-60)分别得到保证。闭环状态反馈增益由式(2-61)给出：

$$\begin{bmatrix} k_{\mathrm{ip}} & k_{\mathrm{vp}} & k_{\mathrm{vi}} & k_{\mathrm{d}} \end{bmatrix} = ZG^{-1} \tag{2-61}$$

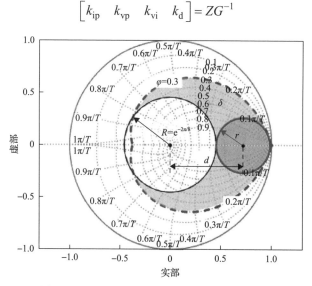

图 2-44　NIBB 闭环特征根所在圆形区域 (r, d)

　　闭环变换器鲁棒稳定性以 H_∞ 范数 μ 所表示。在给定 μ 值下，NIBB 动态特性可以通过调节闭环特征根区域参数 r 和 d 值进行优化。如图 2-44 所示，为保证衰减比 $\varphi > 0.3$ 以及闭环特征根位于圆 $R=\mathrm{e}^{-2\pi/8}$ 以外，相应特征根需要位于区域 δ 中。该非凸区域可以通过凸圆形区域进行近似，其中圆心位置 $d=0.719$，圆半径 $r=0.264$。当闭环特征根位于该区域内时，可以保证闭环变换器恢复时间 Δt 有式 (2-62) 成立：

$$\Delta t < -\frac{3}{f_\mathrm{s}\ln(d+r)} \tag{2-62}$$

　　以闭环特征根区域 $d=0.719$、$r=0.264$ 为例，相应 H_∞ 范数为 4(12dB)，相应控制增益如表 2-2 所示。由式 (2-62)，闭环恢复时间低于 10ms。动态响应特性与扰动抑制能力是两个常常相矛盾的设计目标。如果选取闭环特征根区域 $d=0.727$、$r=0.272$，H_∞ 范数能够降低到 2.5，而相应恢复时间将会达到 0.15s。为实现动态性能和扰动抑制能力的平衡，这里选取 H_∞ 范数为 4。

　　为评估不同过渡模式的影响，同时选取 Boost-clamping 过渡模式和 Extend-buck+extend-boost 两种过渡模式设计控制器。为统一对比标准，这两种过渡模式下闭环特征根圆心位置 d 维持不变，通过增大半径 r 获得与 Double-buck-clamping 模式相同的 H_∞ 范数值。随 r 的增大，闭环特征根逐渐趋近单位圆，变换器闭环恢复时间将随之增加。所得到的控制参数以及相应圆半径 r 数值如表 2-2 所示。

表 2-2　不同 H_∞ 范数和过渡模式下闭环控制参数对比

过渡模式	Double-buck-clamping		Boost-clamping	Extend-buck+extend-boost
H_∞ 范数 μ	2.5	4	4	4
圆区域参数	$d=0.727$ $r=0.272$	$d=0.719$ $r=0.264$	$d=0.719$ $r=0.274$	$d=0.719$ $r=0.272$
控制参数	$k_\mathrm{ip}=-0.023$, $k_\mathrm{vp}=-0.008$, $k_\mathrm{vi}=-2\times10^{-6}$, $k_\mathrm{d}=0.27$	$k_\mathrm{ip}=-0.024$, $k_\mathrm{vp}=-0.009$, $k_\mathrm{vi}=-4\times10^{-4}$, $k_\mathrm{d}=0.26$	$k_\mathrm{ip}=-0.02$, $k_\mathrm{vp}=-0.006$, $k_\mathrm{vi}=-1.7\times10^{-4}$, $k_\mathrm{d}=0.3$	$k_\mathrm{ip}=-0.021$, $k_\mathrm{vp}=-0.008$, $k_\mathrm{vi}=-2.2\times10^{-4}$, $k_\mathrm{d}=0.27$

　　为表示闭环控制器扰动抑制能力，以 Double-buck-clamping 过渡模式为例，在 H_∞ 范数为 2.5 和 4 时所测得的闭环变换器频域响应和时域响应如图 2-45 所示。在图 2-45(a) 中，闭环频域响应幅值均限制在 2.5(8dB) 和 4(12dB) 以下，与 H_∞ 范数设计目标一致。在时域仿真中，在负载电流 i_s 上施加一个 150Hz 的正弦扰动，相应输出电压对比如图 2-45(b) 所示。与 H_∞ 范数设计为 4 时相比，H_∞ 范数设计为 2.5 时输出电压略有改善。下文将说明，这种扰动抑制能力的略微改善将导致输出动态性能的显著降低。

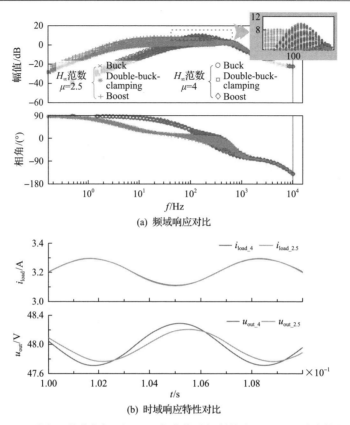

(a) 频域响应对比

(b) 时域响应特性对比

图 2-45　不同 H_∞ 范数指标下 NIBB 负载扰动抑制能力 $u_{\text{out}} \sim i_{\text{load}}$ 响应特性对比

对于表 2-2 中所设计的控制器，变换器闭环特征根如图 2-46 所示。可以看出，对于不同负载 R 和不同输入电压 u_{in}，变换器闭环特征根均位于图中相应圆形区域内。同时，在 Double-buck-clamping 过渡模式下，与 H_∞ 范数 $\mu=2.5$ 时相比，$\mu=4$ 时鲁棒稳定设计目标将导致闭环特征根非常接近于单位圆（$R+r=0.999$）。根据式 (2-62)，这意味着恢复时间将长达 0.15s 左右。为实现鲁棒稳定性与动态性能优化，对于表 2-2 中的工作场景，选取 H_∞ 范数 μ 为 4。

以上开环与闭环优化中，需要说明的是：

（1）在开环优化中，尽管出于完整理论分析角度，对 $U_{\text{out}}/U_{\text{min}} \geq 1/D_{\text{max}}^2$ 和 $U_{\text{out}}/U_{\text{min}} < 1/D_{\text{max}}^2$ 两种情况进行了分析，但实际 NIBB 应用场景大多属于前一种工况。以典型最大占空比 $D_{\text{max}} > 0.9$ 为例，相应要求最大升压比 $U_{\text{out}}/U_{\text{min}} > 1.2$。该条件在典型 NIBB 应用场景中均适用，相应地本书提出的 Double-buck-clamping 过渡模式具备最小凸多面体覆盖。

（2）在闭环优化中，负载扰动抑制能力和动态响应性能往往是两个相互矛盾的设计目标。在本书所研究的控制算法中，以扰动抑制能力 H_∞ 范数 μ 为约束指标，实现动态性能的优化。

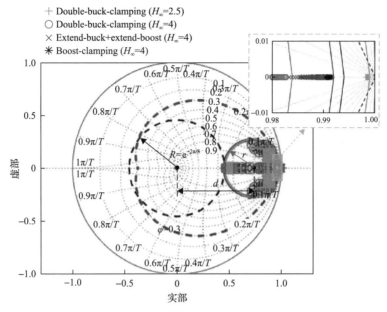

图 2-46　不同过渡模式下 NIBB 闭环特征根对比

2.4.3　运行验证

为验证上述分析结果与控制优化算法,对宽运行范围下的鲁棒稳定性与负载扰动下变换器的动态性能进行实验验证。NIBB 变换器参数由表 2-1 给出,闭环控制参数由表 2-2 给出。

首先对控制器鲁棒电压调节能力进行验证。如图 2-47 所示,当输入电压 u_{in} 以 20V/s 变化率从 24V 上升到 72V 时,变换器工作模式由 Boost 模式切换为过渡模式,再到 Buck 模式。在该过程中,NIBB 输出电压维持恒定,验证了所设计控制器的模式选择逻辑与鲁棒电压调节能力。图中电感电流 i_L 的差异与所选择的不同过渡模式有关。同时,与另外两种过渡模式相比,Double-buck-clamping 过渡模式下电压过冲更低。

为验证所设计的 NIBB 的动态性能,对电流源负载扰动下表 2-2 中控制器的负载响应特性进行对比验证。

Boost 模式下,输入电压设为 35V,电流源型负载由 0A 增加为 4A。对于不同过渡模式,变换器动态特性如图 2-48(a)所示。相应恢复时间与最大电压偏差如下。

(1)Double-buck-clamping 过渡模式:恢复时间 Δt=6ms,最大电压偏差 Δu=5.8V。

(2)Extend-buck+extend-boost 过渡模式:恢复时间 Δt=12ms,最大电压偏差

Δu=5.8V。

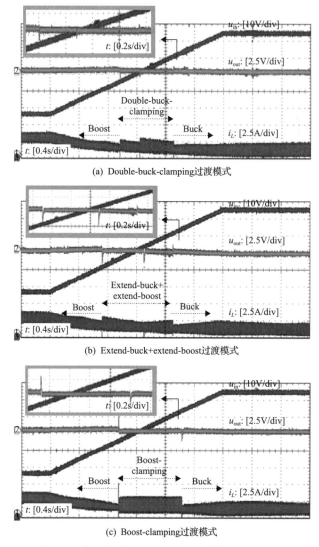

(a) Double-buck-clamping过渡模式

(b) Extend-buck+extend-boost过渡模式

(c) Boost-clamping过渡模式

图 2-47 宽运行范围下 NIBB 变换器鲁棒电压调节

（3）Boost-clamping 过渡模式：恢复时间 Δt=15ms，最大电压偏差 Δu=6V。

过渡模式下，输入电压设为 45V，电流源型负载由 0A 增加为 4A。对于不同过渡模式，变换器动态特性如图 2-48（b）所示。相应恢复时间与最大电压偏差如下。

（1）Double-buck-clamping 过渡模式：恢复时间 Δt=7ms，最大电压偏差 Δu=5.5V。

（2）Extend-buck+extend-boost 过渡模式：恢复时间 Δt=11ms，最大电压偏差 Δu=5.5V。

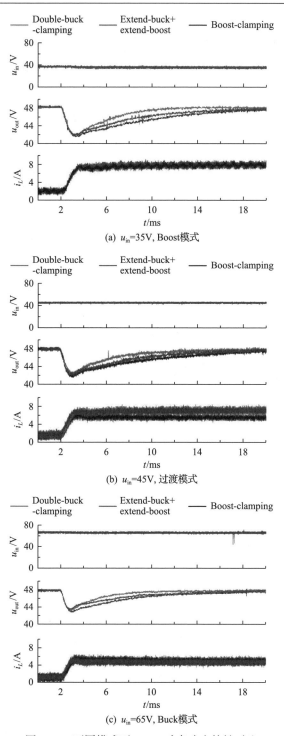

(a) u_{in}=35V, Boost模式

(b) u_{in}=45V, 过渡模式

(c) u_{in}=65V, Buck模式

图 2-48　不同模式下 NIBB 动态响应特性对比

（3）Boost-clamping 过渡模式：恢复时间 Δt=13ms，最大电压偏差 Δu=6V。

Buck 模式下，输入电压设为 65V，电流源型负载由 0A 增加为 4A。对于不同模式，变换器动态特性如图 2-48（c）所示。相应恢复时间与最大电压偏差如下。

（1）Double-buck-clamping 过渡模式：恢复时间 Δt=7ms，最大电压偏差 Δu=5V。

（2）Extend-buck+extend-boost 过渡模式：恢复时间 Δt=11ms，最大电压偏差 Δu=5V。

（3）Boost-clamping 过渡模式：恢复时间 Δt=13ms，最大电压偏差 Δu=5.4V。

上述三种模式中，所提出的 Double-buck-clamping 过渡模式最大电压偏差与恢复时间最小，而 Boost-clamping 过渡模式具有最长恢复时间。该结果与理论分析相一致。

2.5　本 章 小 结

本章对直流配电系统中的典型电力电子变换器进行了综述，并针对直流配电系统典型环节变换器的典型拓扑和工作原理进行了重点介绍。

针对直流配电系统中的分布式电源接入需求，分别介绍了基于阻抗网络的多模块串联式直流升压变换器和基于功率均衡单元的直流升压接口变换器，能够实现变换器的宽范围、多模式运行与高增益、高效率变换。

针对直流配电系统中存在的不同电压极性互联和转换需求，分别给出了具有极性反转能力的接口变换器和单双极性转换接口变换器，能够分别实现电压源型与电流源型直流的互联和单双极性的转换。

针对多模式运行变换器的建模与控制，以 NIBB 变换器为例，介绍了多模式运行变换器的 LPV 模型，在此基础之上实现运行模式优化选择与兼顾暂稳态性能的鲁棒控制设计。

参 考 文 献

[1] 毛承雄, 范澍, 黄贻煜, 等. 电力电子变压器的理论及其应用（Ⅰ）[J]. 高电压技术, 2003, 29（10）: 4-6.

[2] 邓卫华, 张波, 胡宗波. 电力电子变压器电路拓扑与控制策略研究[J]. 电力系统自动化, 2003, 27（20）: 40-44, 48.

[3] 李子欣, 高范强, 赵聪, 等. 电力电子变压器技术研究综述[J]. 中国电机工程学报, 2018, 38（5）: 1274-1289.

[4] 梁得亮, 柳轶彬, 寇鹏, 等. 智能配电变压器发展趋势分析[J]. 电力系统自动化, 2020, 44（7）: 1-18.

[5] 李子欣, 王平, 楚遵方, 等. 面向中高压智能配电网的电力电子变压器研究[J]. 电网技术, 2013, 37（9）: 2592-2601.

[6] 李凯, 赵争鸣, 袁立强, 等. 面向交直流混合配电系统的多端口电力电子变压器研究综述[J]. 高电压技术, 2021, 47（4）: 1233-1250.

[7] 林卫星, 文劲宇, 程时杰. 直流-直流自耦变压器[J]. 中国电机工程学报, 2014, 34（36）: 6515-6522.

[8] 李琰, 刘超, 朱淼, 等. 面向 LCC-HVDC 与 VSC-HVDC 互联的 DC-DC 接口变换器拓扑与调制策略[J]. 高电压技术, 2020, 46（4）: 1260-1268.

[9] Páez J D, Frey D, Maneiro J, et al. Overview of DC-DC converters dedicated to HVdc grids[J]. IEEE Transactions on Power Delivery, 2019, 35(1): 119-128.

[10] Ma J, Zhu M, Li Y, et al. Dynamic analysis of multimode Buck-Boost converter: An LPV system model point of view[J]. IEEE Transactions on Power Electronics, 2021, 36(7): 8539-8551.

[11] Zhang J, Wang Z, Shao S. A three-phase modular multilevel DC-DC converter for power electronic transformer applications[J]. IEEE Journal of Emerging and Selected Topics in Power Electronics, 2017, 5(1): 140-150.

[12] Lin W, Wen J, Cheng S. Multiport DC-DC autotransformer for interconnecting multiple high-voltage DC systems at low cost[J]. IEEE Transactions on Power Electronics, 2015, 30(12): 6648-6660.

[13] 史书怀, 王丰, 朱彦霖, 等. 基于 MMC 的高升压比直流变压器调制策略研究[J]. 电源学报, 2017, 15(5): 10-15.

[14] 李斌, 张伟鑫. 新型模块化多电平动态投切 DC/DC 变压器[J]. 中国电机工程学报, 2018, 38(5): 1319-1328.

[15] Ma D, Chen W, Shu L, et al. A MMC-based multiport power electronic transformer with shared medium-frequency transformer[J]. IEEE Transactions on Circuits and Systems II: Express Briefs, 2021, 68(2): 727-731.

[16] 周剑桥, 王晗, 张建文, 等. 基于波动功率传递的 MMC 型固态变压器子模块电容优化方法[J]. 中国电机工程学报, 2020, 40(12): 3990-4004.

[17] Takagi K, Fujita H. Dynamic control and performance of a dual-active-bridge DC-DC converter[J]. IEEE Transactions on Power Electronics, 2018, 33(9): 7858-7866.

[18] Qin H, Kimball J. Solid-state transformer architecture using AC-AC dual-active-bridge converter[J]. IEEE Transactions on Industrial Electronics, 2013, 60(9): 3720-3730.

[19] Li X, Zhu M, Su M, et al. Input-independent and output-series connected modular DC-DC converter with intermodule power balancing units for MVdc integration of distributed PV[J]. IEEE Transactions on Power Electronics, 2019, 35(2): 1622-1636.

[20] 蔡文迪, 朱淼, 李修一, 等. 基于阻抗源变换器的光伏直流升压汇集系统[J]. 电力系统自动化, 2017, 41(15): 121-128.

[21] 汤广福. 基于电压源换流器的高压直流输电技术[M]. 北京: 中国电力出版社, 2009.

[22] 张崇巍, 张兴. PWM 整流器及其控制[M]. 北京: 机械工业出版社, 2012.

[23] 刘建强, 赵楠, 孙帮成, 等. 基于 LLC 谐振变换器的电力电子牵引变压器控制策略研究[J]. 电工技术学报, 2019, 34(16): 3333-3344.

[24] 吴思文, 朱淼, 张建文, 等. 单-双极运行方式转换直流电力电子变压器的启动策略研究[J]. 电工电能新技术, 2017, 36(5): 59-66.

[25] 方天治, 阮新波. 输入均压结合输出同角度控制策略下 ISOS 逆变器系统的环路设计[J]. 中国电机工程学报, 2010, 30(6): 7-14.

[26] Kang M, Woo B O, Enjeti P, et al. Autoconnected-electronic-transformer-based multipulse rectifiers for utility interface of power electronic systems[J]. IEEE Transactions on Industrial Applications, 1999, 35(3): 646-656.

[27] Brooks J L. Solid state transformer: Concept development[R]. Port Hueneme: Report of Naval Material Command, Civil Engineering Laboratory, Naval Construction Battalion Center, 1980.

[28] Zhang J, Liu J, Yang J, et al. A modified DC power electronic transformer based on series connection of full-bridge converters[J]. IEEE Transactions on Power Electronics, 2019, 34(3): 2119-2133.

[29] Zhao B, Song Q, Li J, et al. High-frequency-link DC transformer based on switched capacitor for medium-voltage DC power distribution application[J]. IEEE Transactions on Power Electronics, 2016, 31(7): 4766-4777.

第3章 区域直流配电系统运行与控制

从前两章的阐述可以看出，区域直流配电系统中，电力电子变换器类型丰富、工作模式多样。保证系统整体运行稳定、实现多变换器功率合理分配，是区域直流配电系统运行控制的基本要求。本章首先从单极区域直流配电系统出发，简要介绍区域直流配电系统控制中常用的多源控制策略，以及直流微电网经典三层控制架构。围绕双极区域直流配电系统，针对双极间功率平衡需求，根据系统内部结构，将双极直流系统分为自主均衡双极直流系统与非自主均衡双极直流系统两类，并讨论两类双极区域直流配电系统分别基于互联变换器与电压均衡器的层级控制策略。最后介绍一种基于电流均衡器的双极系统功率均衡策略。

3.1 单极区域直流配电系统运行

围绕直流系统多变换器协调运行这一问题，常规控制策略包括主从控制、电压裕度控制、下垂控制等。基于下垂控制的层级化微电网控制解决方案，已得到较广泛的认可，成为直流微电网控制领域中的一种标准化模式[1]。本节基于单极区域直流配电系统场景，回顾现有区域直流配电系统通用运行控制策略。

3.1.1 单极区域直流配电系统架构

图 3-1 中接入交流电网的典型单极区域直流系统，仅具备单一直流电压等级，源变换器与负载变换器并联接入正负直流母线。

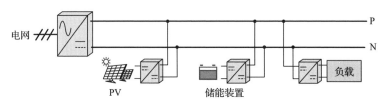

图 3-1 典型单极区域直流配电系统结构

单极区域直流配电系统结构较为简单，不存在双极直流系统中的正负极平衡问题。因此，在单极区域直流配电系统运行控制中，通常以直流母线电压支撑以及多源变换器功率分配作为主要运行控制目的。

区域直流配电系统中，需保证其中至少一台源变换器工作在定直流母线电压模式。例如，对于图 3-1 所示的系统，通常选择连接直流系统与交流电网的

AC-DC 变换器工作在定直流母线电压模式，光伏、储能变换器根据区域直流配电系统内部负载功率需求与上级调度指令，结合其自身光热条件与储能装置电量情况，参与功率分配。

3.1.2　多变换器协调控制策略

区域直流配电系统的多变换器协调控制策略，通常由交流微电网、直流输电系统等当前理论研究较为深入、工程应用较为广泛的电力系统中采用的一些控制策略引申推广而来。主从控制、电压裕度控制与下垂控制是三种较为基本的区域直流配电系统协调控制策略[2-4]。本节简要介绍主从控制与电压裕度控制，对于下垂控制，将在 3.1.3 节中详细介绍。

1. 主从控制

主从控制下，从接入直流母线的多个源变换器中选择其一(通常选择额定功率最大者)作为电压源，以支撑直流母线电压，其控制回路中的电压参考值由中枢控制器给定。系统中其余电源视为功率源/电流源，接收中枢控制器下发的功率/电流信号作为参考值。含有多个电源的直流系统主从控制原理示意图如图 3-2 所示，其中源变换器#1 为主控变换器，且具备功率双向流动功能，工作在定电压控制模式；其余源变换器为从变换器，工作在定功率/定电流控制模式。图中，U_0 表示工作电压值，下标 max 和 min 分别表示最大值和最小值。

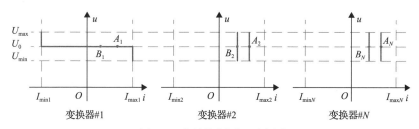

图 3-2　主从控制原理示意图

主从控制策略简单易行，变换器功率分配精确。然而，由于直流母线电压由主控变换器调节，一旦主控变换器发生故障或达到功率限值，需要在从变换器中迅速选出一台新的主控变换器。若要实现这一暂态过程中的及时响应与速动，就需保证通信系统畅通运行。因此，主从控制不宜应用在通信环境恶劣或接入直流系统源变换器数量较多的场合。

2. 电压裕度控制

为了克服主从控制对通信系统的强依赖性，在主从控制基础上，发展出电压裕度控制。电压裕度控制下，多个源变换器既可运行在定电压控制模式，又可运行在定功率/定电流控制模式,且在每个工作点仅有一台变换器运行在定电压控制模式,其余变换器运行在定功率/定电流控制模式。

当运行在定电压控制模式的变换器发生故障需要退出,或由于其功率达到极限值而无法继续工作在定电压控制模式时,无须经过通信系统协调,即有另一变换器自动从定功率/定电流控制模式切换至定电压控制模式。电压裕度控制工作原理如图 3-3 所示。在工作点 A(包括 $A_1, A_2, \cdots, A_N$),源变换器#1 运行在定电压控制模式,变换器#2 工作在定电流控制模式;在工作点 B(包括 $B_1, B_2, \cdots, B_N$),变换器#1 达到其功率上限,不再运行在定电压控制工作模式,而变换器#2 根据设定好的控制逻辑自动切换至定电压控制模式。变换器#1 与变换器#2 参考电压存在差值,这一差值即所谓的"电压裕度"。

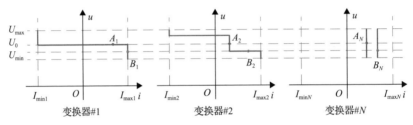

图 3-3　电压裕度控制原理示意图

相比于主从控制,电压裕度控制无须依靠通信系统调整运行模式。然而,若直流系统内变换器数量较多,则运行策略设计将较为复杂。此外,从一台变换器退出定电压控制模式到另一台变换器进入定电压控制模式,其间存在一定时间延迟,而这一时间延迟有可能长于主从控制下的通信延迟。同时,由于这段短暂延迟时间内所有源变换器均不工作在定电压控制模式,系统存在一定失稳隐患。

3.1.3　直流系统层级控制策略

图 3-4 所示层级控制,是一种广受认可的、标准化的区域直流配电系统控制体系[5-7]。层级控制由底层到顶层分别为一次控制、二次控制、三次控制。其中,

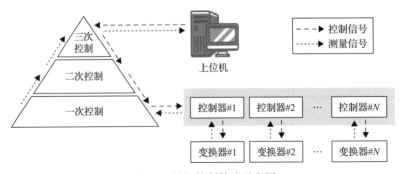

图 3-4　层级控制策略示意图

一次控制的目标为协调、分配各电源功率，通常采用下垂控制为各电源接口变换器内部控制回路提供相关参考值。二次控制的目标主要为维持直流母线电压稳定，消除一次下垂控制造成的直流母线电压偏差。三次控制的目标主要为监控作为一个整体的区域直流配电系统与其所连接的更高一级系统间的功率传输。

主从控制与电压裕度控制这两种控制策略既具备功率分配功能，也能实现母线电压稳定控制。因此，若从层级控制的角度看，主从控制与电压裕度控制相当于一次控制与二次控制相结合。

1. 一次控制

层级控制策略下，一次控制通常通过下垂控制实现[8-14]。下垂控制对通信依赖程度较低，基本策略设计也较为简单，对于电源数量多、分布空间广的场景也具备较强的泛用性。

1) 直流系统下垂控制的基本概念

电压-电流 (U-I) 下垂是直流系统常用下垂控制策略之一[8,9]。U-I 下垂曲线如图 3-5 所示。变换器控制回路直流电压参考值 u_1 与直流电流测量值 i_1 满足：

$$u_1 = U_0 - k_1 i_1 \tag{3-1}$$

式中，U_0 为 $i=0$ 时电源电压参考值；k_1 为下垂系数。

对于直流系统中的两个电源，其 U-I 下垂曲线如图 3-6 所示。下垂系数 k_1 和 k_2 根据两个电源的容量确定。两个源变换器分别测量各自的输出电压与电流，并根据下垂曲线生成端电压参考值。稳态下，直流电压最终达到图中所示的 u_1 处，此时源变换器 1 的输出电流大于源变换器 2 的输出电流，即电源 1 承担的功率份额更大。

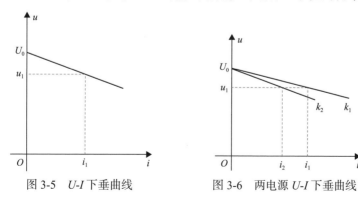

图 3-5　U-I 下垂曲线　　　　图 3-6　两电源 U-I 下垂曲线

图 3-7 为两电源系统等效电路图，包括理想电压源 U_{01}、U_{02} 分别与阻值为 k_1、k_2 的虚拟电阻 R_{k1}、R_{k2} 串联构成的两个等效电源以及系统等效负载 R_1。假设两电源额定功率相同，设置相同的下垂系数。图 3-8 所示两组下垂曲线中，下垂系数 k_a 小于 k_b。考虑输出功率相同，当 $k_1=k_2=k_b$ 时，虚拟电阻造成的压降更大。另外，

在 U_{01}、U_{02} 不完全一致的情况下，当 $k_1=k_2=k_a$ 时，U_{01} 与 U_{02} 差异造成的电流差异更显著，即功率均衡分配的精确度更差。

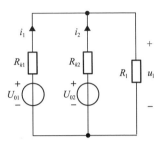

图 3-7　两电源系统等效电路

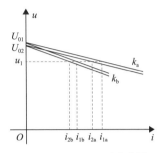

图 3-8　两组 U-I 下垂曲线

进一步地，考虑线路电阻影响，等效电路如图 3-9 所示。此时下垂控制的实际虚拟电阻分别为所设定的下垂系数 k_1、k_2 与线路电阻 r_1、r_2 之和。假设 $U_{01}=U_{02}$，稳态下，两电源输出电流满足：

$$\frac{i_1}{i_2} = \frac{k_2 + r_2}{k_1 + r_1} \tag{3-2}$$

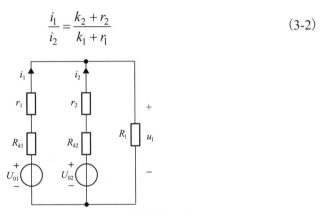

图 3-9　含线路电阻的两电源系统等效电路

此时，下垂系数越大，线路电阻对功率分配造成的影响越小，即各变换器实际功率分配情况越接近根据所设定的下垂系数得出的理想功率分配情况。

故而，选取下垂系数时，应折中考虑上述情况，既需要避免下垂系数过大造成直流母线电压跌落过大，也需要避免下垂系数过小造成功率分配失衡。

除 U-I 下垂外，直流系统一次控制常见的下垂策略还包括电压-功率(U-P)下垂、电流-电压(I-U)下垂、功率-电压(P-U)下垂等[1]。

U-P 下垂输入为变换器功率测量值，输出电压参考值至变换器控制回路。采用 U-P 下垂与 U-I 下垂时，相应的变换器控制环属于电压模式控制。I-U 与 P-U 下垂策略中，输入为变换器电压测量值，输出电流与功率参考值至变换器控制回路，相应的变换器控制环分别属于电流模式控制与功率。

2)不同类型电源的典型下垂曲线

区域直流配电系统中，按照功率流动是否双向以及功率受控程度，可将电源分为四种类型。

（1）电力电子变压器型：如区域直流配电系统与更高一级系统的接口变换器，功率可双向流动，控制自由度较高，其 *U-P* 下垂曲线如图 3-10(a) 所示。两端口之间功率传输的上下界限由更高一层控制机制综合区域直流配电系统的当前源荷情况决定，当区域直流配电系统内部负载功率上升时，为优先满足区域直流配电系统内负载需求，需要限制接口变换器从区域直流配电系统抽取的功率。功率传输边界处为定功率控制，功率传输边界内为下垂控制。

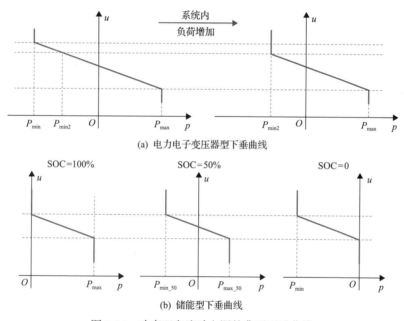

(a) 电力电子变压器型下垂曲线

(b) 储能型下垂曲线

图 3-10　功率双向流动电源的典型下垂曲线

（2）储能型：包括蓄电池、超级电容器等，功率能够双向流动，但其功率传输边界受储能系统 SOC 限制，SOC 为 100% 时，变换器仅可输出功率；SOC 为 0 时，变换器仅能够输入功率。其 *U-P* 下垂曲线如图 3-10(b) 所示。

（3）可调度电源型：包括燃气轮机、燃料电池等，变换器仅可输出功率，不可输入功率。额定功率以内，可以完全控制其输出功率大小。其 *U-P* 下垂曲线如图 3-11(a) 所示，当系统内负荷增加时，系统最小输出功率变为 P_{min2}。

（4）不可调度电源型：包括光伏、风机等，变换器仅可输出功率，不可输入功率。由于光伏、风机输出功率最大值受当前自然条件限制，为最大限度地利用资源，变换器通常配备 MPPT 功能。其 *U-P* 下垂曲线如图 3-11(b) 所示，当系统内电源输出功率下降时，系统最大输出功率为 $P_{\max 2}$。

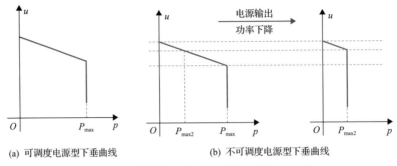

(a) 可调度电源型下垂曲线　　　　　(b) 不可调度电源型下垂曲线

图 3-11　功率单向流动电源的典型下垂曲线

3) 新型下垂控制策略

前文对下垂控制的讨论局限于线性下垂曲线。当前，已有多篇文献探讨自适应下垂控制、非线性下垂控制等新型下垂控制策略的设计，以缓解下垂系数选择中功率均衡能力与直流母线电压控制之间的矛盾，或满足电源变换器不同工作模式控制需求。

(1) 自适应下垂控制。在含有多类型电源的直流系统中，由于各电源功率边界条件组合复杂，极端情况下，可能出现所有电源均工作在定功率控制模式的情况，此时没有变换器工作在下垂模式以确定直流母线电压，系统存在失稳风险。为防止这一现象出现，可以令下垂系数随功率边界条件的改变而变化。

图 3-12 所示为一种自适应下垂控制方案的 U-P 下垂曲线。与图 3-10、图 3-11 所示下垂曲线相比，该自适应下垂控制策略下，各变换器在功率边界不同时，其下垂系数也按照所设定的下垂控制策略算法自动随之而变。同时，按照直流系统中各源荷功率情况，将系统工作模式分为三种：系统工作在模式 1 时，光伏变换器支撑直流母线电压；工作在模式 2 时，储能变换器支撑直流母线电压；工作在模式 3 时，接入外部系统的接口变换器支撑直流母线电压，从而保证在全工作范围内直流母线电压得到支撑。

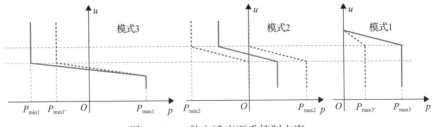

图 3-12　一种自适应下垂控制方案

(2) 非线性下垂控制。如前文所述，在线性下垂控制中，若虚拟电阻过大，则造成的直流电压跌落较大；若下垂系数过小，则功率分配均衡性不佳。不同负载条件下，电压跌落与功率分配均衡性这两个因素在设计下垂系数时的权重也不同。

相较于轻载状况下，重载对于功率分配均衡性的要求更高一些，因为此时功率分配偏离理想比例所造成的各变换器功率实际数值与理想数值差异更大。而轻载情况下，功率差异数值或许不大，此时电压跌落因素更重要。

因此，非线性下垂控制的整体思路就是设置虚拟电阻在重载时高一些、轻载时低一些。图 3-13 所示非线性 U-P 下垂曲线的下垂系数 k 可表示为

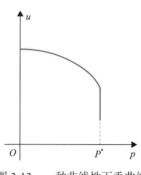

$$k = k_0 \left(\frac{P_{\mathrm{m}}^*}{P^* - |P|} \right)^{\lambda} \quad (3\text{-}3)$$

式中，k_0 为额定下垂系数；P^* 为变换器额定功率；P_{m}^* 为系统中所有变换器额定功率的最大值；P 为变换器实时输出功率；λ 为大于 0 的常数。

图 3-13　一种非线性下垂曲线

2. 二次控制

一次控制下垂曲线特性，决定了下垂控制下直流母线必然出现电压跌落。为了补偿直流母线电压，维持直流电压稳定，需要引入二次控制。二次控制可采用集中式（centralized）二次控制、分布式（distributed）二次控制、集中式-分布式混合二次控制或分散式（decentralized）二次控制架构，分别如图 3-14(a)～(d)所示。

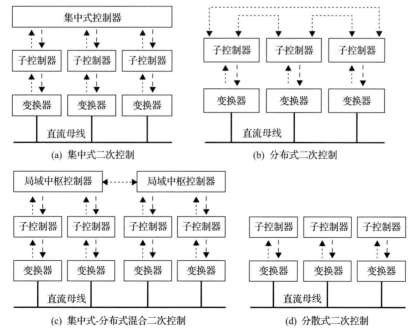

(a) 集中式二次控制　　　　　　　　　(b) 分布式二次控制

(c) 集中式-分布式混合二次控制　　　　(d) 分散式二次控制

图 3-14　各种二次控制架构示意图

1）集中式二次控制

集中式二次控制总体架构如图 3-14(a)所示。该控制策略下，直流母线电压采样值(u_{bus})传入集中式控制器，集中式控制器根据直流母线电压采样值生成下垂曲线调整指令，并通过通信系统下发至各个变换器侧的子控制器。对于 U-I 下垂控制，通常改变其 U_0 值。图 3-15 给出一种典型的集中式二次控制配合 U-I 下垂一次控制示意图。

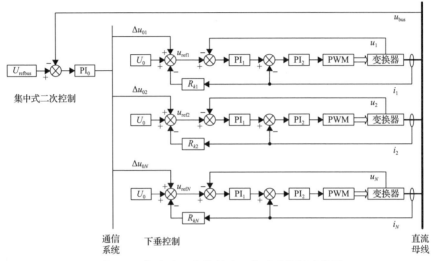

图 3-15　集中式二次控制及一次下垂控制示意图

图 3-15 中，U_{refbus} 为给定的直流母线电压参考值。二次控制输出的下垂调节值在该控制策略中为下垂曲线 U_0 的增量 Δu_0。二次控制对下垂曲线的影响如图 3-16 所示，此时下垂曲线整体向上提升 Δu_0，从而直流母线电压从 U_{bus0} 提升至 U_{refbus}，补偿下垂曲线引发的电压跌落。将 U_0 的增量 Δu_0 代入下垂控制表达式(3-1)，可得二次控制作用下的下垂曲线表达式：

$$u_{ref} = U_0 + \Delta u_0 - R_k i \tag{3-4}$$

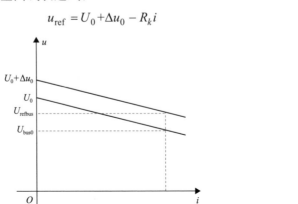

图 3-16　二次控制调整 U-I 下垂曲线

集中式二次控制虽然能够解决一次下垂控制造成的直流母线电压跌落问题，但对于通信系统的可靠性要求较高。集中式控制器到所有子控制器的通信均需要畅通。假设某条通信线路断开而其余通信线路正常，各子控制器下垂曲线未能同步调整，可能会导致功率分配不均衡，另外，若集中式控制器发生故障，则二次控制失效，无法起到维持直流母线电压的作用。因此，集中式二次控制存在一定可靠性问题。

2) 分布式二次控制

分布式二次控制总体架构如图 3-14(b)所示。不同于集中式二次控制，分布式二次控制不依靠集中式控制器。分布式二次控制的通信线路存在于各分布式电源变换器子控制器之间，形成环网状。通过各源变换器控制器间通信配合，实现母线电压调节。

平均电流(average current)控制是一种典型的分布式二次控制策略，其控制框图如图 3-17 所示。平均电流控制基本工作原理为：按照下垂曲线特性，当负载增加时，直流母线电压将会下降，各源变换器输出的电流平均值则会上升。负载越重，直流母线电压跌落越大，输出电流平均值越大。因此，令 Δu_0 正相关于平均电流，即可补偿母线电压跌落。

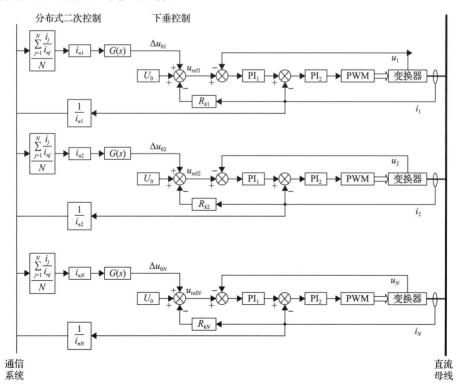

图 3-17　平均电流分布式二次控制框图

另外一种典型的分布式二次控制实现方式是采用基于一致性算法的电压观测器[15,16]，测算直流母线电压平均值。一致性算法的目的是使得多智能体系统内各个智能体的某些状态通过智能体之间的交互迭代最终收敛到某一点，即达到一致。具体而言，对于含有多个电源的直流系统二次控制，利用基于一致性算法的电压观测器可以实现系统内各电源变换器端口电压收敛于一个平均值。式(3-5)为一种电压观测器连续时间域一致性算法表达式：

$$u_{ei} = u_{mi} + \int_0^t \sum_{j \in N} a_{ij}(u_{ej} - u_{ei})\mathrm{d}t \tag{3-5}$$

式中，u_{ei} 与 u_{mi} 为第 i 个源变换器端口平均电压值与实际电压测量值；N 为系统节点个数，即直流系统中子控制器个数；a_{ij} 为权重系数，与算法收敛速度有关。将一致性算法最终得到的平均电压值与所需要达到的母线电压值相比较，即可得出 Δu_0。

相比于集中式二次控制，分布式二次控制可靠性有所提升。由于任一子控制器均与另外至少两个子控制器相连，即使某条通信线路故障，所有子控制器间的通信依然能够保持联通。然而，若系统中电源分布较分散，环网状的子控制器间通信线路的建设成本可能高于集中式二次控制放射状的通信线路建设成本，通信延迟问题也可能较为明显。

3) 集中式-分布式混合二次控制

集中式-分布式混合二次控制策略基本架构如图 3-14(c)所示。该控制策略将集中式与分布式控制相结合，将全部子控制器分别编入多个组，每组中各子控制器连接至一个局域中枢控制器，局域中枢控制器相互连接成网。该控制策略下，每组内部采用集中式控制架构，各组之间则构成分布式控制架构。相比于纯粹的集中式或分布式架构，该控制策略的双层通信架构可以降低通信延迟，更容易实现功率快速响应，尤其适用于源变换器数量较多、分布较广的场合。

4) 分散式二次控制

分散式二次控制架构如图 3-14(d)所示。分散式二次控制不借助于通信系统，每个变换器基于各自的本地测量数据独立工作。

从实践的角度出发，分散式二次控制可以视作将二次控制融合进一次控制。现有各类改进型下垂控制策略，如前文提到的自适应下垂、非线性下垂控制等，通常也可达到一定程度上的电压修正效果。由于无须依靠通信系统，分散式二次控制相对而言可靠性较高。然而，由于分散式二次控制完全依赖于本地数据，缺少其他子控制器以及系统整体信息，电压修正效果未必达到最优。

3. 三次控制

三次控制的主要作用是控制区域直流配电系统与其更高一级直流系统的功率流动[17]。区域直流配电系统接入更高一级直流系统时，可以通过调整区域直流配电系统母线电压来改变其与更高一级直流系统之间的功率流动方向。对于更高一级直流系统(输出电压为 u_{DC})，区域直流配电系统被视为电流源，此时三次控制如图 3-18 所示。将更高一级直流系统与区域直流配电系统间的电流 i_g 与给定的电流参考值 i_{refg} 相比，经过补偿器，给出区域直流配电系统母线电压参考值 $U_{refbusT}$。给定的电流参考值 i_{refg} 可正可负，符号与电流流向相关。

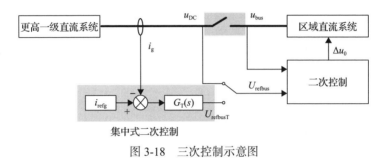

图 3-18　三次控制示意图

3.2　双极直流配电系统运行

基于第 2 章中的接口变换器单元，能够实现多种分布式电源灵活接入直流系统。以此为基础可以构建分布式直流配电系统。其中双极直流系统是一种典型的直流配电系统结构。

然而，双极直流系统灵活接入不可避免地会带来正、负极负载不均衡现象。为同时提供两种电压等级，双极直流系统控制目标较单母线直流系统更为复杂。考虑到双极直流系统多电压等级灵活接入的特点，为实现双极直流系统级协调控制，本节首先分析单个电源与单个负载接入双极直流系统的基本组合场景，以此为基础从系统电压控制和双极直流系统内部能量管理两层不同时间尺度目标出发，研究相应双极直流系统运行和控制[18,19]。

3.2.1　双极直流系统拓扑架构与功率流分析

电压是直流系统稳定运行的主要指标。根据电路理论，具有电压调节能力的电路单元可以等效表示为独立电压源或受控电压源。而从双极系统层面考虑，将参与系统母线电压调节的变换器统称为组网型变换器，将不参与系统母线电压调节的变换器统一称为负载。

为分析双极直流系统结构，首先考虑只有单个独立电压源与单个负载接入的最基本的情况。根据双极直流系统中电压源与负载接入位置（P 极、N 极、PN 线间）的不同，共有 9 种基本连接方式，如图 3-19 所示。对于第 1 至第 3 种连接方式，负载 I 处电压可由与之相连的电压源 U 独立调节，将这种接入方式称为自主均衡双极。而对于第 4 至第 9 种接入方式，负载接入处无电压调节单元，其原因可能是电源容量有限、可再生能源出力波动等。相应负载接入点处电压不可控，仅仅依靠独立电压源不能保证系统正常运行，需要增加额外的组网型变换器[20,21]，本书将该接入方式称为非自主均衡双极。需要说明的是：

（1）图 3-19 中所示为双极直流系统中源与负载之间的基本连接方式。实际自主均衡双极直流系统可以是第 1 至第 3 种连接方式的组合。

（2）随负载功率波动，以及电源调节能力变化，系统状态可能在上述基本结构之间变化。

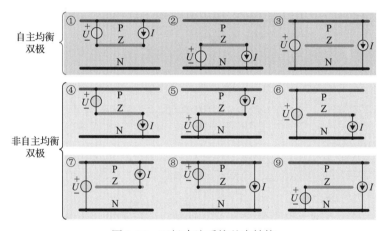

图 3-19　双极直流系统基本结构

现有双极直流系统研究主要集中在非自主均衡双极。大阪大学提出了一种具有代表性的非自主均衡结构，其等效电路如图 3-20 所示。系统中电网接口变换器、储能接口变换器均连接在正负极母线 PN 之间，负责调节总母线电压 u_p+u_n，作为独立电压源运行。系统中负载（图 3-20 中右侧"负载"）与可再生能源灵活接入正极对地，负极对地以及正负极线间作为等效负载（图 3-20 中左侧"负载"）运行。该系统可视为图 3-19 中第 6 种和第 7 种基本连接方式的组合。如之前分析，仅依赖独立电压源不能保证正极电压 u_p 与负极电压 u_n 可控。因此需要增加额外的组网型元件"电压均衡器"，如图 3-20 所示。

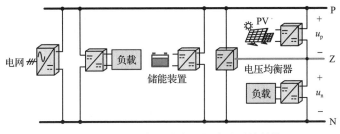

图 3-20　典型非自主均衡双极直流系统结构

电压均衡器控制目标为维持正极电压 u_p 与负极电压 u_n 相等，即有

$$u_p = u_n \tag{3-6}$$

与负责直接调节输出电压的独立电压源不同，作为组网型变换器，电压均衡器等效电路为"受控电压源"。图 3-20 中双极直流系统等效电路如图 3-21 所示。

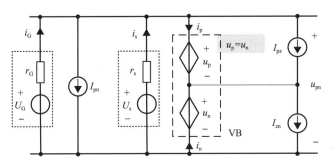

图 3-21　非自主均衡双极直流系统等效电路

对于图 3-21 中的系统，在正极母线处与负极母线处应用 KCL 有

$$\begin{cases} i_G + i_s - i_p = I_{pn} + I_{pz} \\ i_G + i_s + i_n = I_{pn} + I_{zn} \end{cases} \tag{3-7}$$

式中，i_G 为由交流电网接口变换器输出的电流，其数值由能量管理系统决定；i_s 为电源电流 I_{pz}、I_{zn} 与 I_{pn} 分别为正极侧、负极侧与正负极之间的负载电流；i_p 为流出电压均衡器正极侧的电流；i_n 为流入电压均衡器负极侧的电流。i_p 与 i_n 的数值由正极侧负载电流 I_{pz} 和负极侧负载电流 I_{zn} 决定。在中线处应用 KCL 有 i_p 和 i_n 关系如下：

$$i_p + i_n - I_{zn} + I_{pz} = 0 \tag{3-8}$$

忽略电压均衡器自身损耗，根据功率守恒关系有 i_p 和 i_n 的关系为

$$i_\mathrm{p} u_\mathrm{pz} - i_\mathrm{n} u_\mathrm{zn} = 0 \qquad\qquad (3\text{-}9)$$

式中，u_pz 和 u_zn 分别为 P、Z 之间和 Z、N 之间的电压。

结合式(3-7)～式(3-9)，可以唯一确定非自主均衡双极直流系统中的功率流关系。

作为对比，如果系统采用自主均衡双极结构，其电路连接如图 3-22(a)所示。系统正极侧与负极侧同时配有储能装置作为独立电压源。正常运行时，正极侧电压、负极侧电压以及正负母线之间的电压能够由独立电压源所调节。因此该结构并不需要额外配置电压均衡器维持双极直流系统电压平衡。该系统可视为图 3-19中第 6 种和第 7 种基本连接方式的组合。为实现正极区域系统和负极区域系统之间的能量交换，仿照直流微电网群中互联变换器概念，可以引入双极直流系统中的互联变换器(interlinking converter，IC)，如图 3-22(a)中所示。

需要说明的是，这里的互联变换器仅用于功率交换，其等效电路为受控电流源。图 3-22(a)的等效电路如图 3-22(b)所示。

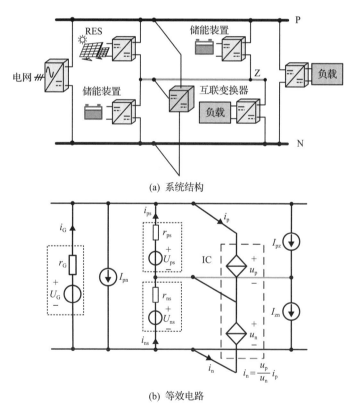

(a) 系统结构

(b) 等效电路

图 3-22　自主均衡双极直流系统

对于图 3-22(b)中电路，在正极、负极及中线处应用 KCL 原理，分别有

$$\begin{cases} i_{ps} = I_{pn} + I_{pz} + i_p - i_G \\ i_{ns} = I_{pn} + I_{zn} - i_n - i_G \\ i_p + i_n - I_{zn} + I_{pz} = 0 \end{cases} \tag{3-10}$$

式中，i_p 为从正极母线流入到互联变换器的电流，其数值由能量管理系统所决定。互联变换器控制目标为正负极之间的传输功率，因此可以等效为受控电流源。

自主均衡双极直流系统正常运行时，正极与负极电压分别由内部电压源独立调节，保证正负极电压相等，即有

$$u_p = u_n \tag{3-11}$$

对于互联变换器，忽略自身损耗，在给定 i_p 下可以得到相应负极侧电流 i_n：

$$i_n = \frac{u_p}{u_n} i_p \tag{3-12}$$

i_p 指令值与特定的能量管理策略有关。能够证明，如果互联变换器电流指令值与式(3-8)中流经电压均衡器的电流 i_p 相同，则式(3-10)～式(3-12)所确定的电源电流 i_{ps}、i_{ns} 和式(3-6)～式(3-9)所确定的电源电流 i_s 相等。相应图 3-21 中非自主均衡双极直流系统和图 3-22(b)中自主均衡双极直流系统中的稳态功率流相同。

为进一步说明两类双极直流系统结构的特点，以下从电源容量、系统损耗和系统可靠性三方面对自主均衡双极直流系统与非自主均衡双极直流系统结构进行简要对比[22-24]。

1. 电源容量

不失一般性，假设图 3-20 中的 VB 和图 3-22(a)的 IC 采用相同的电路结构。由上述分析可见，自主均衡双极直流系统与非自主均衡双极直流系统中各变换器的电压等级与电流等级相同。两系统的主要区别在于独立电压源的位置与容量。基于模块化设计思想，在非自主均衡双极直流系统和自主均衡双极直流系统中，储能系统配置如图 3-23(a)和图 3-23(b)所示。

在非自主均衡双极直流系统正常运行时，储能系统总功率等级由负载和电源决定。储能系统电流等级 I_{rating_un} 为

$$I_{rating\_un} = \max \left| I_{pn} + \frac{I_{pz} + I_{zn}}{2} - i_G \right| \tag{3-13}$$

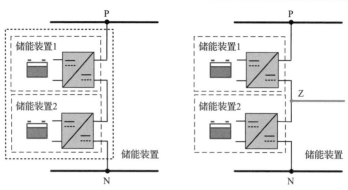

(a) 在非自主均衡双极直流系统中的配置　　(b) 在自主均衡双极直流系统中的配置

图 3-23　储能系统在非自主均衡双极直流系统和自主均衡双极直流系统中的配置

储能系统总功率等级 P_{un} 为

$$P_{un} = 2U_{rat} \cdot max \left| I_{pn} + \frac{I_{pz} + I_{zn}}{2} - i_G \right| \tag{3-14}$$

式中，U_{rat} 为储能系统变换器总电压等级。

对于自主均衡双极直流系统，正极储能装置与负极储能装置分别负责调节正极侧与负极侧电压。相应正负极变换器电流等级 I_{rating_ps}、I_{rating_ns} 分别为

$$I_{rating\_ps} = max \left| I_{pn} + I_{pz} + i_p - i_G \right| \tag{3-15}$$

$$I_{rating\_ns} = max \left| I_{pn} + I_{zn} - i_n - i_G \right| \tag{3-16}$$

式(3-15)和式(3-16)中电流额定值与互联变换器传输电流 i_p、i_n 有关。这里考虑双极直流系统间无功率传输的最恶劣工况(对应互联变换器故障或系统单极运行工况)，相应电压调节单元电流等级为

$$I_{rating\_P} = max \left| I_{pn} + I_{pz} - i_G \right|, \quad I_{rating\_N} = max \left| I_{pn} + I_{zn} - i_G \right| \tag{3-17}$$

自主均衡双极直流系统总功率等级 P_{au} 为

$$P_{au} = U_{rat} \left(max \left| I_{pn} + I_{pz} - i_G \right| + max \left| I_{pn} + I_{zn} - i_G \right| \right) \tag{3-18}$$

可以证明，式(3-18)所表示的自主均衡双极直流系统中储能装置总容量总是大于式(3-14)所表示的非自主均衡双极直流系统中的储能装置总容量，相对于自主均衡双极直流系统需要更高的系统成本。

2. 系统损耗

非自主均衡双极直流系统总损耗与互联变换器电流指令有关。由式(3-6)～

式(3-9)以及式(3-10)~式(3-12)，当互联变换器电流指令值与流经电压均衡器的实际电流 i_p 相同时，两系统具有相同的稳态功率分布。不失一般性，假设电压均衡器与互联变换器具有相同的电路结构，则两系统具有相同的系统损耗。

3. 系统可靠性

系统可靠性指的是系统在给定时间段内维持指定运行状态的能力。典型可靠性指标包括故障率、平均故障时间(MTBF)等。对于双极直流系统，系统故障率取决于维持正极电压 u_p、负极电压 u_n 以及正负极间电压 u_{pn} 恒定的能力。

对于图 3-21 所示非自主均衡双极直流系统，为维持正负极间电压 u_{pn} 恒定，需要保证图 3-23(a)中串联连接的两储能装置均能正常运行，相应故障逻辑图如图 3-24(a)所示。而为维持正极或负极电压恒定，不仅需要正负极间电压恒定还要保证电压均衡器正常运行，相应故障逻辑图如图 3-24(b)所示。

(a) 正负极线间   (b) 正极和负极区域

图 3-24 非自主均衡双极直流系统故障逻辑图

与之相比，在自主均衡双极直流系统中，为保证正负极间电压可控，需要储能装置 1 和储能装置 2 均正常工作，对应故障逻辑图如图 3-25(a)所示。而为保证正极区域电压可控，需要储能装置 1 正常运行。为保证负极区域电压可控，需要储能装置 2 正常运行。对应故障逻辑如图 3-25(b)和(c)所示。

(a) 正负极线间   (b) 正极区域   (c) 负极区域

图 3-25 自主均衡双极直流系统故障逻辑图

基于图 3-24 与图 3-25 所示故障逻辑图，可以对系统可靠性进行比较。假设储能装置 1 和储能装置 2 故障率均为 p_{ess}，电压均衡器故障率为 p_{ub}，相应双极直流系统各区域由电压调节单元所引发的故障率如表 3-1 所示。

表 3-1 两种双极直流系统故障率对比

系统结构	正极	负极	正负极间
非自主均衡 双极直流系统	$2p_{ess}+p_{ub}$	$2p_{ess}+p_{ub}$	$2p_{ess}$
自主均衡 双极直流系统	p_{ess}	p_{ess}	$2p_{ess}$

综上，自主均衡双极直流系统由于具备正、负极电压独立调节能力，与非自

主均衡双极直流系统相比具有更高的供电可靠性。与此同时，自主均衡双极直流系统需要在正负极根据单极电压调节场景分别配备电压调节容量，由此带来更高的系统成本。自主均衡双极直流系统损耗与互联变换器控制目标有关。当互联变换器电流指令与非自主均衡双极直流系统中电压均衡器电流相同时，两系统具有相同的稳态功率分布与系统损耗。

3.2.2　自主均衡双极直流系统

基于3.2.1节的分析，自主均衡双极直流系统需要在正极和负极单独配置电压调节容量，由此带来更高的系统成本[25]。为实现双极直流系统内部储能装置优化调度，降低系统成本，本节研究如何基于互联变换器实现正负极间能量管理。考虑图3-26所示自主均衡双极直流系统的一般等效电路。在正极对地和负极对地分别连接有独立电压源 U_{ps} 和 U_{ns}。正极对地、负极对地以及正负极之间接入不平衡负载 I_{pz}、I_{zn} 和 I_{pn}。互联变换器IC作为正负极之间的能量交换通道跨接在正、负极之间，如图3-26所示。

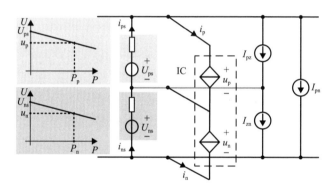

图 3-26　基于控制的自主均衡双极直流系统

1. 双极直流系统下垂特性分析与能量管理

为实现正极系统与负极系统内部电源无通信自主运行，采用"电压-功率"下垂控制策略，即有式(3-19)式成立：

$$\begin{cases} u_p = U_{ps} - k_p \cdot P_p \\ u_n = U_{ns} - k_n \cdot P_n \end{cases} \tag{3-19}$$

式中，u_p、u_n 为正极和负极电压源实际输出电压；P_p、P_n 为正极和负极电压源实际输出功率；k_p、k_n 分别代表下垂系数；U_{ps}、U_{ns} 为正极和负极电压源空载时输出电压。

为保证系统内部功率分配与储能装置容量成正比，避免一部分储能装置过载、另一部分储能装置轻载，式(3-19)中下垂系数需要满足式(3-20)：

$$\frac{P_{\mathrm{p}}^{*}}{k_{\mathrm{p}}}=\frac{P_{\mathrm{n}}^{*}}{k_{\mathrm{n}}} \tag{3-20}$$

式中，P_{p}^{*} 和 P_{n}^{*} 为正极与负极系统电源额定输出功率。

在式(3-19)与式(3-20)所给出的电压源下垂特性基础上，如果通过互联变换器控制接入点处正负极电压相等即 $u_{\mathrm{p}}=u_{\mathrm{n}}$，则有

$$U_{\mathrm{ps}}-k_{\mathrm{p}}P_{\mathrm{p}}=U_{\mathrm{ns}}-k_{\mathrm{n}}P_{\mathrm{n}} \tag{3-21}$$

基于式(3-20)与式(3-21)，正、负极电压源实际输出功率 P_{p}、P_{n} 与 P_{p}^{*} 和 P_{n}^{*} 之间关系为

$$\frac{P_{\mathrm{p}}^{*}}{P_{\mathrm{p}}}=\frac{P_{\mathrm{n}}^{*}}{P_{\mathrm{n}}} \tag{3-22}$$

即通过控制互联变换器接入点处正负极电压相等，可以实现储能装置输出功率按照自身容量等比例分配和互联变换器自主运行。需要说明的是：

(1)该运行目标虽然与非自主均衡双极直流系统中电压均衡器的控制目标相同，但实际两者所达到的效果并不相同。互联变换器用于双极系统内部能量管理，该变换器短时退出运行并不影响系统电压调节能力。而电压均衡器作为组网型元件，短时退出运行将导致系统电压不可控。

(2)该分配关系的前提是正负极下垂系数严格满足式(3-20)。而对于实际系统，仅有互联变换器自主运行控制并不能严格实现储能装置的均衡充放电。

在前述分析中，假定正负极储能装置具有相同的充放电特性。由于制造因素与测量误差，即使实际储能装置输出功率与储能容量满足式(3-22)，也仍存在储能装置过充电或过放电的现象。同时，上述分析中忽略了线路电阻的影响。线路电阻的存在，一方面导致电压源实际输出电压与功率关系并不严格满足式(3-19)中的下垂关系；另一方面导致互联变换器测量点电压与实际电压源出口侧电压不同。这两方面因素导致式(3-22)并不严格成立，同样会引起正、负极储能装置中某一极过充电或过放电。

相对于3.2.1节中互联变换器的基于测量接入点处电压自主运行，为实现正、负极处储能单元能量管理，需要基于互联变换器实现正负极储能能量协调控制。正、负极侧储能装置 SOC 与实际输出功率 P_{b} 之间的关系可以通过库仑计数法表示为式(3-23)：

$$\mathrm{SOC}(t)=\mathrm{SOC}(0)-\frac{1}{U_{\mathrm{b}}C_{\mathrm{e}}}\int P_{\mathrm{b}}\mathrm{d}t \tag{3-23}$$

式中，U_b 为储能组件的输出电压；C_e 为额定容量；P_b 为储能组件的充放电功率；SOC(0) 为储能装置初始状态。

由功率守恒关系，正极系统中电源输出功率 P_{b_PZ} 包括以下三部分。

(1) 正极区域的负载或电源功率。

(2) 正负线间的负载或电源功率。

(3) 经互联变换器传输的功率。

$$P_{b\_PZ} = \underbrace{I_{pz}u_p}_{\text{正极区域}} + \underbrace{I_{pn}u_{pn}}_{\text{正负线间}} + \underbrace{i_p u_p}_{\text{互联变换器}} \tag{3-24}$$

忽略互联变换器功率损耗，与正极侧相似，对负极电源由功率守恒关系可得

$$P_{b\_ZN} = \underbrace{I_{zn}u_n}_{\text{负极区域}} + \underbrace{I_{pn}u_{pn}}_{\text{正负线间}} - \underbrace{i_p u_p}_{\text{互联变换器}} \tag{3-25}$$

综合式(3-23)至式(3-25)，将负载功率变化视为系统扰动项，可以得到正负极系统 SOC 偏差 $\tilde{S}_{dev}$ 与互联变换器传输功率偏差 $\tilde{P}_c$ 之间的关系，由式(3-26)给出。由于积分关系的存在，通过比例控制器即可消除储能 SOC 稳态偏差。

$$\tilde{S}_{dev}(s) = -\frac{2}{U_b C_e}\frac{1}{s}\tilde{P}_c(s) \tag{3-26}$$

综上，互联变换器系统控制结构如图 3-27 所示，S_p 和 S_n 为正极和负极储能系统的 SOC。在一次运行层，互联变换器基于本地测量电压偏差信息，经由 PI 控制器调节输出功率指令，近似维持正负极储能系统输出功率呈比例分配。第一层控制中的参数设计可以采用第 2 章中的 LMI 方法。在第二层控制，通过比例控制器，消除线路电阻与测量偏差带来的正负极 SOC 不平衡。

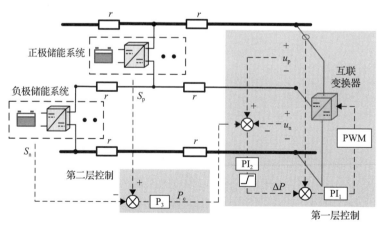

图 3-27　自主均衡双极直流系统中互联变换器两级式控制

为验证自主均衡双极直流系统的电压调节能力与基于互联变换器的能量管理策略，在 MATLAB/Simulink 中搭建相应双极直流系统。如图 3-28 所示，正极对地之间接入一个 RES 模块和储能电压调节单元。负极对地之间接入一个储能电压调节单元和负载 r_{zn}。正负极间接入电阻负载 r_{pn}。图中互联变换器电路参数 L 选为 1mH，C 选为 2mF。线路电阻 $r_1=0.005\Omega$，$r_2=r_3=0.001\Omega$，储能组件容量 $C_e=0.2A\cdot h$。

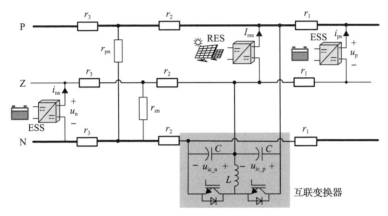

图 3-28　用于仿真测试的自主均衡双极直流系统

基于图 3-27 中给出的互联变换器控制结构，相应控制参数为第一层控制中电流环 $k_p=0.02$、$k_i=10$，电压环 $k_p=1$、$k_i=500$。第二层控制中比例控制系数 k_p 选为 500。

仿真验证分为三种运行场景。首先不启用互联变换器，测试不平衡负载下电压调控单元对母线电压的调节情况。随后开启互联变换器的第一层控制，观察正负极间功率传输情况。最后开启了互联变换器第二层控制，即 SOC 管理和功率补偿，观察正负极区域内储能元件 SOC 的变化情况。

2. 无互联变换器时的自主均衡双极直流系统运行

如图 3-29 所示，首先对自主均衡双极直流系统中的电压调节能力进行测试。在 $t=0.25s$ 时，负极侧负载电阻 $r_{zn}=16\Omega$ 投入；在 $t=0.35s$ 时，正负极间负载电阻 $r_{pn}=40\Omega$ 投入；在 $t=0.45s$ 时，可再生能源输出电流 I_{res} 由 0A 增加至 4.5A。在上述功率波动条件下正极电压 u_p 与负极电压 u_n 经下垂控制维持在一定偏差范围内。同时由于正负极侧负载条件不同，负极储能装置处于放电状态，正极储能装置处于充电状态，双极直流系统内部功率未得到良好管理。

3. 启动互联变换器第一层控制

为实现正负极系统之间的功率传输，在 $t=0.15s$ 时启动互联变换器第一层控

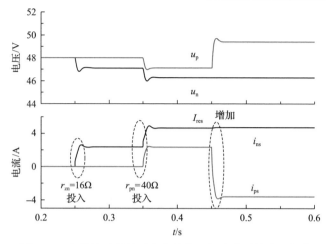

图 3-29 负载波动条件下自主均衡双极直流系统电压调节

制。如图 3-30 所示，互联变换器启动后，正极侧储能充电电流 i_{ps} 与负极侧储能放电电流 i_{ns} 均有降低，实现正负极之间的功率支撑。同时，由于线路电阻的存在，正负极储能装置输出电流 i_{ps} 和 i_{ns} 之间仍存在一定差异。随系统运行时间增加，仍将会导致某一极储能装置过充电或过放电。

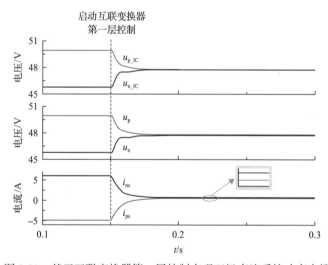

图 3-30 基于互联变换器第一层控制实现双极直流系统功率支撑

4. 投入互联变换器第二层控制

为验证互联变换器的 SOC 控制，设置正极与负极侧储能装置初始 SOC 为 0.782 与 0.798。在 t=2.5s 之前仅有互联变换器第一层控制工作。如图 3-31 所示，当投入互联变换器第二层控制后，正负极储能 SOC 数值 S_p 与 S_n 之间的偏差得以消除，验证了控制设计目标。

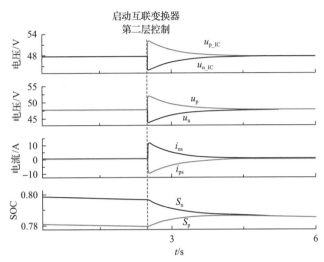

图 3-31　基于互联变换器第二层控制实现双极系统储能 SOC 管理

3.2.3　非自主均衡双极直流系统

　　除自主均衡双极直流系统外，在双极直流系统建造初期，从成本以及控制实现复杂性等角度考虑，往往采用非自主均衡双极直流系统[26-29]。如图 3-19 所示，对于非自主均衡双极直流系统，其主要问题在于负载处缺乏电压调节能力。解决该问题的一种思路是在正负极都配备充足的电压调节容量，将相应系统转换为3.2.2 节所讨论的均衡双极直流系统。而更为经济的一种方法是在系统中增设电压均衡器。

　　由前述分析，电压均衡器控制接入点处正负极电压相等，其等效电路为受控电压源。以图 3-19 中第 5、第 7 和第 9 种非自主均衡双极直流系统为例，当引入电压均衡器后，系统等效电路如图 3-32 所示。在图 3-32(a)中，电压均衡器负责控制正极电压 u_p 与负极电压源 U 相等，从而在正极等效作为虚拟电压源运行。与之类似，在图 3-32(c)中，电压均衡器在正极侧引入虚拟电源，为正负极间电阻提供电压支撑。而在图 3-32(b)中，电压均衡器实现正负极间电压均分，相当于在正极和负极侧同时作为电压源运行。

　　可以看到，一旦图 3-32 中电压均衡器故障，相应正极或负极区域就会失去唯一的虚拟电压源，导致系统不能正常工作。为提高双极直流系统的可靠性，实现 $N+1$ 冗余运行，本书分析双极直流系统中多组电压均衡器并联及其控制方法。

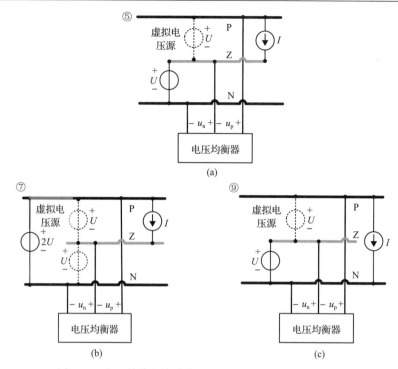

图 3-32　电压均衡器在非自主均衡双极直流系统中的作用

在图 3-19 所示非自主均衡双极直流系统中，第 4、第 5 种结构，第 6、第 7 种结构和第 8、第 9 种结构两两对称。为简化分析，以下仅选取第 5、第 7 和第 9 种结构，分析多电压均衡器并联时系统的运行特性。首先考虑图 3-19 中第 5 种结构，当存在多组电压均衡器时，双极直流系统等效电路如图 3-33 所示。如果电压均衡器 1 和电压均衡器 n 的控制目标都是维持正负极电压相等，则相当于在正极侧同时存在两组电压源 U_N 并联运行，由此带来系统环流和功率损耗。

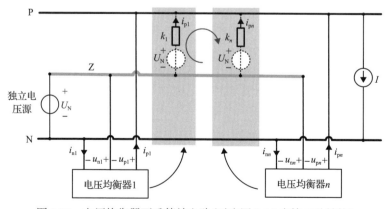

图 3-33　电压均衡器下垂等效电路(对应图 3-19 中第 5 种结构)

　　为解决该问题，借鉴单母线系统中的下垂控制方法，可以在电压均衡器所引入的虚拟电压源中串入等效下垂电阻，即有以下控制目标：

$$\begin{cases} u_{p1} = U_N - k_1 i_{p1} \\ \vdots \\ u_{pn} = U_N - k_n i_{pn} \end{cases} \tag{3-27}$$

式中，u_{p1} 和 u_{pn} 为电压均衡器 1 和电压均衡器 n 处正极侧电压；U_N 为系统负极侧电压。基于上述下垂关系，电压均衡器之间的电流分配由下垂系数 $k_1, \cdots, k_n$ 所决定：

$$i_{p1} : \cdots : i_{pn} = \frac{1}{k_1} : \cdots : \frac{1}{k_n} \tag{3-28}$$

　　由于电压均衡器负极侧电压 $u_{n1}, \cdots, u_{nn}$ 由独立电压源确定，均为 U_N，因此式 (3-27) 等价于在电压均衡器测量端处有

$$\begin{cases} u_{p1} - u_{n1} + k_1 i_{p1} = 0 \\ \vdots \\ u_{pn} - u_{nn} + k_n i_{pn} = 0 \end{cases} \tag{3-29}$$

　　与之相似，对于图 3-19 中第 9 种电压不均衡场景，相应电源位置与图 3-32(c) 相同。通过引入电压均衡器能够为正极负载处提供电压调节，等效电路如图 3-34 所示。

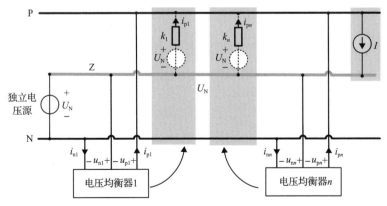

图 3-34　电压均衡器下垂等效电路 (对应图 3-19 中第 9 种结构)

　　而对于图 3-19 中第 7 种电压不均衡场景，电压均衡器下垂等效电路如图 3-35 所示，控制正极侧电压与输出电流之间存在如下下垂关系：

$$\begin{cases} u_{p1} = U_N - k_1/2\, i_{p1} \\ \quad\vdots \\ u_{pn} = U_N - k_n/2\, i_{pn} \end{cases} \tag{3-30}$$

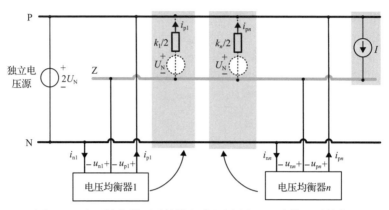

图 3-35　电压均衡器下垂等效电路(对应图 3-19 中第 7 种结构)

相应正极侧电压均衡器之间的电流分配由下垂系数 $k_1/2, \cdots, k_n/2$ 所决定:

$$i_{p1} : \cdots : i_{nn} = \frac{2}{k_1} : \cdots : \frac{2}{k_n} \tag{3-31}$$

注意到正极侧电压确定后,负极侧电压由独立电压源随之确定,即有式(3-32)成立。

$$\begin{cases} u_{n1} = 2U_N - \left(U_N - k_1/2\, i_{p1}\right) \\ \quad\vdots \\ u_{nn} = 2U_N - \left(U_N - k_n/2\, i_{pn}\right) \end{cases} \tag{3-32}$$

相应电压均衡器控制目标可以表示为

$$\begin{cases} u_{p1} - u_{n1} + k_1 i_{p1} = 0 \\ \quad\vdots \\ u_{pn} - u_{nn} + k_n i_{pn} = 0 \end{cases} \tag{3-33}$$

由于双极系统中可再生能源出力实时波动,上述电压不均衡场景可能交替出现。注意到式(3-28)同样对图 3-34 和图 3-35 所示场景成立,因此上述电压均衡器下垂关系对于三类电压不均衡均适用,不需要实时确定系统处于哪一种电压不均衡场景。式(3-28)中下垂系数的选取与最大允许电压偏差 ΔU_{max} 以及电压均衡器最大输出电流值 $I_{max1}, \cdots, I_{maxN}$ 有关,即有

$$k_1 = \frac{\Delta U_{\max}}{I_{\max 1}}, \cdots, k_N = \frac{\Delta U_{\max}}{I_{\max N}} \qquad (3\text{-}34)$$

式(3-33)所表示的电压不均衡 $u_p - u_n$ 与正极侧输出电流 i_p 之间的下垂关系如图 3-36 所示。为消除一次下垂控制所带来的电压不均衡，与传统下垂控制类似，可以引入第二层控制，通过平移下垂曲线，调节零输出电流时电压偏差设定值，从而消除电压偏差 Δu。相应一次下垂控制和二次电压恢复调节如图 3-36 所示。

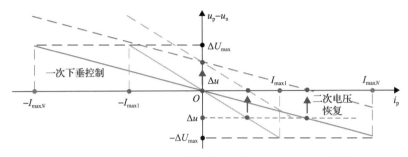

图 3-36　用于电压均衡器并联的不均衡电压-电流下垂控制

1. 非自主均衡双极直流系统的系统损耗优化

在以上分析过程中没有考虑线路电阻所带来的影响，各电压均衡器之间电流由相应最大电流值比例分配。线路电阻的存在，会带来额外的系统功率损耗。系统总损耗与电压均衡器之间功率分配策略有关[30-32]。为提高系统效率，本小节分析用于电压均衡器之间功率分配的第三层控制。

双极直流系统损耗与具体的系统拓扑有关。不失一般性，下面以大阪大学提出的双极直流系统为例进行分析，相应等效电路如图 3-37 所示。该系统的特点在于所有负责电压调节的独立电压源都接入在正负极间。正负极间电压 U_{PN} 经电压均衡器 1 均分后得到正极 u_{p1} 与负极电压 u_{n1}。

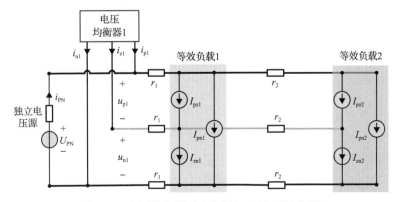

图 3-37　电压均衡器下垂控制(一组电压均衡器)

与之相比，当采用两组电压均衡器并联时，上述系统等效为图 3-38 所示的电路。

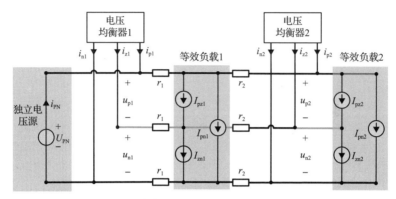

图 3-38　电压均衡器下垂控制(两组电压均衡器并联)

相应两电压均衡器接入点处正、负极电压分别为 u_{p1}、u_{n1} 和 u_{p2}、u_{n2}。假设系统能够正常工作，等效负载 1、2 处电压能够由电压均衡器调节，则可将相应负载接入点 1、2 处的总功率损耗视作定值 P_{load1}、P_{load2}。系统总功率损耗 P_{loss} 由两部分构成，包括独立电压源损耗和消耗在线路、电压均衡器上的系统传输损耗 P_{pdl}。

$$P_{loss} = \underbrace{\eta(P_{pdl} + P_1 + P_2)}_{\text{独立电压源损耗}} + \underbrace{P_{pdl}}_{\text{传输损耗}}$$
$$= \eta(P_1 + P_2) + (1+\eta)P_{pdl} \tag{3-35}$$

式中，η 为独立电压源运行效率；P_1、P_2 为电压均衡器 1、2 的功率损耗。

式(3-35)中总功率损耗 P_{loss} 是传输损耗 P_{pdl} 的增函数。最小系统损耗等效于求解最小传输损耗 P_{pdl}，相应优化问题表示为

$$\begin{cases} P_{loss} = P_{loss\_VB1} + P_{loss\_VB2} + P_{pdl} \\ P_{loss\_VB1} = a_1 i_{z1}^2 + b_1 |i_{z1}| + c_1 \\ P_{loss\_VB2} = a_2 i_{z2}^2 + b_2 |i_{z2}| + c_2 \\ P_{pdl} = r_2\left(I_{pz2} + I_{pn2} + \dfrac{i_{z2}}{2}\right)^2 + r_2(I_{pz2} - I_{zn2} + i_{z2})^2 + r_2\left(I_{zn2} + I_{pz2} - \dfrac{i_{z2}}{2}\right)^2 \\ \quad + r_1\left(I_{pz1} + I_{pn1} + I_{pz2} + I_{pn2} + \dfrac{i_{z2}}{2}\right)^2 + r_1(I_{pz2} - I_{zn2} + I_{pz1} - I_{zn1} + i_{z2})^2 \\ \quad + r_1\left(I_{zn1} + I_{pz1} + I_{zn2} + I_{pz2} - \dfrac{i_{z2}}{2}\right)^2 \end{cases} \tag{3-36}$$

式(3-36)中各变量如图 3-38 所示。电压均衡器损耗 $P_{\text{loss-VB1}}$、$P_{\text{loss-VB2}}$ 可以由中线电流 i_{z1}、i_{z2} 的二次函数近似。相应 a_1、b_1、c_1 与 a_2、b_2、c_2 为损耗模型系数。传输损耗 P_{pdl} 不仅与负载有关，也与电压均衡器电流有关。在图 3-38 中线处应用 KCL 有

$$i_{\text{zn1}} + i_{\text{zn2}} - i_{\text{pz1}} - i_{\text{pz2}} + i_{z1} + i_{z2} = 0 \tag{3-37}$$

式中，各电流均用瞬时值表示。

基于式(3-36)和式(3-37)求解系统损耗优化问题：

$$\frac{\mathrm{d}P_{\text{pdl}}}{\mathrm{d}i_{z2}} = 0 \tag{3-38}$$

由此可以构建出电压均衡器第三层损耗优化控制。注意到该表达式只与电压均衡器自身参数有关，通过计算各电压均衡器损耗优化项，控制它们的实时数值相等即可达到系统最小损耗，便于基于分布式通信的实现。

$$\underbrace{(u_{\text{p1}} - u_{\text{n1}}) + 2a_1 i_{z1} + b_1}_{\text{电压均衡器1处损耗优化项}} = \underbrace{(u_{\text{p2}} - u_{\text{n2}}) + 2a_2 i_{z2} + b_2}_{\text{电压均衡器2处损耗优化项}} \tag{3-39}$$

综上，多电压均衡器并联的双极系统层级控制如图 3-39 所示。

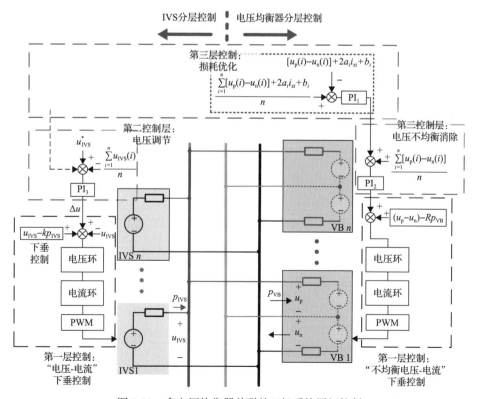

图 3-39　多电压均衡器并联的双极系统层级控制

图 3-39 中，k 和 R 均为下垂系数，p_{IVS} 为独立电压源(IVS)分层控制下的功率，p_{VB} 为电压均衡器分层控制下的功率。

与传统单母线直流系统中的独立电压源相对应，双极系统中电压均衡器等效为受控电压源。相应层级控制也分为三层，具体包括基于下垂控制的第一层"不均衡电压-电流"下垂，第二层"电压不均衡消除"和第三层损耗优化，相应控制参数可以通过第 2 章中数字 LMI 方法设计得出。第一层中控制电压均衡器处正负极电压偏差 u_p–u_n 与正极侧输出电流 i_p 之间是下垂关系。第二层中集中采样关键负载处正负极电压偏差平均值，分别生成各电压均衡器处下垂曲线补偿量。第三层中集中计算各电压均衡器处损耗优化项式(3-39)，将所得平均值发送到各电压均衡器处。通过保证各电压均衡器处具有相同损耗项取值，实现系统损耗优化。

2. 仿真验证

为验证所提层级控制的特性，在 MATLAB/Simulink 中搭建相应实验系统，如图 3-40 所示。相应系统参数如表 3-2 所示。本节主要关注电压均衡器并联运行，因此不涉及储能装置能量管理，正负极之间电压由单个基于下垂控制的储能装置

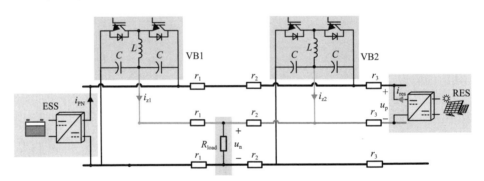

图 3-40　用于仿真测试的非自主均衡双极直流系统

表 3-2　分布式电压均衡器的双极直流系统的仿真参数

参数	数值	参数	数值
U_{pn}	48V	a_1	0.0196
U_{pz}, U_{zn}	24V	b_1	0.9145
k_1	0.02V/A	c_1	5.136
k_2	0.004V/A	a_2	0.03681
R_{load}	0.2Ω	b_2	0.6249
PI_1	k_p=0.01, k_i=20	c_2	2.358
PI_2	k_p=0.1, k_i=50	L	1mH
PI_3	k_p=0.1, k_i=100	C	2mF

（即能量储存系统（ESS））实现。下垂系数为 0.4mV/A。系统中包含两组电压均衡器，电压均衡器下垂系数为 0.15mV/A。

电压均衡器各控制层参数 PI_1、PI_2、PI_3 如表 3-2 所示。电压均衡器损耗模型参数 a_1、b_1、c_1 和 a_2、b_2、c_2 也在表 3-2 给出。

1）正常运行

图 3-41 为双极直流系统正常运行时的仿真结果。在 t_1 时刻前，只有负责母线电压调节的 ESS 一次下垂控制层和电压均衡器的一次下垂控制层工作。可以观察到 u_p 和 u_n 存在明显的电压偏差。在 t_1=0.5s，随 i_{res} 输出增加电压偏差进一步增大。在 t_2=0.7s，ESS 二次控制启动，消除正负极间电压偏差，u_p 和 u_n 之和调节至 48V。t_3=0.9s，VB 第二层控制启动，消除了正负极电压 u_p 和 u_n 之间的偏差。在 t_4=1.1s，电压均衡器第三层控制启动，可以观察到电流 i_{z1} 和 i_{z2} 的重新分配，相应系统传输损耗 P_{pdl} 随之降低。上述结果验证了所提电压均衡器层级控制中的电压调节能力和效率优化功能。

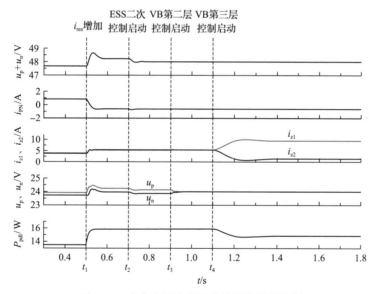

图 3-41　含多电压均衡器并联系统层级控制

2）故障场景

为验证并联电压均衡器对系统可靠性的提升，以单电压均衡器故障为例，测试系统运行特性。如图 3-42 所示，电压均衡器 VB1 在 t=0.9s 时出现故障并退出运行。电压均衡器 VB2 处电流 i_{z2} 随之增加，双极直流系统电压 u_p、u_n 仍能维持均衡。可以看出，通过电压均衡器的并联运行提高了双极直流系统的可靠性。

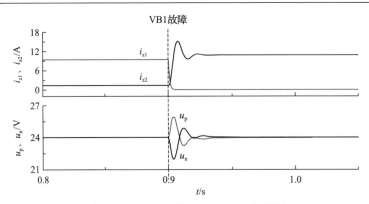

图 3-42　电压均衡器 VB1 故障后双极直流系统运行特性

3.3　基于电流均衡器的双极直流系统的功率均衡策略

低压直流配电网作为电力系统末梢环节，直接面对用户负载与分布式电源。当采用对称单极法构建低压直流配电系统时，因正、负两极所带负载不平衡，将导致两极对地电压不均衡，影响系统正常运行，需引入电压均衡器加以主动控制[33-35]，结构如图 3-43 所示。本章将以分布式可再生电源高渗透率接入条件下的三线制低压直流配电网为基本技术情景，深入探讨系统极间均衡运行控制方法，进而提出在用户节点引入电流均衡器(current balancer，CB)，以实现系统正、负极间电压、电流、功率良好均衡的新方案。

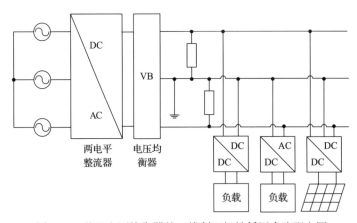

图 3-43　基于电压均衡器的三线制双极性低压直流配电网

3.3.1　三线制低压直流配电系统的极间均衡

本节将首先分析三线制双极性直流配电网极间不均衡现象的产生原因与表

现,进而提出借助前端电流均衡器实现极间均衡运行控制的方法与相关技术概念。

1. 极间均衡条件

对于图 3-43 所示基于电压均衡器构建的三线制低压直流配电网,其等效电路如图 3-44 所示。

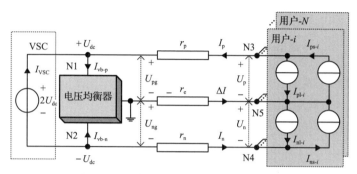

图 3-44　三线制低压直流配电网等效分析

图 3-44 左侧虚线框内电压源代表运行于定直流侧电压模式下的 VSC 换流站,对外呈现电压源特性,为整个配电网系统提供电压支撑,输出端电压值为 $2U_{dc}$;右侧虚线框内为 N 个用户集群的等效电路,可视为电路割集,其内部含有独立连接于正、负极两侧的负载与分布式电源,均呈现电流源特性。正极、负极、中性线(接地)线路电阻分别集总等效为电阻 r_p、r_n、r_e;各物理量符号及参考极性、方向如图 3-44 所示。

为便于阐明问题,不失一般性,此处仅分析 VSC 换流站与共用 PCC 点(节点 N3、N4 和 N5)的一组用户(N 个)通过独立线路连接的情况。系统运行中电压均衡器维持其出口正负极间电压相等,即 $U_{pg}=U_{ng}=U_{dc}$;用户 i 正、负极侧负载电流分别为 $I_{pl\text{-}i}$ 和 $I_{nl\text{-}i}$,正、负极侧分布式电源电流分别为 $I_{ps\text{-}i}$ 和 $I_{ns\text{-}i}$,则对节点 N3、N4 由 KCL 可有

$$I_p = \sum_{i=1}^{N} I_{ps\text{-}i} - \sum_{i=1}^{N} I_{pl\text{-}i}, \quad I_n = \sum_{i=1}^{N} I_{ns\text{-}i} - \sum_{i=1}^{N} I_{nl\text{-}i} \tag{3-40}$$

式中,I_p 与 I_n 分别为用户集群与配电网间交换的正、负极电流(设发出电能为正)。

对于从节点 N3-N4-N5 切断的电路割集,由 KCL 可求中性线电流为

$$\Delta I = I_p - I_n \tag{3-41}$$

针对电压均衡器两端节点 N1 和 N2,由 KCL 可有

$$I_{vb\text{-}p} = I_p + I_{VSC}, \quad I_{vb\text{-}n} = -I_n - I_{VSC} \tag{3-42}$$

式中，I_{VSC} 为换流站输出直流电流(以向直流侧供电为正)；$I_{vb\text{-}p}$ 与 $I_{vb\text{-}n}$ 分别为电压均衡器对正、负极线路的等效转移电流。联立式(3-41)和式(3-42)可得

$$\Delta I = I_{vb\text{-}p} + I_{vb\text{-}n} \tag{3-43}$$

电压均衡器可视为两端口网络，依照电路原理其消耗的总功率可表示为任意两端口功率的代数和，考虑电压电流参考的关联性，可表达为

$$P_{vb} = P_{vb\text{-}p} + P_{vb\text{-}n} = I_{vb\text{-}p}U_{pg} - I_{vb\text{-}n}U_{ng} \tag{3-44}$$

理想运行状况下 $U_{pg}=U_{ng}=U_{dc}$，且电压均衡器内部不含有阻性功率消耗，即 $P_{vb}=0$，再结合式(3-41)、式(3-43)和式(3-44)可得

$$I_{vb\text{-}p}=I_{vb\text{-}n}=\frac{1}{2}\Delta I =\frac{1}{2}(I_p - I_n) \tag{3-45}$$

考虑线路损耗，可求用户侧正、负极电压分别为

$$U_p = U_{dc} + I_p r_p + r_e\Delta I \tag{3-46}$$

$$U_n = U_{dc} + I_n r_n - r_e\Delta I \tag{3-47}$$

用户侧正负极间电压偏移值与用户侧中性线对地电位偏移值分别为

$$\Delta U = U_p - U_n = 2r_e\Delta I + I_p r_p - I_n r_n \tag{3-48}$$

$$U_{neu} = -r_e\Delta I \tag{3-49}$$

为了清楚分析负载与分布式电源对直流配电网极间均衡性的影响，可以忽略线路电阻参数的轻微差异，因此假设：

$$r_p = r_n = r_e = r \tag{3-50}$$

联立式(3-41)、式(3-48)～式(3-50)可得

$$\Delta U = 3r\Delta I \tag{3-51}$$

$$U_{neu} = -r\Delta I \tag{3-52}$$

此时可求得用户集群向配电网正、负极两侧注入的功率差额为

$$\Delta P = P_p - P_n = U_p I_p - U_n I_n \tag{3-53}$$

式中，P_p 和 P_n 分别为用户集群向正极侧与负极侧注入的功率(发电上网为正)，联立式(3-41)、式(3-46)、式(3-47)、式(3-50)和式(3-53)可得

$$\Delta P = \left[U_{dc} + 2r(I_p + I_n)\right]\cdot\Delta I \tag{3-54}$$

由此可见，在存在不平衡负荷与不平衡分布式电源的情况下，仅依靠电压均衡器无法确保双极性直流配电网正负极整体均衡运行，可能出现：①用户侧正负极电压不相等；②中性线电流不为零，且对地电位出现偏移；③系统各断面下正负极功率不对等。上述问题可能造成：①用户电压敏感负荷无法正常工作；②增加线路发热损耗；③降低用电安全性；④系统正负极线路、设备容量得不到充分对称的使用，可能引发额外损耗或影响系统正常稳定运行。

2.　"电流均衡器"基本概念

随着分布式可再生能源发电技术的普及，未来中/低压直流配电系统将成为接纳分布式电源的主要载体。高渗透率、大容量分布式电源接入将成为直流配电网的技术"新形态"。

分布式电源的出力具有随机性强、波动幅度大的显著特点，其大量接入将极大地增加直流配电网正负极间功率失衡的可能性与潜在程度。因此，为确保分布式电源高渗透率接入条件下双极直流系统安全稳定运行，保证系统各处正负极之间电压、电流、功率总体均衡，需要在现有三线制直流配电网的基础上进一步引入新的均衡控制装置及相应控制策略[36,37]。

由式(3-41)、式(3-51)、式(3-52)和式(3-54)可知，在换流站侧正负极电压对称、正负极传输线路电阻特性一致的条件下，保持系统正负极间电压、电流、功率处处均衡的充要条件是用户侧正负极电流相等。对于图 3-44 所示系统，可表达为

$$\Delta I = I_p - I_n = 0 \tag{3-55}$$

即有

$$\sum_{i=1}^{N} I_{ps\text{-}i} - \sum_{i=1}^{N} I_{pl\text{-}i} = \sum_{i=1}^{N} I_{ns\text{-}i} - \sum_{i=1}^{N} I_{nl\text{-}i} \tag{3-56}$$

对于某一用户 i 可以将其正极（N3 节点）电流记作 $I_{p\text{-}i}$，将其负极（N4 节点）电流记作 $I_{n\text{-}i}$，则有

$$I_{p\text{-}i} = I_{ps\text{-}i} - I_{pl\text{-}i}, \quad I_{n\text{-}i} = I_{ns\text{-}i} - I_{nl\text{-}i} \tag{3-57}$$

由此，可将系统均衡条件式(3-56)改写为

$$\sum_{i=1}^{N} I_{p\text{-}i} = \sum_{i=1}^{N} I_{n\text{-}i} \tag{3-58}$$

考虑到实际直流配电网的网架拓扑复杂多变，为保证系统极间处处均衡，应当引入更加严格的条件，使得每一个用户割集满足正负极电流平衡。即对于任一

用户单元 i，满足：

$$I_{\text{ps-}i} - I_{\text{pl-}i} = I_{\text{ns-}i} - I_{\text{nl-}i} \tag{3-59}$$

为实现这一目标，可在用户侧引入专用极间功率交换装置，实现正负极线路电流转移与二次均衡控制。该装置安装于直流配电网前端用户侧，其核心控制目标为保证用户与配电网连接点处正负极电流相等（中性线电流为零），对配电网呈现电流源特性。从电路分析角度看，该装置可认为是直流配电网中电压均衡器（安装在 VSC 侧，控制正负极电压相等，对配电网呈现电压源特性）的对偶，因此称之为电流均衡器。

事实上，在理想网络条件下（换流站侧正负极电压对称、正负极传输线路电阻特性一致），若每个用户处均设有电流均衡器，则对任一用户而言，其与配电网连接处正负极电压必然相等。此时极间电流平衡即为功率平衡，但该条件在实际系统中不能完全满足。

3.3.2　计及电流均衡器的分布式电源双极性接入

基于上述电流均衡器概念，本节将给出一种适用于小容量用户终端的分布式可再生电源接入三线制双极性低压直流配电网的技术方案[38,39]，可实现接入点正负极电流有效平衡。基本系统结构如图 3-45 所示。

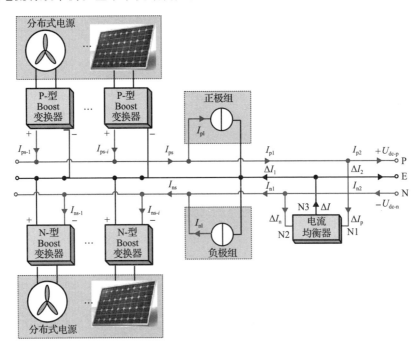

图 3-45　含电流均衡器的分布式电源并入三线制双极性低压直流配电网系统结构示意图

1. 系统结构

如图3-45所示的直流配电网中含有多种相互独立的分布式电源(如小型风机、光伏面板等)。分布式电源按照各自的容量被平均分配至正极组与负极组，分别通过 P-型 Boost 变换器与 N-型 Boost 变换器接入用户端直流配电网的正极侧和负极侧；同时，于用户线路出口处安装电流均衡器，以实现用户节点与外电网间所交换的正、负极电流相等。P-型 Boost 变换器与 N-型 Boost 变换器拓扑结构如图 3-46 所示。

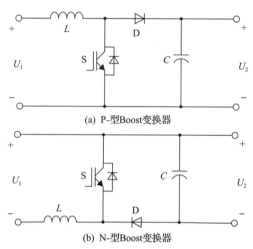

(a) P-型Boost变换器

(b) N-型Boost变换器

图 3-46　P-型、N-型 Boost 变换器电路拓扑

系统中各处电流、电压参考方向、极性如图 3-45 中所注。任一时刻，将正极组第 i 个分布式电源的输出电流记作 $I_{ps\text{-}i}$，负极组第 i 个分布式电源的输出电流记作 $I_{ns\text{-}i}$，则正、负极两侧电流关系分别表达为

$$I_{p1} = I_{ps} - I_{pl} = \sum_{i=1}^{N_p} I_{ps\text{-}i} - I_{pl} \tag{3-60}$$

$$I_{n1} = I_{ns} - I_{nl} = \sum_{i=1}^{N_n} I_{ns\text{-}i} - I_{nl} \tag{3-61}$$

式中，N_p 与 N_n 分别为正负极组分布式电源数量；I_{pl} 与 I_{nl} 分别为接入正、负极两侧的等效负荷电流。

在电流均衡器控制作用下，该用户单元与外部配电网正负极线路间的交换电流相等，结合割集 KCL 即有

$$\Delta I_2 = I_{n2} - I_{p2} = 0 \tag{3-62}$$

对节点 N1、N2 及电流均衡器整体使用 KCL 可得

$$\Delta I_{\mathrm{p}} = I_{\mathrm{p1}} - I_{\mathrm{p2}} , \quad \Delta I_{\mathrm{n}} = I_{\mathrm{n2}} - I_{\mathrm{n1}} \tag{3-63}$$

$$\Delta I_1 + \Delta I_2 = \Delta I_{\mathrm{p}} + \Delta I_{\mathrm{n}} \tag{3-64}$$

假定电流均衡器工作于稳态且自身无功率消耗，则由式(3-62)知该装置可以等效为两端口系统。通过正确设计电流均衡器内部拓扑结构，可满足装置两侧中性线直流电位相等，此条件下可由端口间功率平衡条件推得

$$U_{\mathrm{dc\text{-}p}}\Delta I_{\mathrm{p}} = U_{\mathrm{dc\text{-}n}}\Delta I_{\mathrm{n}} \tag{3-65}$$

联立式(3-62)～式(3-65)，可得

$$\Delta I_{\mathrm{p}} = \frac{I_{\mathrm{p1}} - I_{\mathrm{n1}}}{1+k} , \quad \Delta I_{\mathrm{n}} = \frac{k(I_{\mathrm{p1}} - I_{\mathrm{n1}})}{1+k} \tag{3-66}$$

$$P_{\mathrm{t}} = \frac{(I_{\mathrm{p1}} - I_{\mathrm{n1}})U_{\mathrm{dc\text{-}p}}U_{\mathrm{dc\text{-}n}}}{U_{\mathrm{dc\text{-}p}} + U_{\mathrm{dc\text{-}n}}} \tag{3-67}$$

式中，$k = U_{\mathrm{dc\text{-}p}}/U_{\mathrm{dc\text{-}n}}$；$P_{\mathrm{t}}$ 为正极侧向负极侧传递的转移功率。特别地，当用户接入点正负极电压对称时($k=1$，$U_{\mathrm{dc\text{-}p}}=U_{\mathrm{dc\text{-}n}}=U_{\mathrm{dc}}$)存在：

$$\Delta I_{\mathrm{p}} = \Delta I_{\mathrm{n}} = \frac{1}{2}(I_{\mathrm{p1}} - I_{\mathrm{n1}}) \tag{3-68}$$

$$P_{\mathrm{t}} = \frac{1}{2}(I_{\mathrm{p1}} - I_{\mathrm{n1}})U_{\mathrm{dc}} \tag{3-69}$$

2. 工作机理

本小节将针对图 3-45 系统中关键电力电子装置的拓扑结构与工作机理进行分析，得出其稳态下的工作特性方程。

1) P-型、N-型 Boost 变换器

该系统中使用非隔离型变换器作为分布式电源接入直流配电网的前端变换装置，以实现升压变换与 MPPT 功能，此处选用 Boost 电路拓扑。

P-型 Boost 变换器拓扑结构即为常见的 Boost 变换器，如图 3-46(a)所示，输入-输出侧负极共线，为"共负极"结构。该变换器输入端与分布式电源相连，输出端正、负极分别与配电网正极线、中性线相连接。

N-型 Boost 变换器拓扑结构由常见的 Boost 变换器电路衍生而来，如图 3-46(b)

所示，输入-输出侧正极共线，为"共正极"结构。该变换器输入端与分布式电源相连，输出端正、负极分别与中性线、配电网负极线相连接。

由电路对称性易知，上述两种结构的 Boost 电路工作机理相仿，此处不再赘述，其稳态电压增益均为

$$G = \frac{U_2}{U_1} = \frac{1}{1-D} \tag{3-70}$$

式中，D 为开关管导通占空比。

2）电流均衡器

由以上理论分析可知，电流均衡器的核心功能在于建立正负极两侧间能量转移通路，从而实现用户接入点正负极线路电流相等的控制目标。可见，其物理本质与工作机理同 VSC 侧电压均衡器一致，因此其具体设计可在借鉴电压均衡器既有拓扑的基础上，通过引入新的闭环控制策略而实现。

根据上文所述的具体应用场景，考虑电压等级与容量，选择如图 3-47 所示的桥式功率转移电路作为电流均衡器拓扑结构。相关物理量注记方法与参考极性、方向如图中所示，其稳态工作机理分析如下。

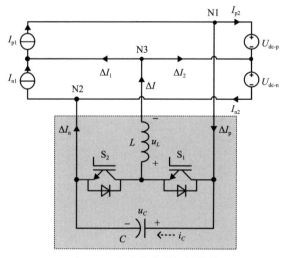

图 3-47　电流均衡器拓扑结构

（1）模式 I。当 $I_{p1} > I_{n1}$ 时，S_2 保持关断状态，通过控制 S_1 的导通和关断动作，以电感 L 为能量转移通道，对正负极间电流进行转移，改变电流大小直至正负极间电流相等，达到理想效果。当 S_1 导通时，形成回路 S_1—L—I_{p1} 与回路 S_1—L—I_{n1}—C，由电容 C 与正极电流源 I_{p1} 向电感 L 中充入能量；当 S_1 关断时，S_2 中反并联二极管变为导通状态，并且流过电感电流实现续流功能，电路中可以看作存

在两个回路：L—I_{n1}—S_2(续流二极管)与 L—I_{p1}—C—S_2(续流二极管)，在这一过程当中，电感 L 中能量减少，并且正极电流源 I_{p1} 通过回路 L—I_{p1}—C—S_2 向电容 C 补充能量。此时，在完整的开关周期内，N1/N3 端口始终从正极侧吸收功率(电流)；N2/N3 端口始终向负极侧释放功率(电流)，由此实现从正极侧到负极侧的电流(功率)转移。

(2)模式 Ⅱ。当 $I_{p1} < I_{n1}$ 时，S_1 保持关断状态，对 S_2 进行开关操作，通过电感充放电，能量进行不断地流通，实现极间电流转移达到相等。当 S_2 导通时，形成回路 S_2—I_{n1}—L 与回路 C—I_{p1}—L—S_2，由电容 C 与负极电流源 I_{n1} 向电感 L 中充入能量；当 S_2 关断时，电感电流为了实现续流，S_1 中反并联二极管将导通，此时电路中存在回路 L—S_1—I_{p1}(续流二极管)与回路 C—I_{n1}—L—S_1(续流二极管)，电感 L 放电并且在负极电流源 I_{n1} 的作用下对电容 C 进行充电过程。此时，在完整的开关周期内，N1/N3 端口始终向正极侧释放功率(电流)；N2/N3 端口始终从负极侧吸收功率(电流)，由此实现从负极侧到正极侧的电流(功率)转移。

电流均衡器达到理想稳态时，忽略电容电压纹波，可认为电压 u_C 保持稳定，等于网侧正负极总电压。由于在一个开关周期内，电容电流的平均值等于零，即有 $I_C=0$，此时各端口吸收/释放的电流/功率数值可由式(3-66)~式(3-70)计算。

无论在模式 Ⅰ 还是 Ⅱ 下，当 S_1 或 S_2 导通时，流经电感 L 的电流 ΔI 将增大，当 S_1 或 S_2 关断时，ΔI 将减小；因此可通过改变 S_1 或 S_2 的占空比 d_1 或 d_2 调节极间等效转移电流的大小，从而达到稳态（即 $I_{p2}=I_{n2}$，$\Delta I_2=0$），具体控制框图参见图 3-48。

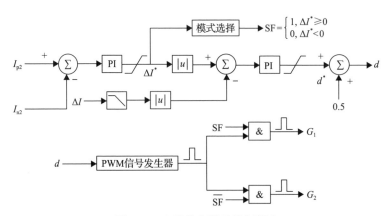

图 3-48　电流均衡器的控制策略

3.3.3　仿真验证与分析

本节对提出的电流均衡器电路拓扑、控制策略进行了 MATLAB 仿真，对仿真环境和系统参数进行了说明，并且分析了仿真波形，得到结果。

1. 仿真环境与系统参数

通过前文的理论分析之后，在 MATLAB/Simulink 环境下进行系统仿真，验证前文所提出的接入系统方案与所选用的电流均衡器的电路拓扑、控制策略。下面对相关的仿真环境与系统参数进行介绍。

为验证所提电流均衡器结构的合理性和实现功率均衡的功能，将电流均衡器应用在光伏直流发电系统中进行仿真研究，所采用的仿真电路结构如图 3-49 所示。仿真电路中，网侧直流电压为 ±375V，正/负极线、中性线等效电阻均为 0.1Ω；电流均衡器电感为 1mH，开关频率为 20kHz；正负极线路间总等效电容为 300μF。

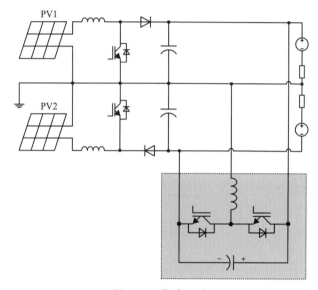

图 3-49　仿真电路

正负极分别接入相同规格的光伏阵列 PV1 与 PV2，其饱和光照下最大功率点电压为 328.2V，最大功率点电流为 33.48A，最大输出功率为 10.99kW；光伏组件分别由 P-型、N-型 Boost 电路连接到正负极侧。

该系统结构采用光伏阵列级联 P-型、N-型 Boost 变换器，具有升压变换和最大功率点跟踪的功能。以下将对最大功率点跟踪方法进行说明。

光伏电池组件的输出功率具有波动性和间歇性的特点，当外部环境条件如光照、温度等发生变化时，输出功率都会相应地改变。扰动观察法是一种比较常用的最大功率点跟踪控制方法。该方法可以选取输出电压作为扰动量，即通过不断改变电压来改变输出功率的大小，调节工作点状态使之渐渐地靠近最大功率点，并保持在附近实现功率的最大输出。其中，如何确定扰动量的改变方向是重要的一点。扰动观察法具有计算简单的优点，即只需要通过检测出的输出电流和输出电压，计算出输出功率的大小，之后，通过此时输出功率和上一次计算出的输出功率做大小的对比，得到功率是增加或是减小的状态。当功率增加时，说明此时扰动量的变化方向可能是有增加功率的趋势，因而电压改变方向不变。当功率减小时，扰动量的变化趋势可能导致了功率减小，因此应该控制扰动量变化方向相反。但是扰动观察法并不适合所有的应用场合，当外界环境剧烈变化时，会降低响应的速度，影响控制效果。当系统已经处于最大功率点处时已是最佳的控制状态，理论上应该保持电压不变。但是由于扰动量不可能完全消除，此时扰动量的存在会造成系统的振荡，产生额外的能量损失。扰动观察法中对于扰动步长的选择是一大难点，过于小的扰动步长，会引起系统响应缓慢，控制效果不理想；过大的扰动步长，可能使得工作点剧烈变动，造成控制系统不稳定、振荡的现象。因此，需要相对权衡选择一个合适的扰动步长，可以采用可变步长控制方法。图 3-50 表示了扰动观察法算法流程图，其中 U_{ref} 为电压参考值，ΔU^* 为电压偏差值。

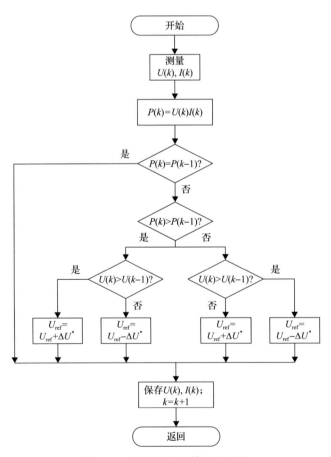

图 3-50　扰动观察法算法流程图

由于光伏发电过程中，光伏阵列所处的环境(如光照强度、温度等)不可能每时每刻都相同，而系统的输出功率容易受到外界变化的影响，若不采用有效的控制策略，输出功率大小将不断变化，导致能源浪费严重，利用率下降。采用合适的控制方法可以使光伏阵列保持在输出最大功率的状态。相关的研究表明，只要维持等效负载电阻和光伏阵列内阻的大小相等，就可以使光伏阵列发出的功率最大，有效充分地利用太阳能。不同等效电阻情况下光伏阵列发出的功率也各不相同，为了调节等效负载电阻，可以在光伏阵列之后接入变换器，通过改变变换器的占空比对等效负载电阻进行改变，本书中采用的变换器为 P-型、N-型 Boost 变换器。扰动观察法实现方案为调节输出电压的大小，检测光伏发电系统中的输出电流和输出电压两个指标，得到此时的输出功率，观察此时的输出功率相对于上一时间输出功率的大小，根据输出功率大小的改变以及输出电压的变化情况得出下一时间电压是增大还是减小，从而使输出功率始终保持在最大状态。

2. 仿真结果

根据上文讨论，对系统参数和仿真环境进行设定。拟通过对光照强度的不同设定以产生不同工况，开展仿真模拟。本小节将对仿真结果加以讨论和分析。

为了模拟系统处于不同环境的工作状态，通过改变光伏阵列的光照强度以制造出相应不同的工况，在 $t=0\sim1$s 时，PV1 光照强度设置为 800W/m^2，PV2 光照强度设置为 600W/m^2，此时功率正负极不平衡，正极发出的功率大于负极发出的功率，正负极电流不相等。经过一段时间，在 $t=0.5$s 时，让电流均衡器工作，观察正负极电流情况。在 $t=1\sim1.5$s 时，PV1 光照强度保持不变，依然为 800W/m^2，而 PV2 光照强度增至 1000W/m^2，此时正极发出的功率小于负极发出的功率，为另外一种工况。在 MATLAB 中搭建了两个串联的光伏升压 Boost 直流变换器模块，并且在中点进行接地，于出口处接入电流均衡器实现输出功率均衡。各时段下 PV1 和 PV2 光照强度数值参见表 3-3。0.5s 前后正、负极线路电流 i_{p2}、i_{n2} 与中性线电流 ΔI_2 的波形见图 3-51(a)，1s 前后上述电气量的波形见图 3-51(b)。

表 3-3　各仿真时段阵列 PV1、PV2 光照强度变化情况

时段/s	PV1 光照强度/(W/m^2)	PV2 光照强度/(W/m^2)
0~1.0	800	600
1.0~1.5	800	1000

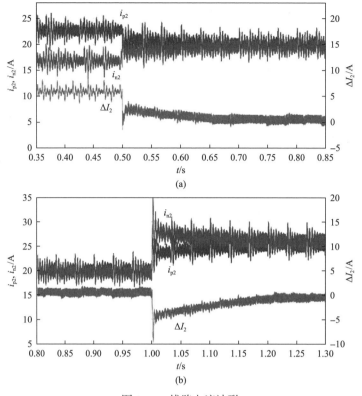

图 3-51　线路电流波形

图 3-51 中，在 $t=0\sim1s$ 时，PV1 光照强度大于 PV2 的光照强度，此时功率正负极不平衡，正极发出的功率大于负极发出的功率，正负极电流不相等。电流均衡器启动前，正极线流过的电流 i_{p2} 平均值大小为 22.5A，负极线上流过的电流 i_{n2} 平均值大小为 16.5A，中性线电流 ΔI_2 平均值 6.0A。在 0.5s 处，电流均衡器开始工作，i_{p2} 逐渐减小，同时 i_{n2} 逐渐增大，在 $t=0.75s$ 时达到平衡。当 $t=1.0s$ 时，PV2 输出功率阶跃增加，使 i_{n2} 突增，ΔI_2 小于零；随即在电流均衡器的控制下逐步恢复，于 $t=1.25s$ 时重新达到平衡。

对仿真结果进行分析，可以得知：应用本节所提出的电流均衡器拓扑结构和控制策略，双极性配电网正负极间功率可以维持均衡状态。该低压双极性直流配电系统接入了多种形式的分布式可再生能源发电单元，通过电流均衡器为负载提供高质量、高可靠性的电能，从而证明了此直流配电方案的合理有效性。

3.4　本 章 小 结

计及直流配电系统灵活、分布接入方式，本章首先以单极区域直流配电系统为例，基于不同时间尺度与运行目标，介绍层级运行策略。面向多电压等级接入需求，分析双极直流系统中自主均衡双极和非自主均衡双极两类系统结构。

在自主均衡双极直流系统中，研究不平衡负载条件下正、负极电源输出功率不均衡问题，并通过增加互联变换器实现正负极之间的相互功率支撑。在此基础上，计及线路电阻、电路参数等影响因素，通过增设 SOC 控制层，实现正负极储能装置载荷量的均衡控制。对于非自主均衡双极直流系统，为提高系统供电可靠性，提出多电压均衡器并联结构。通过将电压均衡器等效为受控电压源，引入"不均衡电压-电流"下垂控制，实现多电压均衡器并联时的自主运行。在此基础上，以系统总损耗为优化目标，提出多电压均衡器的损耗优化控制策略。通过仿真分析，分别对自主均衡双极直流系统和非自主均衡双极直流系统层级控制策略进行验证。

针对双极直流系统负载不均衡问题，与电压均衡器相对偶，提出以极间电流均衡为控制对象的电流均衡器，并对其功能与运行策略进行验证。

参 考 文 献

[1] Guerrero J, Vasquez J, Matas J, et al. Hierarchical control of droop-controlled AC and DC microgrids-A general approach toward standardization[J]. IEEE Transactions on Industrial Electronics, 2011, 58(1): 158-172.

[2] 吴在军, 谢兴峰, 杨景刚, 等. 直流配电网电压控制技术综述[J]. 电力工程技术, 2021, 40(2): 59-67.

[3] 李国庆, 边亮, 王鹤, 等. 直流电网潮流分析与控制研究综述[J]. 高电压技术, 2017, 43(4): 1067-1078.

[4] 刘云, 荆平, 李庚银, 等. 直流电网功率控制体系构建及实现方式研究[J]. 中国电机工程学报, 2015, 35(15): 3803-3814.

[5] 朱承治, 俞红生, 周开河, 等. 基于一致性算法的独立直流微电网分层协调控制策略[J]. 电力系统及其自动化学报, 2018, 30(1): 144-150.

[6] Yamashita D Y, Vechiu I, Gaubert J P. A review of hierarchical control for building microgrids[J]. Renewable & Sustainable Energy Reviews, 2020, 118(Feb.): 109523.1-109523.18.

[7] 杨丘帆, 黄煜彬, 石梦璇, 等. 基于一致性算法的直流微电网多组光储单元分布式控制方法[J]. 中国电机工程学报, 2020, 40(12): 3919-3928.

[8] 朱珊珊, 汪飞, 郭慧, 等. 直流微电网下垂控制技术研究综述[J]. 中国电机工程学报, 2018, 38(1): 72-84, 344.

[9] 阎发友, 汤广福, 贺之渊, 等. 基于 MMC 的多端柔性直流输电系统改进下垂控制策略[J]. 中国电机工程学报, 2014, 34(3): 397-404.

[10] 罗永捷, 李耀华, 王平, 等. 多端柔性直流输电系统直流电压自适应下垂控制策略研究[J]. 中国电机工程学报, 2016, 36(10): 2588-2599.

[11] 文波, 秦文萍, 韩肖清, 等. 基于电压下垂法的直流微电网混合储能系统控制策略[J]. 电网技术, 2015, 39(4): 892-898.

[12] Lu X, Guerrero J, Sun K, et al. An improved droop control method for DC microgrids based on low bandwidth communication with DC bus voltage restoration and enhanced current sharing accuracy[J]. IEEE Transactions on Power Electronics, 2014, 29(4): 1800-1812.

[13] Lu X, Sun K, Guerrero J, et al. Double-quadrant state-of-charge-based droop control method for distributed energy storage systems in autonomous DC microgrids[J]. IEEE Transactions on Smart Grid, 2015, 6(1): 147-157.

[14] Fei G , Bozhko S , Asher G , et al. An improved voltage compensation approach in a droop-controlled DC power system for the more electric aircraft[J]. IEEE Transactions on Power Electronics, 2016, 31(10): 7369-7383.

[15] Kakigano H, Miura Y, Ise T. Distribution voltage control for DC microgrids using fuzzy control and gain-scheduling technique[J]. IEEE Transactions on Power Electronics, 2013, 28(5): 2246-2258.

[16] Valenciaga F, Puleston P. Supervisor control for a stand-alone hybrid generation system using wind and photovoltaic energy[J]. IEEE Transactions on Energy Conversion, 2005, 20(2): 398-405.

[17] Valenciaga F, Puleston P. High-order sliding control for a wind energy conversion system based on a permanent magnet synchronous generator[J]. IEEE Transactions on Energy Conversion, 2008, 23(3): 860-867.

[18] 李霞林, 张雪松, 郭力, 等. 双极性直流微电网中多电压平衡器协调控制[J]. 电工技术学报, 2018, 33(4): 721-729.

[19] Tan L, Wu B, Yaramasu V, et al. Effective voltage balance control for bipolar-DC-bus-fed EV charging station with three-level DC-DC fast charger[J]. IEEE Transactions on Industrial Electronics, 2016, 63(7): 4031-4041.

[20] Kwasinski A, Onwuchekwa C. Dynamic behavior and stabilization of DC microgrids with instantaneous constant-power loads[J]. IEEE Transactions on Power Electronics, 2011, 26(3): 822-834.

[21] 李露露, 雍静, 曾礼强, 等. 低压直流双极供电系统的接地型式研究[J]. 中国电机工程学报, 2014, 34(13): 2210-2218.

[22] 许烽, 徐政. 一种适用于交流线路改造成直流的扩展式双极直流输电结构[J]. 中国电机工程学报, 2014, 34(33): 5827-5835.

[23] 陈继开, 孙川, 李国庆, 等. 双极 MMC-HVDC 系统直流故障特性研究[J]. 电工技术学报, 2017, 32(10): 53-60, 68.

[24] Rivera S, Wu B, Kouro S, et al. Electric vehicle charging station using a neutral point clamped converter with bipolar DC bus[J]. IEEE Transactions on Industrial Electronics, 2015, 62(4): 1999-2009.

[25] 张弛, 江道灼, 叶李心, 等. 一种适用于直流配电网的双向稳压型电压平衡器[J]. 电力建设, 2013, 34(10): 53-59.

[26] 周逢权, 黄伟. 直流配电网系统关键技术探讨[J]. 电力系统保护与控制, 2014, 42(22): 62-67.

[27] 徐殿国, 张书鑫, 李彬彬. 电力系统柔性一次设备及其关键技术:应用与展望[J]. 电力系统自动化, 2018, 42(7): 2-22.

[28] 马钊, 焦在滨, 李蕊. 直流配电网络架构与关键技术[J]. 电网技术, 2017, 41(10): 3348-3357.

[29] 蒋冠前, 李志勇, 杨慧霞, 等. 柔性直流输电系统拓扑结构研究综述[J]. 电力系统保护与控制, 2015, 43(15): 145-153.

[30] Shafiee Q, Dragicevic T, Vasquez J, et al. Modeling stability analysis and active stabilization of multiple DC microgrid clusters[C]. Proceedings of IEEE International on Energy Conference, Dubrovnik, 2014.

[31] AlLee G, Tschudi W. Edison redux: 380 Vdc brings reliability and efficiency to sustainable data centers[J]. IEEE Power Energy Magzine, 2012, 10(6): 50-59.

[32] Balog R, Krein P. Bus selection in multibus DC microgrids[J]. IEEE Transactions on Power Electronics, 2011, 26(3): 860-867.

[33] Park J, Candelaria J, Ma L, et al. DC ring-bus microgrid fault protection and identification of fault location[J]. IEEE Transactions on Power Delivery, 2013, 28(4): 2574-2584.

[34] Park J, Candelaria J. Fault detection and isolation in low-voltage DC-bus microgrid system[J]. IEEE Transactions on Power Delivery, 2013, 28(2): 779-787.

[35] Christopher E, Sumner M, Thomas D, et al. Fault location in a zonal DC marine power system using active impedance estimation[J]. IEEE Transactions on Industrial Applications, 2013, 49(2): 860-865.

[36] Zhu W, Pekarek S, Jatskevich J, et al. A model-in-the-loop interface to emulate source dynamics in a zonal DC distribution system[J]. IEEE Transactions on Power Electronics, 2005, 20(2): 438-445.

[37] 汪飞, 雷志方, 徐新蔚. 面向直流微电网的电压平衡器拓扑结构研究[J]. 中国电机工程学报, 2016, 36(6): 1604-1612.

[38] 张先进, 龚春英. 三电平半桥电压平衡器[J]. 电工技术学报, 2012, 27(8): 114-119.

[39] Jia K, Christopher E, Thomas D, et al. Advanced DC zonal marine power system protection[J]. IET Generation, Transmission & Distribution, 2014, 8(2): 301-309.

第4章 互联直流配电系统架构与运行

为实现能源综合利用与高效传输，互联能源系统成为未来配电系统发展的趋势，互联系统的网络架构与互联变电站的拓扑结构是构建互联电网的关键。本章将首先介绍互联系统的网络架构典型特征，再从交流变电站对偶得出三种直流变电站的拓扑结构：内部交流型、内部直流型、直流自阻型，然后对所提出的三种拓扑结构从成本、损耗、可靠性三个方面进行建模和对比评估。随后，分析互联系统的层级控制策略，以多时间尺度下多端口电压调节和功率分配等为控制目标，分析直流变电站外部多尺度运行目标与内部变换单元控制实现之间的关系。以连接两直流配电网和分布式电源的四端直流变电站为例，分别对直流变电站和各接入端口进行建模。计及内部变换器动态耦合关系，设计第一层变换器级控制。同时计及直流变电站功率损耗的优化与各端口功率分配，设计直流变电站第二层控制策略。通过仿真结果对所提出的层级控制策略进行验证，并搭建相应实验直流电网，在直流变电站实验样机上基于分布式控制器对层级控制策略进行验证。为未来能源互联网构建提供理论支撑。

4.1 互联直流系统网络架构

随着直流配电技术的发展，电网中将同时出现多组直流配电系统，分别具有不同电压等级和不同电源、负载构成形式[1-5]。以图 4-1(a)所示场景为例，相应交流电网中包含两组直流光伏电站与两组中压直流配电系统。当光伏电站 PV1 发出的功率传输至直流配电网 MVDC1 时，需要经历两级 DC-AC 功率变换单元与两级交流隔离变压器，导致系统运行效率降低。此外，当交流电网故障时，光伏电站与直流配电网之间唯一的功率交换通道中断，导致 MVDC1 中需要切负荷，降低了供电可靠性。为提升系统运行效率与可靠性，需要完成直流配电系统由零散的接入点到互联系统的转变。

如图 4-1(b)所示，在多直流配电系统之间增设多端口直流变电站，能够实现不同电压等级系统之间的互联和功率支撑，在缓解交流输配电系统传输压力的同时，降低电能转换级数，提高系统整体运行效率。相较于 1.3.1 节中基于单输入单输出(SISO)实现直流系统互联，图 4-1(b)所示基于多输入多输出(MIMO)直流变电站的配电系统不仅为多个端口间协调控制提供了新的自由度，而且为节点内部拓扑设计提供了新的可能。

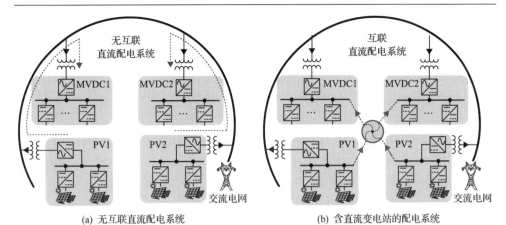

(a) 无互联直流配电系统   (b) 含直流变电站的配电系统

图 4-1 直流配电系统结构对比

为研究配电系统中直流变电站拓扑结构，本章首先对直流变电站与交流变电站之间的相似性进行分析。实际上，交流电网中交流变电站同样承担着电压变换与潮流分配的功能。基于电力电子变换器与交流变压器的对偶关系，可以得出一系列面向直流配电的系统结构[6,7]。为分析不同直流变电站结构和电能变换技术对系统性能的影响，从成本、损耗和可靠性三个方面对所得出的拓扑结构进行对比分析。

4.2 配电系统中直流变电站拓扑

作为交流电网中的多端节点，交流变电站运行目标包括电压/功率变换和系统的故障保护。电力工业历经一个多世纪的发展，已经形成一系列标准化交流变电站拓扑结构[8-11]，如图 4-2 所示。在交流变电站内部，交流变压器负责电压/功率的变换，交流断路器负责故障隔离。

其中，图 4-2(a)所示的单母线(Bus)结构可以视为最为基本的结构。该结构具有辐射状接入形式，在内部交流母线处实现电能的汇集与再分配。该拓扑结构简单，所用开关组件少，系统造价低。然而当母线或与母线相连的组件故障或检修时，变电站中所有装置均需要停止工作，由此导致该拓扑的运行灵活性与可靠性较低。

为提高交流变电站系统可靠性，可采用图 4-2(b)所示的单母分段结构。当某一段母线处于检修或故障状态时，与之相连的断路器断开，而其余部分维持正常运行。分段数量越多，系统灵活性与可靠性越高，但所需断路器数量随之增加，导致系统成本升高。

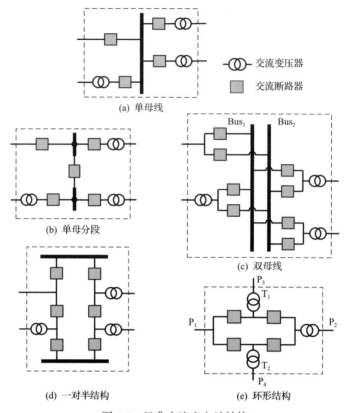

图 4-2　经典交流变电站结构

　　在单母线结构与单母分段结构中，各端口处仅存在唯一功率路径，不存在冗余。当与该端口相连的某一开关或变压器出现故障时，相应的接入端随之受到影响。为提高系统可靠性，可通过在变电站内部构造多条功率路径，保证单一组件退出运行时相应接入端不受影响。一种实现方案是采用双母线结构，如图 4-2(c)所示，每个接入端与两条汇流母线及故障隔离单元相连。当某一条母线故障或检修时，系统所有接入端仍能够正常运行。然而，由于设备数量的增加，相应系统造价与占地面积随之增加。为降低系统成本，可以在相邻接入端之间实现断路器共用，从而得到图 4-2(d)中一对半结构变电站拓扑。

　　除了以上基于集中母线的结构外，还可以采用环形结构的交流变电站。如图 4-2(e)所示，该结构中没有内部母线。任何端口处发生故障时(如 P_1)，与该端口相连的交流断路器都动作，从而保证其他非故障端的正常运行。需要说明的是，交流变电站的拓扑的选择与相应工作场景有关，涉及系统成本与可靠性之间的平衡，不存在普遍适用的系统结构。经典交流变电站提供了一套基于单输入单输出变压器和单输入单输出断路器构建多输入多输出电能节点的系统化方法。在交流变电站系统结构基础上，考虑基于电力电子变换器的直流电能变换手段，可以得到与交流变电站相对应的直流变电站拓扑。

4.2.1 内部交流型直流变电站

变换器根据输出电压形式，可以分为 DC-AC 型与 DC-DC 型[12-17]。如果采用 DC-AC 型变换器，能够得到一类称为"内部交流型"的直流变电站，如图 4-3 所示。

1. 系统级结构

首先考虑基本的单母线结构。如图 4-3(a) 所示，每一个直流端口都与一个 DC-AC 变换器相连。各接入端在内部的交流单母线上实现电能汇集和分配。为实现交流母线侧故障保护，内部断路器选为交流断路器。

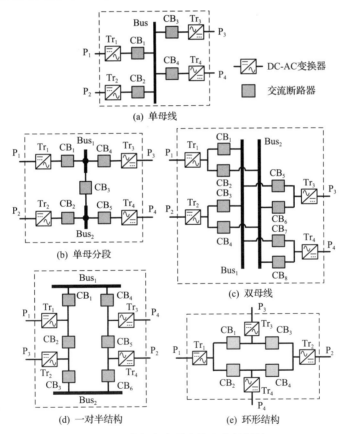

图 4-3　内部交流型直流变电站拓扑

与单母线交流变电站相似，图 4-3(a) 中内部母线处发生任何故障都会导致整个系统停运。为了提高系统可靠性，可以采用图 4-2(b)～(e) 中的交流变电站系统结构。与之对应分别得到单母分段、双母线、一对半结构和环形结构的内部交流型直流变电站拓扑，如图 4-3(b)～(e)所示。

2. 内部单元

直流变电站内部变换器单元和断路器的选择需要同时考虑稳态运行和故障场景。如图 4-3 所示，为实现稳态电压/功率变换，需要在每个接入端都配备 DC-AC 变换器。当内部交流母线发生故障时，以图 4-3(a)为例，相应交流断路器 CB_1~CB_4 动作，从而隔离故障区域，这与交流变电站保护逻辑相似。直流变电站保护面临的主要挑战在于直流端口处的故障。

图 4-3(a)中，当 P_1 端口发生短路故障时，交流母线会通过 DC-AC 变换器 Tr_1 的内部二极管向故障端口馈入电流。直流线路阻抗较低，将导致流经 Tr_1 的故障电流快速上升。由于机械式的交流断路器 CB_1 需要将近 40ms(2～3 个基波周期)才能动作，在此期间，变换器 Tr_1 会因短路过电流而损坏。

为实现直流端口故障保护，往往需要增加额外的电力电子开关或直流断路器。图 4-4 所示为两类典型的具备直流故障保护能力的 DC-AC 变换器单元。图 4-4(a)中所示第 I 类变换器单元通过直流断路器实现故障隔离。混合式直流断路器能够在故障电流上升阶段及时动作，从而实现 VSC 变换器直流侧保护。与之相比，图 4-4(b)中的第 II 类 DC-AC 变换器单元在 VSC 内部通过增加半导体开关阻断二极管故障通路，从而实现直流故障隔离。上述两类 DC-AC 变换器单元都可应用于图 4-3 所示的内部交流型直流变电站。

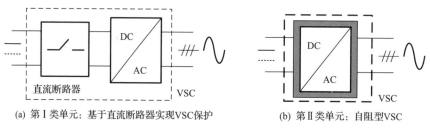

(a) 第 I 类单元：基于直流断路器实现 VSC 保护　　　(b) 第 II 类单元：自阻型 VSC

图 4-4　具备直流故障保护能力的两类代表性 DC-AC 变换器单元

4.2.2　内部直流型直流变电站

除上述 DC-AC 变换器单元外，还可以采用 DC-DC 变换器单元实现电压/功率变换，相应变电站拓扑被称为"内部直流型"结构。

1. 系统级结构

首先分析最基本的单母线结构。如图 4-5(a)所示，如果采用 DC-DC 变换器实现能量转换，与之相连的内部母线同样也是直流型。变电站内部的直流断路器需要具备快速故障切断能力，在内部直流母线侧故障和外部直流端口处故障时及时动作，保护与之相连的 DC-DC 变换器。为保证变电站系统不会因内部母线处故障而停运，同样可以采用单母分段、双母线、一对半结构和环状接线结构形式，相应系统结构如图 4-5（b）～（e）所示。

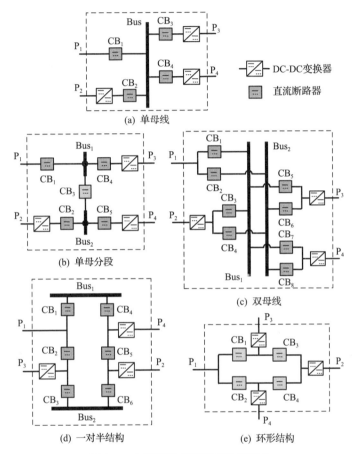

图 4-5　内部直流型直流变电站拓扑

2. 内部变换器

为实现内部直流型变电站的能量变换，这里考虑两类代表性 DC-DC 变换器：全功率 DC-DC 变换器和部分功率（partial power）DC-DC 变换器。如图 4-6（a）所示，全功率 DC-DC 变换器的特点是基于两个电压源型逆变器面对面（front-to-front，FTF）连接，具有双有源桥的形式。同时，可以在交流侧装设交流变压器和 LCL 网络，用于电气隔离和电压变换。与基于两级 DC-AC 变换的 FTF 变换器相比，部分功率 DC-DC 变换器的变换环节较少，额定功率更小。一种典型的部分功率 DC-DC 变换器是图 4-6（b）所示的 DC-DC 自耦变压器（AT）。

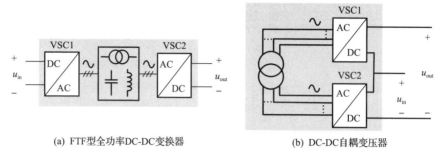

(a) FTF型全功率DC-DC变换器　　　　　　　(b) DC-DC自耦变压器

图 4-6　两类代表性 DC-DC 变换器

DC-DC 自耦变压器中 VSC1 和 VSC2 的总额定功率 P_t 为

$$P_t = 2p\left(1 - \frac{u_{in}}{u_{out}}\right) \tag{4-1}$$

式中，p 为流经 DC-DC 自耦变压器的功率；u_{in} 和 u_{out} 分别为输入和输出电压（$u_{in} <$ u_{out}）。相较于 FTF 结构，DC-DC 自耦变压器总额定容量由于减去了直接耦合部分（u_{in}/u_{out}）而相对较小。

4.2.3　直流自阻型直流变电站

图 4-5 中所示的内部直流型结构中，系统故障保护均依赖于直流断路器的快速动作。由于直流断路器成本较高，作为替代方案，可以通过 DC-DC 变换器内部的半导体开关进行故障隔离，相应变换器被称为自阻型 DC-DC 变换器。基于自阻型 DC-DC 变换器，能够实现电压/功率变换和故障保护的功能融合，也即把图 4-5 中 DC-DC 单元和直流断路器合并，从而得出第三类直流变电站：直流自阻型，如图 4-7 所示。

图 4-7 中每个 DC-DC 变换器同时承担着电压变换和故障隔离的运行目标。可以将图 4-5 内部直流型变电站中的所有直流断路器都换成自阻型 DC-DC 变换器，但那样显然会带来更高的系统成本。为保证最小数量的自阻型 DC-DC 变换器，在本节分析中，自阻型 DC-DC 变换器需要同时承担电压变换和故障隔离两种运行功能。

一种典型的具有直流故障阻断能力的 DC-DC 变换器即如图 4-6(a) 所示的 FTF电路。假设 u_{in} 侧发生直流短路故障，VSC1 交流侧会经内部二极管向故障点馈入电流，引起交流侧过流。相应 VSC2 中主动开关（如 IGBT）闭锁，从而阻断了 u_{out} 侧向 u_{in} 侧故障点馈入能量，实现了直流故障的保护。在 u_{out} 侧出现短路故障时也有相似的保护逻辑。除 FTF 型电路外，还有许多 DC-DC 变换器具有直流短路故障阻断能力。

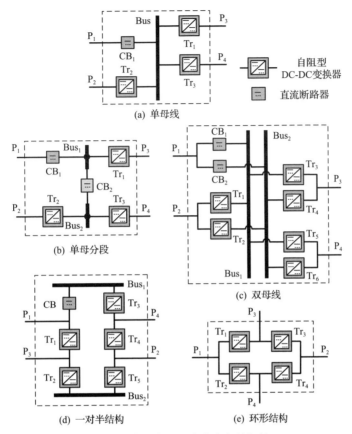

图 4-7　直流自阻型直流变电站拓扑

综上，基于不同的电力电子变换器和系统结构[18-21]，得出三类直流变电站拓扑，即内部交流型、内部直流型和直流自阻型。三类拓扑之间的演变关系如表 4-1 所示。

表 4-1　三类直流变电站拓扑演变关系

结构	内部交流型	内部直流型	直流自阻型
单母线	图 4-3(a)	图 4-5(a)	图 4-7(a)
单母分段	图 4-3(b)	图 4-5(b)	图 4-7(b)
双母线	图 4-3(c)	图 4-5(c)	图 4-7(c)
一对半结构	图 4-3(d)	图 4-5(d)	图 4-7(d)
环形结构	图 4-3(e)	图 4-5(e)	图 4-7(e)

4.3　直流配电系统拓扑评估

本节分析变电站系统级拓扑结构与变换器级功率变换技术对整体性能的影响，以下从成本、损耗和可靠性三个方面对上述三类变电站拓扑进行对比分析[22-25]。由于无法覆盖所有可能的工作状况，本节选取图 4-8 所示的典型变电站接入场景，用于连接两个光伏电站和两个直流配电网。直流变电站的运行目标包括光伏电站接入端(P_1, P_2)的电压控制，以及直流电网端(P_3, P_4)的功率协调。各接入端口处电压与功率如表 4-2 所示。

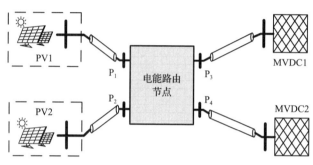

图 4-8　变电站应用场景

表 4-2　四端直流变电站运行系统参数

端口号	电压等级/kV	额定功率/MW
P_1	±20	5
P_2	±10	5
P_3	±35	10
P_4	±35	10

4.3.1　直流配电系统成本评估

现有关于中压直流系统造价评估的研究和分析方法是以下成本对比分析的基础。相应评估方法包括三个步骤：首先，对直流变电站内部组件的成本区间进行建模；然后，确定直流变电站各装置的额定容量；最后，将所有的组件的总成本相加作为变电站成本的估计值。

1. 组件成本区间建模

由于直流配电网技术尚处萌芽阶段，各装置具体成本随技术成熟度、生产规模实时变动。为保证分析结论的可信性和时效性，以下评估中以单位功率容量下电压源型逆变器的成本 C_{vsc} 为换算单位。

　　直流断路器成本一般是相同容量 VSC 变换器成本的 1/6～1/3，即与 VSC 单管或半桥的成本相当。与之相比，机械断路器成本较低，约为 $C_{vsc}/100$。其他机械组件如接触器和母线成本更低，影响可以忽略，因此不计算在成本比较中。

　　对于内部交流型变电站，考虑图 4-4 中所示的两类变换器单元。对基于直流断路器的变换器单元，其价格是 DC-AC 变换器和直流断路器的成本之和，在 $[7/6C_{vsc}, 4/3C_{vsc}]$ 之间变动。对于图 4-4(b) 中的自阻型 VSC，相应成本也位于上述区间内。

　　对于 DC-DC 变换器，这里同时考虑图 4-6(a) 所示 FTF 型全功率 DC-DC 变换器和图 4-6(b) 所示 DC-DC 自耦变压器。文献中对 FTF 型全功率 DC-DC 变换器成本的估计为 $1.6C_{vsc}$。而由于该结构包含两组 VSC，保守估计其上限为 $2C_{vsc}$。与之相比，DC-DC 自耦变压器成本可以降低到 $2(1-1/n)C_{vsc}$，其中 n 为变换器升压比。在以下对比中，直流自阻型变电站同样采取 FTF 型全功率 DC-DC 变换器。

2. 组件容量

　　为了计算系统总成本，需要确定各组件的容量。这取决于系统结构和接入端容量。对于各端口只有单一功率路径相连的直流变电站(如单母线、单母分段)，组件容量取决于与之相连的端口的容量。对于各端口处有冗余功率路径的直流变电站(如一对半、双母线、环形电路)，组件的容量取决于某一条功率路径退出运行时系统仍能正常运行的要求。

3. 结果对比

　　假设组件成本与容量成正比，直流变电站总成本 C_{sum} 由组件成本 C_i 及其额定功率 p_i 共同决定，如式(4-2) 所示。

$$C_{sum} = \sum_{i=1}^{n} p_i C_i \tag{4-2}$$

　　直流变电站的总成本比较如图 4-9 所示。

　　变换器的影响：相同系统结构下，基于 FTF 型全功率 DC-DC 变换器的内部直流型路由拓扑整体具有最高的成本。基于自阻型 DC-DC 变换器的直流自阻型变电站成本相对较低。采用 DC-DC 自耦变压器能够显著降低系统成本，相应地内部直流型变电站成本最低。

　　系统结构的影响：在考虑相同种类变换器条件下，能够得出不同系统结构对成本的影响。与经典交流变电站类似，单母线和环形结构的系统成本较低，双母线结构的成本最高。通过采用一对半结构，变电站总成本能够通过共用组件(交流断路器、直流断路器或自阻型 DC-DC 变换器)而得到降低。

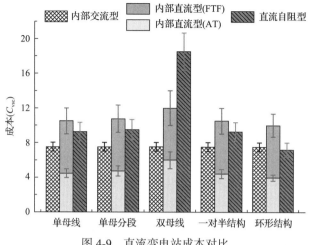

图 4-9　直流变电站成本对比

交叉对比：将内部直流型和直流自阻型变电站相比较，可以分析出将 DC-DC 变换器与直流断路器集成设计对于变电站系统整体的影响。对于单母线、单母分段、环形结构和一对半结构而言，由于节省了额外的直流断路器，直流自阻型的成本比内部直流型的成本更低。而对于双母线结构，直流自阻型结构的成本明显较高。由于双母线结构中存在冗余的功率路径，如果系统保护完全基于自阻型 DC-DC 变换器实现，所增加的成本将远超过省去直流断路器所降低的成本。

4.3.2　直流配电系统运行损耗评估

对于电力电子系统而言，系统损耗是一个关键的性能指标。对于系统层面的拓扑对比，一般将单输入单输出变换器的运行效率认为是在一定误差范围内变化的常量，而往往忽略传输功率对单输入单输出变换器运行效率的影响。然而，对于变电站这样的多输入多输出系统来说，各端口输入功率、输出功率对系统损耗都有显著影响。因此，在损耗评估中需要计及不同端口功率分配场景。

相应的损耗评估包括以下三个步骤：首先对系统各组件损耗进行建模，在此基础上计算变电站总损耗，最后在不同接入端潮流条件下对变电站拓扑进行对比分析。

1. 组件损耗建模

现有文献中变换器损耗估计是本节变电站损耗分析的基础。对于自阻型 DC-AC 变换器，考虑图 4-4 所示的两类 DC-AC 变换器单元。半桥型 MMC 逆变器的功率损耗率在 0.6%～1%。假设中压直流断路器的功率损耗率达到高压直流断路器水平 0.01%～0.08%。因此，图 4-4(a) 中第 I 类变换器单元的功率损耗在 0.61%～1.08%。对于第 II 类变换器单元，基于 AAC (alternative AC converter) 技术

的自阻型变换器功率损耗率位于 1.035%～1.15%。综合上述两种方案，可以认为
自阻型 DC-AC 变换器单元的损耗率位于 0.61%～1.15%。

DC-DC 变换器的效率取决于所采用的变换器拓扑结构。含内部 LCL 网络的
FTF 型全功率 DC-DC 变换器损耗率估计值是 1.6%。含中间变压器的 DC-DC 变换
器功率损耗率估计值是 1.8%。因此认为 FTF 型全功率 DC-DC 变换器损耗率区间
为 1.6%～1.8%。与之相比，通过使用非隔离型部分功率变换器，变换器损耗能够
显著降低。以 DC-DC 自耦变压器为例，变换器损耗率与升压比 $n(n>1)$ 有关，相
应数值为 $2.05(1-1/n)\%$。

交流断路器、接触器和母线等机械组件的损耗可以忽略不计，不计入损耗比
较中。

2. 损耗计算

根据功率守恒，变电站损耗率 σ_{T} 由变电站内部所有组件的总功率损耗决定，
如式(4-3)所示。

$$\sigma_{\mathrm{T}} = \frac{\sum\limits_{k=1}^{z} L_k}{\sum\limits_{i=1}^{n} P_i} \tag{4-3}$$

式中，$L_k(k=1\sim z)$ 为直流变电站中第 k 个组件的功率损耗；P_i 为第 i 个 $(i=1\sim n)$ 输
入端口处的输入功率。

对于单母线和单母分段结构，变电站内部的潮流由各端口处的输入输出功率
唯一确定。对于一对半结构变电站，系统内部存在多条功率路径。总变电站功率
损耗 L_{loss} 与内部功率分布有关。以图 4-7(d)中的直流自阻型一对半变电站为例，
直流变电站的最小功率损耗可以通过求解式(4-4)所示的优化问题得到，相应结果
作为系统总功率损耗。

$$\min L_{\mathrm{loss}}(x)$$

$$\text{s.t.} \begin{cases} L_{\mathrm{loss}} = \sum\limits_{i=1}^{5} L_{\mathrm{Tr}i} + L_{\mathrm{CB}} \\ L_{\mathrm{Tr}i} = \eta_{\mathrm{Tr}i} P_{\mathrm{Tr}i}, \ L_{\mathrm{CB}} = \eta_{\mathrm{CB}} P_{\mathrm{CB}} \\ P_{\mathrm{Tr}1} = x, \ \sum\limits_{i=1,2} P_{\mathrm{Tr}i} = P_{\mathrm{set}} \\ P_{\mathrm{CB}} + P_{\mathrm{Tr}1} = P_{\mathrm{wf}1}, \ P_{\mathrm{Tr}4} + P_{\mathrm{Tr}5} = P_{\mathrm{wf}2} \\ |P_{\mathrm{Tr}i}| \leqslant P_{\mathrm{max\text{-}Tr}i}, \ |P_{\mathrm{CB}}| \leqslant P_{\mathrm{max\text{-}CB}} \end{cases} \tag{4-4}$$

式中，L_{Tri} 和 η_{Tri} 分别为变换器 $Tr_i(i=1\sim5)$ 的功率损耗和功率损耗率；L_{CB} 和 η_{CB} 分别为断路器的功率损耗和损耗率；P_{set} 为 P_3 端口的参考输出功率。当电能变换器的额定功率为 $P_{max\text{-}Tri}$，直流断路器的额定功率为 $P_{max\text{-}CB}$ 时，可以得出直流自阻型一对半结构下变电站的最小功率损耗。与之类似，也可以得到其他一对半结构下变电站的最小功率损耗。

3. 结果对比

在相同端口功率分布场景下对不同直流变电站拓扑损耗进行比较。假设从两个光伏电站输入的总功率为 P，其中 kP 来自光伏电站 1，$(1-k)P$ 来自光伏电站 2。由于电网 1 和电网 2 具有对称的结构，拓扑比较中设定直流电网 1 和直流电网 2 分配的功率相同。图 4-10 所示为变电站总功率损耗，它与变电站拓扑和输入功率比例 k 有关。

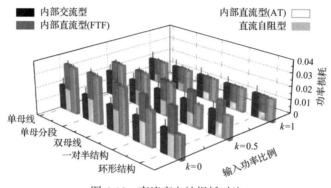

图 4-10　直流变电站损耗对比

变换器的影响：随着输入功率比例 k 的变化，内部交流型变电站的功率损耗几乎不变。其原因是机械式交流断路器带来的拓扑差异对变电站效率的影响可以忽略不计。对于内部直流型（包括 FTF 型和自耦变压器型）和直流自阻型电能，因为光伏电站 2 侧有额外的用于升压的功率变换环节，因此随着输入功率比例 k 的增加，变电站总的功率损耗减小。

通过比较基于自耦变压器的内部直流型变电站和基于 FTF 型变换器的内部直流型变电站发现，由于自耦变压器自身具有的高效率，随着输入功率比例 k 的增加，采用该技术时变电站功率损耗显著降低。

系统结构的影响：在给定输入功率比例 k 和变换器单元条件下，系统结构对变电站损耗的影响并不明显。相应系统损耗差异主要由交流或直流断路器引起，数值远小于变换器单元所带来的系统损耗。

对于环形结构直流自阻型变电站，由于集成化的保护设计，各接入端之间多个电能转换级数降低为单个 DC-DC 变换环节，因此变电站总功率损耗相对于其他结构能够显著降低。

4.3.3 直流配电系统运行可靠性评估

本节采用经典交流变电站可靠性评估方法分析直流变电站的可靠性,具体包含以下三个步骤:首先,针对组件的可靠性数据进行建模;接下来计算相应的可靠性指标;最后,对变电站的故障率进行比较。

1. 组件可靠性建模

由于直流电网尚处于初级阶段,自阻型 DC-AC 逆变器和自阻型 DC-DC 变换器等组件的可靠性数据还无法获得。为实现系统可靠性对比评估,基于故障逻辑图,对 FTF 型全功率 DC-DC 变换器和基于直流断路器的 DC-AC 变换器单元的可靠性进行建模。根据可靠性理论,串联系统的等效故障率 λ_s 可计算为

$$\lambda_s = \sum_{i=1}^{n} \lambda_i \tag{4-5}$$

式中,λ_i 为第 i 个串联组件的平均故障率。平均故障恢复时间 T_r 可计算为

$$T_r = \frac{1}{\lambda_s} \sum_{i=1}^{n} \lambda_i t_i \tag{4-6}$$

式中,t_i 为第 i 个组件的故障恢复时间。

由于迄今为止最近的中压直流配电工程历史不足十年,为实现系统对比,以下基于直流输电中 DC-AC 变换器和直流断路器的可靠性数据对变电站拓扑进行对比。对于内部交流型变电站,DC-AC 变换器的故障率是 1.47 次/年,平均故障恢复时间为 4.23h。直流断路器的故障率是 0.075 次/年,平均故障恢复时间取为 3h。第 Ⅰ 类 DC-AC 单元由 DC-AC 变换器和直流断路器串联而成[图 4-4(a)],对应 DC-AC 模块的故障逻辑如图 4-11 所示。自阻型 DC-AC 模块的等效故障率和平均故障恢复时间分别为 1.47 次/年和 4.23h。

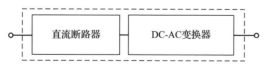

图 4-11 基于直流断路器的自阻型 DC-AC 模块的故障逻辑图

对于内部直流型和直流自阻型变电站,考虑采用 FTF 型全功率 DC-DC 变换器。相应故障逻辑图如图 4-12 所示。内部交流变压器的故障率是 0.024 次/年,平均故障恢复时间是 2160h。相应 DC-DC 变换器的总等效故障率和平均故障恢复时间分别是 2.82 次/年和 22.6h。

图 4-12　FTF 型全功率 DC-DC 变换器的故障逻辑图

在以上模型中，将各组件的故障类型作为整体进行考虑。根据故障的影响，故障类型可进一步分为主动式和被动式。如果故障仅涉及故障组件本身，则将其称为被动故障。如果该组件的故障触发了系统保护并导致其他正常组件退出运行，则将其称为主动故障。交流和直流母线处所有故障都是主动的。对于直流断路器和功率变换器，假定主动故障和被动故障发生的概率相同，相应主动故障概率（DC-AC 变换器的 p_{ac}、直流断路器的 p_{cb} 和 DC-DC 变换器的 p_{dc}）的大小为 0.5。在随后的敏感性分析中会详细讨论主动故障概率的影响。

此外，对于故障保护组件，考虑到发生故障时该组件出现拒动的可能，还需要引入除正常和故障以外的第三种状态——停滞（stuck）状态。假定未来直流系统中的交流断路器、直流断路器、容错型 DC-AC 变换器和容错型 DC-DC 变换器出现停滞状态的概率能达到与现有交流变电站的交流断路器相同的水平，即 p_s=0.06，相应变电站各组件的可靠性数据如表 4-3 所示。

表 4-3　直流变电站器的组件可靠性数据

组件	λ_a/(次/年)	λ_p/(次/年)	p_s	T_r/h
DC-AC（含直流断路器单元）变换器	$1.47p_{ac}$	$1.47(1-p_{ac})$	0.06	4.23
DC-DC（FTF）变换器	$2.82p_{dc}$	$2.82(1-p_{dc})$	0.06	22.6
交流断路器	0.05	0.05	0.06	12
交流母线	0.01	—	—	4
交流变压器	0.024	—	—	2160
直流断路器	$0.075p_{cb}$	$0.075(1-p_{cb})$	0.06	3
直流母线	0.012	—	—	10

注：λ_a 是主动故障概率；λ_p 是被动故障概率。

2. 可靠性指标计算

本节采用经典交流变电站的可靠性评估方法进行直流变电站可靠性评估。故障模式这里仅考虑一阶与二阶故障。

3. 结果对比

各直流变电站结构故障率计算结果如图 4-13 所示。

功率变换器的影响：总体而言，内部交流型变电站整体具有最低故障率。与之相比，由于含有 DC-DC 变换器和直流断路器，内部直流型变电站的故障率较高。直流自阻型变电站采用了集成了保护功能的 DC-DC 变换器,导致相应变电站拓扑可靠性降低,其故障率最高。

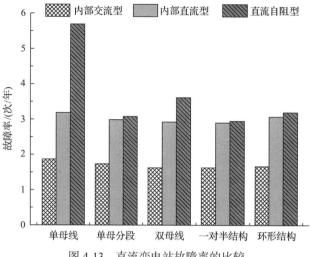

图 4-13　直流变电站故障率的比较

系统结构的影响:对于内部交流型和内部直流型变电站,单母线结构具有最高故障率。从单母分段、环形结构、到一对半结构、双母线结构,系统可靠性逐渐提高,双母线结构具有最低故障率。该趋势与经典交流变电站一致。

为分析直流变电站组件主动故障概率对系统可靠性的影响,对上述系统主动故障率进行敏感性分析,结果如图 4-14 所示。随着组件主动故障概率(p_a)的增大,变电站的故障率增加。在所有变电站拓扑中,基于自阻型 DC-DC 变换器的变电站对主动故障概率最为敏感。因此,降低 DC-DC 变换器的主动故障概率将会成为提升直流自阻型变电站可靠性的重要设计目标。

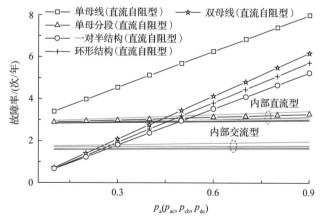

图 4-14　组件主动故障概率对变电站故障率影响的敏感性分析

4.4　互联直流系统运行目标与目标动态模型

4.4.1　互联系统控制目标

互联系统中，交流电网与分布式电源(以光伏电站为例)之间通过直流变电站实现能量交换，光伏电站与直流变电站之间是有实时的功率交换的。光伏电站既可以从直流变电站吸收功率也可以将多余的功率反馈给直流变电站，交流电网与光伏电站通过直流变电站可以有多种能量交换方式。系统控制的核心问题是要保证直流变电站电压稳定，设计系统控制目标时主要考虑以下运行需求[26-28]。

(1)控制直流母线功率平衡和电压稳定，始终保持直流母线电压的波动在额定电压±5%的范围内。

(2)在复杂源荷接入条件下，通过 VSC 的控制实现母线间灵活的能量变换。

(3)充分利用可再生能源，利用光伏发电系统和风机发电系统发出更多的电能。

(4)互联系统的控制目标覆盖多个时间尺度。其中，内部变换器单元的控制位于毫秒级，端口电压调节和端口功率分配的时间尺度位于 20～500ms。基于直流变电站外部特性，可以将相应接入端分为以下 3 类：①电压接入端，其端口电压由直流变电站负责调节；②电流/功率端，其端口电流/功率由直流变电站负责调节；③松弛端，用于直流变电站内部功率实时平衡。

而在直流变电站内部，则包含多组变换器和多个子节点。其中，与松弛端直接相连的内部子节点，其电压直接取决于接入端。对于其他子节点，直流变电站负责控制节点处电压(与频率)。

为实现包含多变换器单元的协调控制，本节主要介绍互联系统的层级控制策略。相对于多输入多输出集中控制，层级控制方便维护且便于未来的扩建。在层级控制结构下，直流变电站内部各个变换器工作在主模式或从模式，具有各自独立的控制目标。变换器单元工作模式与外部接入端之间的关系遵循以下原则。

(1)与功率/电流端相连的变换器都工作在从模式，用于功率/电流的调节。

(2)与松弛端相连的所有变换器中，至少有一个工作在主模式下，控制目标为子节点处电压(和交流频率)。

(3)每个子节点处只存在一个工作在主模式的变换器。

4.4.2　基本系统控制架构

基于以上规则，可以建立直流变电站外部接入端控制目标和内部变换器单元控制目标之间的联系。详细的环形结构直流变电站拓扑如图 4-15 所示，假设图 4-15

中直流电网 1(G1)是松弛端,直流电网 2(G2)是电流端,光伏电站 1(PV1)、光伏电站 2(PV2)是电压端,相应变换器的工作模式如下。

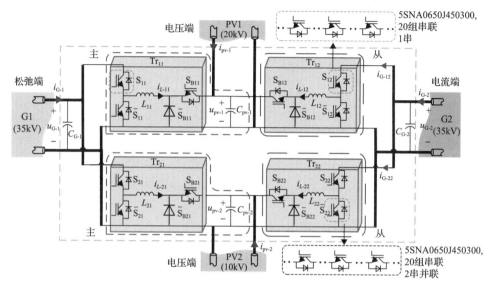

图 4-15 环形结构的直流变电站拓扑(单极)

S_{11} 和 $\overline{S}_{11}$ 表示两个对耦的开关,余同

(1)根据 4.4.1 节原则(1),Tr_{12} 和 Tr_{22} 都工作在从模式,负责功率/电流的调节。

(2)根据 4.4.1 节原则(2),Tr_{11} 和 Tr_{21} 中至少有一个工作在主模式下。

(3)根据 4.4.1 节原则(3),Tr_{11} 和 Tr_{21} 都工作在主模式下,因为它们分别是与子节点 N1 和 N2 唯一相连的变换器,分别负责子节点 N1 和 N2 处的电压调节。

如图 4-15 所示,该四端直流变电站分别与两个光伏电站和两个直流电网相连。假定直流电网 1 和直流电网 2 的端口电压均为 35kV,光伏电站 1 的端口电压为 20kV,光伏电站 2 的端口电压为 10kV,光伏电站和直流电网到直流变电站的距离均为 10km。

根据第 3 章中的分析结果,综合考虑系统成本、损耗和可靠性因素,采用基于环形结构的直流自阻型直流变电站。在 DC-DC 变换器层面,选取非反相 Buck-Boost 变换器。选取该变换器主要出于两方面因素考虑:首先,该变换器被视为最基本的具备直流故障阻断能力的变换器;其次,正常运行时,开关 $S_{Bij}(i=1, 2;\ j=1, 2)$ 一直闭合,该变换器等效为 Buck 电路,表现出最基本的二阶动态特性。包括 FTF 变换器在内的许多 DC-DC 变换器同样表现出与之相似的二阶动态特性。从而下面的分析方法能够方便地推广到一般性 DC-DC 变换器单元中。

变换器单元开关频率 f_{sw} 选择为 1.5kHz。系统电路参数如表 4-4 所示。对于给定的电压、电流等级,$Tr_{1j}(j=1,2)$ 和 $Tr_{2j}(j=1,2)$ 中每个换流阀都分别由 20 个 IGBT

（5SNA0650J450300，4.5kV，650A）串联，每个变换器单元都由一组换流阀或两组换流阀并联构成。

表 4-4　直流变电站电路参数

元件	取值	元件	取值
L_{11}、L_{12}	200mH	C_{pv-2}(10kV)	300μF
L_{21}、L_{22}	100mH	C_{G-1}、C_{G-2}(35kV)	600μF
C_{pv-1}(20kV)	100μF		

4.4.3　数学模型

1. 光伏电站接入端建模

在直流光伏电站中，正常情况下光伏接口变换器运行在 MPPT 模式。假设光伏电站控制系统具有良好的动态设计，可将其建模成恒功率源。与光伏电站相连的直流线路作为分布参数系统，可建模成多段 Π 型电路的等效[29-31]。相应直流光伏电站接入端的等效电路如图 4-16(a)所示。

在直流光伏电站和直流线路的连接点处，光伏电站 i 处输出电压 $u_{i,1}$ 和输出功率 P_{pv-i} 的关系如式(4-7)所示。第 n 段直流线路的模型如式(4-8)~式(4-10)所示。

$$\frac{\mathrm{d}u_{i,1}}{\mathrm{d}t} = \frac{2}{C_c}\left(\frac{P_{pv-i}}{u_{i,1}} - i_{i,1}\right) \tag{4-7}$$

$$\frac{\mathrm{d}i_{i,k}}{\mathrm{d}t} = (u_{i,k} - u_{i,k+1} - r_c i_{i,k})\frac{1}{L_c} \tag{4-8}$$

$$\frac{\mathrm{d}u_{i,k+1}}{\mathrm{d}t} = (i_{i,k} - i_{i,k+1})\frac{1}{C_c} \tag{4-9}$$

$$\frac{\mathrm{d}u_{pv-i}}{\mathrm{d}t} = (i_{i,n} - i_{i,n+1})\frac{2}{C_c} \tag{4-10}$$

式中，u_{pv-i} 为直流光伏电站 i 的端口电压；$i_{i,k}$ 和 $u_{i,k+1}$($k=1\sim n$)是与直流光伏电站 i（$i=1,2$）相连的直流线路的等效电路中的状态量；L_c、r_c 和 C_c 为直流线路的等效参数，如图 4-16(a)所示，C_c 为 0.22μF/km，r_c 为 19.5mΩ/km，L_c 为 0.2mH/km。给定的场景中电缆长度为 10km，随着等效线路 Π 段的数量的增加，光伏电站端的频率响应也会不同，相应结果如图 4-16(b)所示。

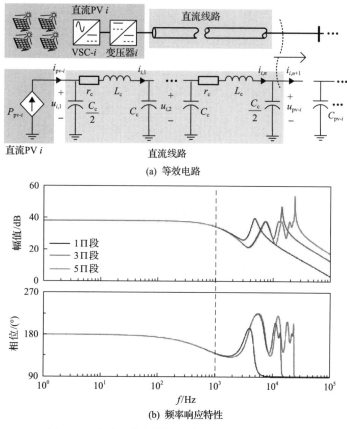

(a) 等效电路

(b) 频率响应特性

图 4-16　直流光伏电站接入端 i(i=1, 2)的等效模型

可见单 Π 段等效能够较为准确地描述 1000Hz 以下端口动态，相应相位偏差不超过 1°，幅值偏差小于 2dB。这对于本书中 100Hz 穿越频率、60°相位裕度的端口电压控制设计目标而言已经足够了。如果对控制带宽要求更高或直流线路线更长，可以采用更多 Π 段等效或采用含并联单元的 Π 型等效电路。

2. 直流电网接入端建模

在以下分析中，假设与直流变电站相连的中压直流电网足够坚强，能够消纳光伏电站所发出的功率，相应系统等效电源阻抗可以忽略不计。如图 4-17(a)所示，直流电网的等效视为理想直流电压源 u_j(j=1,2)。直流线路采用 Π 型等效电路进行建模。直流电网端电压 $u_{G\text{-}j}$ 与端口电流 $i_{j,n+1}$ 的关系如式(4-11)～式(4-14)所示：

$$\frac{\mathrm{d}i_{j,1}}{\mathrm{d}t} = (u_j - u_{j,1} - r_c i_{j,1})\frac{1}{L_c} \tag{4-11}$$

$$\frac{\mathrm{d}u_{j,k+1}}{\mathrm{d}t} = (i_{j,k} - i_{j,k+1})\frac{1}{C_\mathrm{c}} \tag{4-12}$$

$$\frac{\mathrm{d}i_{j,k}}{\mathrm{d}t} = (u_{j,k} - u_{j,k+1} - r_\mathrm{c}i_{j,k})\frac{1}{L_\mathrm{c}} \tag{4-13}$$

$$\frac{\mathrm{d}u_{\mathrm{G}\text{-}j}}{\mathrm{d}t} = (i_{j,n} - i_{j,n+1})\frac{2}{C_\mathrm{c}} \tag{4-14}$$

式中，$i_{j,k}$ 和 $u_{j,k+1}$ (k=1～n) 为与直流电网 j (j=1, 2) 相连的直流线路的等效状态变量；r_c、L_c 和 C_c 为等效电缆参数，如图 4-17(a) 所示，C_c 为 0.22μF/km，r_c 为 19.5mΩ/km，L_c 为 0.2mH/km。假定的场景中电缆长度为 10km，Π 段的数量不同，直流电网端的频率响应也不同，比较结果如图 4-17(b) 所示。

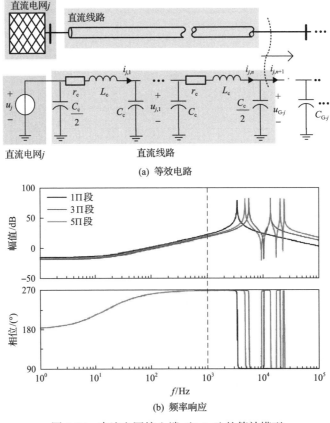

(a) 等效电路

(b) 频率响应

图 4-17　直流电网接入端 j (j=1, 2) 的等效模型

单 Π 电缆段就能准确描述 1000Hz 以下的端口动态。如果假定的带宽更高或

直流线路线更长，可以采用含更多 Π 段的等效电路或含并联单元的等效电路。

3. 直流变电站建模

根据所采用的内部变换器单元，可以将直流变电站拓扑分为基本的 3 类(内部交流型、内部直流型和直流自阻型)。正常运行期间，保护设备(断路器、自阻型变换器)所带来的拓扑差异可以忽略，系统等效电路如图 4-18 所示。

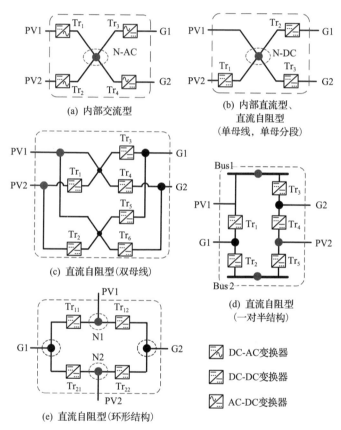

(a) 内部交流型

(b) 内部直流型、
直流自阻型
(单母线，单母分段)

(c) 直流自阻型(双母线)

(d) 直流自阻型
(一对半结构)

DC-AC变换器

DC-DC变换器

AC-DC变换器

(e) 直流自阻型(环形结构)

图 4-18   直流变电站等效电路

在图 4-18(a)中，内部交流型直流变电站内部各变换器具有相同的等效电路。各接入端口都需要经 DC-AC 变换，在内部交流子节点 N-AC 处实现电能汇集与分配。内部直流型直流变电站如图 4-18(b)所示。其中通过 DC-DC 变换器实现电压变换。与交流子节点 N-AC 对偶，来自所有端口的功率都在内部直流子节点 N-DC 处汇集与分配。在直流自阻型直流变电站中，DC-DC 变换器需要同时实现电能变换与故障隔离功能。如图 4-18(b)所示，单母线和单母分段接线的直流自阻型直流变电站的等效电路与内部直流型直流变电站相似。而对于双母线、一对半结构和环形结构的直流自阻型直流变电站,其内部存在多个子节点,如图 4-18(c)~(e) 所示。

虽然以上三种直流变电站具有不同拓扑结构,但它们内部都至少有一个子节点(如图 4-18(a) 中的 N-AC 和图 4-18(b) 中的 N-DC)以及多个与子节点相连的单输入单输出电力电子变换器。直流变电站的首要控制目标是调节内部子节点处直流或交流状态量。此外,直流变电站也需要实现外部端口处电压调节和功率分配。如何建立内部控制目标与外部控制目标之间的联系是直流变电站控制设计的关键。

在直流变电站内部,对于连接光伏电站 i(i=1,2)和直流电网 j(j=1,2)的 DC-DC 变换器 Tr_{ij},其电感电流 $i_{L\text{-}ij}$ 如下:

$$\frac{\mathrm{d}i_{L\text{-}ij}}{\mathrm{d}t} = \frac{1}{L_{ij}}(d_{ij}u_{G\text{-}j} - u_{\text{pv-}i}) \tag{4-15}$$

式中,L_{ij} 和 $i_{L\text{-}ij}$ 分别为对应变换器单元内的电感和电感电流;d_{ij} 为变换器 Tr_{ij}(i=1, 2;j=1, 2)中开关 S_{ij} 的占空比;$u_{\text{pv-}i}$ 和 $u_{G\text{-}j}$ 分别为直流光伏电站 i 和直流电网 j 处端口电压。

在光伏电站 i 和直流变电站连接处,光伏电站 i 的端口电压 $u_{\text{pv-}i}$(i=1, 2)与端口电流 $i_{\text{pv-}i}$(i=1, 2)的关系如下:

$$\frac{\mathrm{d}u_{\text{pv-}i}}{\mathrm{d}t} = \frac{1}{C_{\text{pv-}i} + C_c/2}(i_{\text{pv-}i} + i_{L\text{-}i1} + i_{L\text{-}i2}) \tag{4-16}$$

在直流电网 j 和直流变电站连接处,直流电网 j 处端口电压 $u_{G\text{-}j}$(j=1, 2)与端口电流 $i_{G\text{-}j}$(j=1, 2)的关系如下:

$$\frac{\mathrm{d}u_{G\text{-}j}}{\mathrm{d}t} = \frac{1}{C_{G\text{-}j} + C_c/2}\left(i_{G\text{-}j} - \sum_k d_{ij}i_{L\text{-}ij}\right) \tag{4-17}$$

基于以上动态模型,下面对互联配电系统的控制设计进行分析。

4.5　互联配电系统层级控制

为同时实现多时间尺度下多端口电压调节和功率分配等控制目标,本节主要介绍层级控制策略[32-35],其控制结构如图 4-19 所示。

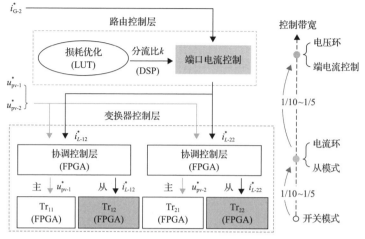

图 4-19　直流变电站两级式层级控制

4.5.1　变换器控制层

第一级控制层由直流变电站内部变换器单元的控制构成。其中，Tr_{11} 和 Tr_{21} 工作在主模式下，用于光伏电站端口的电压调节。Tr_{12} 和 Tr_{22} 工作在从模式下，用于直流变电站内部功率流的调节。假设直流电网足够坚强，光伏电站发出功率的波动对直流电网电压的扰动可以忽略。因此，图 4-15 所示的互联配电系统可以在直流电网 1、2 接入点处解耦。相应地，与光伏电站 1 相连的变换器 Tr_{11}、Tr_{12} 和与光伏电站 2 相连的变换器 Tr_{21}、Tr_{22} 能够分别独立设计。

1. 主模式变换器控制

以光伏电站 1 处变换器 Tr_{11} 和 Tr_{12} 控制为例，对于主模式下的变换器 Tr_{11}，采用经典的级联控制，包括内部电流环和外部电压环。在外部电压环，由式(4-7)～式(4-10)和式(4-11)～式(4-14)可以推导出光伏电站端口电压 $u_{pv\text{-}1}$ 与电感电流 $i_{L\text{-}11}$ 的关系如式(4-18)所示。

$$\tilde{u}_{pv\text{-}1}(s) = \underbrace{H_{ui}(s)\tilde{i}_{L\text{-}11}(s)}_{\text{电压环}} + \underbrace{H_{ui}(s)\tilde{i}_{L\text{-}12}(s)}_{\text{从模式变换器扰动}} + \underbrace{H_{u\text{-}pv}(s)\tilde{P}_{pv\text{-}1}(s)}_{\text{光伏电站扰动}} \tag{4-18}$$

式中，"~"表示扰动项；$H_{ui}(s)$ 为电压环传递函数；$H_{u\text{-}pv}$ 为光伏电站扰动传递函数。在层级控制中，将从模式的变换器电流 $i_{L\text{-}12}$ 和光伏电站 1 的输出功率 $P_{pv\text{-}1}$ 的波动视为外部扰动。

光伏电站端口电压 $u_{pv\text{-}1}$ 与内部电感电流 $i_{L\text{-}11}$ 之间的传递函数如式(4-19)所示。

$$H_{ui}(s) = \frac{1}{\left(\dfrac{C_c}{2} + C_{pv\text{-}1}\right)s + \dfrac{1}{H_{pv\text{-}1}(s)}} \tag{4-19}$$

式中，$H_{pv\text{-}1}(s)$ 代表光伏电站端口电压 $u_{pv\text{-}1}$ 与端口电流 $i_{pv\text{-}1}$ 之间的关系，由式(4-20)给出：

$$H_{pv\text{-}1}(s) = -\frac{\tilde{u}_{pv\text{-}1}(s)}{\tilde{i}_{pv\text{-}1}(s)} = (L_c s + r_c) + \frac{1}{\dfrac{C_c}{2}s + \dfrac{P_{pv\text{-}1}}{u_{1,1}^2}} \qquad (4\text{-}20)$$

在内部电流环，基于式(4-7)～式(4-10)和式(4-11)～式(4-14)可以推导出电感电流 $i_{L\text{-}11}$ 的变化量，如式(4-21)所示。在层级控制中，将来自从模式变换器的电流 $i_{L\text{-}12}$ 的变化视为扰动。此外，将光伏电站 1 处输出功率 $P_{pv\text{-}1}$ 和直流电网 1 处电压 $u_{G\text{-}1}$ 的变化也视为扰动。

$$\tilde{i}_{L\text{-}11}(s) = \underbrace{H_{id}(s)\tilde{d}_{11}(s)}_{\text{电流环}} + \underbrace{H_{i\text{-}i_L}(s)\tilde{i}_{L\text{-}12}(s)}_{\text{从模式变换器扰动}} + \underbrace{H_{i\text{-}pv}(s)\tilde{P}_{pv\text{-}1}}_{\text{光伏电站扰动}} + \underbrace{H_{i\text{-}G}(s)\tilde{u}_{G\text{-}1}(s)}_{\text{直流电网扰动}} \qquad (4\text{-}21)$$

式中，$H_{i\text{-}i_L}(s)$、$H_{i\text{-}pv}(s)$、$H_{i\text{-}G}(s)$ 分别为从模式变换器扰动、光伏电站扰动、直流电网扰动的传递函数；$H_{id}(s)$ 为电流环的传递函数，由式(4-22)给出：

$$H_{id}(s) = \frac{U_{G\text{-}1}(s)}{L_{11}s + H_{ui}(s)} \qquad (4\text{-}22)$$

式中，$U_{G\text{-}1}(s)$ 为直流电网输出电压的传递函数。

直流电压是直流系统实时功率平衡的关键指标。为实现快速电压调节，要求电流环的穿越频率设计为开关频率的 $110\sim15$，外部电压环设计为内部电流环穿越频率的 $110\sim15$，本书中内部电流环的穿越频率设计为开关频率的 1/6，相位裕度设计为 60°；外部电压环设计为内部电流环穿越频率的 1/5，相位裕度设计为 60°。图 4-20 所示为补偿前后主模式变换器 Tr_{11}、Tr_{21} 的频率响应特性。

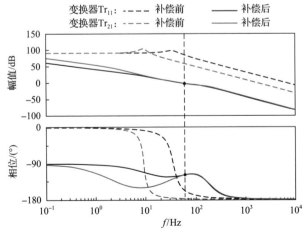

图 4-20　主模式变换器 Tr_{11}、Tr_{21} 补偿前后频率响应

可见，式(4-18)～式(4-22)给出的传递函数能够较为准确地描述变换器动态特性。相应闭环控制器能够获得目标截止频率和相位裕度。

2. 从模式变换器控制

对于工作在从模式的 Tr_{12}，假设光伏电站 1 处电压 u_{pv-1} 由主模式变换器稳定控制。从式(4-22)可得出变换器电流 i_{L-12} 和控制变量 d_{12} 之间的关系，如式(4-23)所示。其中，将光伏电站 1 和直流电网 2 处电压变化视为外部扰动。

$$\tilde{i}_{L\text{-}12}(s) = \underbrace{H_{sd}(s)\tilde{d}_{12}(s)}_{\text{从模式}} + \underbrace{H_{s\text{-}pv}(s)\tilde{u}_{pv\text{-}1}(s)}_{\text{光伏电站扰动}} + \underbrace{H_{s\text{-}G}(s)\tilde{u}_{G\text{-}2}(s)}_{\text{直流电网扰动}} \tag{4-23}$$

式中，$H_{sd}(s)$ 为从模式变换器的传递函数，相应表示为

$$H_{sd}(s) = \frac{U_{G\text{-}2}}{L_{12}s} \tag{4-24}$$

基于从模式变换器的传递函数 $H_{sd}(s)$，目标穿越频率为 f_0，相位裕度为 60° 的从模式 PI 控制器参数为

$$k_p = \frac{\sqrt{3}k_i}{2\pi f_0}, \quad k_i = \frac{L(2\pi f_0)^2}{2U_g} \tag{4-25}$$

穿越频率 f_0 的选择与端口电流控制带宽有关，这将在 4.5.2 节中进行讨论。综上，基于式(4-20)～式(4-25)，变换器 Tr_{11} 和 Tr_{12} 的模型以及相应控制的框图如图 4-21 所示。

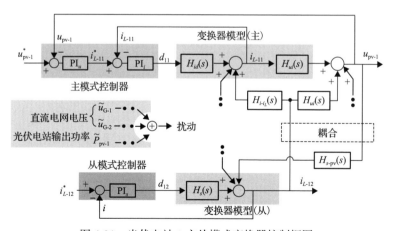

图 4-21　光伏电站 1 主从模式变换器控制框图

4.5.2　路由控制层

在给定端口电流参考值下，环形结构直流变电站内部存在多条功率路径。这为路由器内部功率路径优化提供了自由度。当选取优化目标为变电站总损耗 P_{loss} 时，相应直流变电站功率分布等效于求解式(4-26)所给出的优化问题。

$$\min P_{loss}$$

$$\text{s.t.} \begin{cases} P_{loss} = \sum_{i=1}^{2} \sum_{j=1}^{2} P_{Tr-ij} \\ P_{Tr-ij} = a_{ij} i_{L-ij}^2 + b_{ij} \left| i_{L-ij} \right| + c_{ij} \\ \sum_{j=1,2} i_{L-1j} = i_{pv-1}, \quad \sum_{j=1,2} i_{L-2j} = i_{pv-2} \\ \dfrac{u_{pv-1}}{u_{G-2}} i_{L-12} + \dfrac{u_{pv-2}}{u_{G-2}} i_{L-22} = I_{G-2}^* \\ \left| I_{L-ij} \right| \leqslant I_{max-ij} \end{cases} \quad (4\text{-}26)$$

式中，P_{Tr-ij} 为 DC-DC 变换器 Tr_{ij} 处的功率损耗，P_{Tr-ij} 与变换器电感电流 i_{L-ij} 之间近似呈现二次关系；a_{ij} 为等效串联电阻；b_{ij} 为等效串联电压源；c_{ij} 为与损耗相关的常数项；I_{G-2}^* 为计算得到的电流指令值。式(4-26)最后一个公式表示变换器电感电流值不能大于设定的最大值，是一种保护措施。该损耗模型可以由电路元件损耗模型得出，或基于实际测量的损耗数据拟合得出。

式(4-26)的优化结果是从模式下变换器电流 i_{L-12}、i_{L-22} 之间的分流比 k。

在 MATLAB/Simulink 中对上述直流变电站控制策略进行仿真验证。直流变电站参数与表 4-4 相一致。基于数据手册可以得出相应变换器损耗模型，这里开关选取 IGBT 开关(5SNA0650J450300)串并联组成，如图 4-15 所示，对应式(4-26)中变换器 Tr_{11}、Tr_{12} 损耗模型参数为 $a=5.7\times10^{-3}$，$b=142$，$c=1.8\times10^4$，变换器 Tr_{21}、Tr_{22} 损耗模型参数为 $a=0.013$，$b=218$，$c=1.8\times10^4$。

为验证直流变电站电压调节和功率分配能力，在 $t_1=0.5s$ 和 $t_2=0.7s$ 时，光伏电站 1 和光伏电站 2 输出功率分别增加，相应光伏电站侧线路电流 i_{pv-1}、i_{pv-2} 如图 4-22(a)所示。在上述过程中光伏电站 1 侧电压 u_{pv-1} 和光伏电站 2 侧电压 u_{pv-2} 分别稳定控制在 20kV 和 10kV。直流电网 2 端口电流 i_{G-2} 一直控制在 0A。由于功率平衡，可以观测到松弛端直流电网 1 端口电流 i_{G-1} 随光伏电站 1、2 输出功率而变化。

在 $t_3=1.0s$ 时，电网电流指令 i_{G-2} 从 0A 下降到–100A。由于功率平衡，可以

观察到 $i_{G\text{-}1}$ 同时增加。依据查找表(LUT)，当 $i_{G\text{-}2}$=−50A 时，分流比 k 从 0.5 变为 0.83。作为对比，图 4-22(d)所示为直流电路在固定分流比 k=0.5 时功率损耗 P_{eq} 和基于 LUT 的系统功率损耗 P_{op}。可见，通过损耗优化算法能够显著降低直流变电站总损耗。上述损耗优化功能在端口电流指令值较大时效果更为明显。

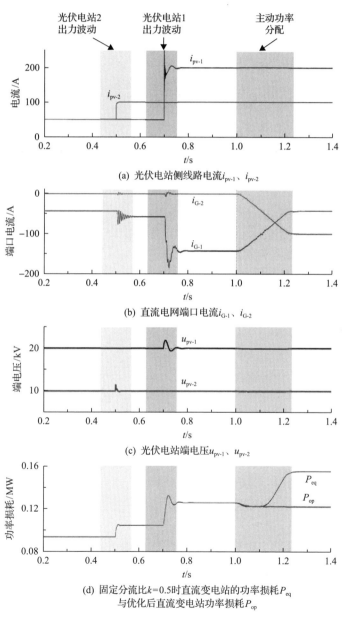

(a) 光伏电站侧线路电流 $i_{pv\text{-}1}$、$i_{pv\text{-}2}$

(b) 直流电网端口电流 $i_{G\text{-}1}$、$i_{G\text{-}2}$

(c) 光伏电站端电压 $u_{pv\text{-}1}$、$u_{pv\text{-}2}$

(d) 固定分流比 k=0.5时直流变电站的功率损耗 P_{eq}
与优化后直流变电站功率损耗 P_{op}

图 4-22　直流变电站的运行

4.5.3　层级控制与集中控制的比较

电力系统通常采取的是集中控制的系统结构，这就要求控制中心从多路远处采集数据，当故障发生时，控制中心将难以在短时间内对故障实施及时、有效地干预。为了更好地理解直流变电站的运行特性，本节将对所提出的层级控制策略与集中控制进行对比分析。

如果忽略光伏电站出力波动和直流电网电压的扰动，可以得到直流变电站的一般化线性系统模型，如式(4-27)所示。其中，A_s、B_s 和 C_s 是状态空间矩阵，x_s 是直流变电站的状态向量，d_s 是占空比组成的控制向量，y_s 是直流变电站输出向量。状态空间矩阵和状态向量、控制向量、输出向量均与直流变电站的运行状态 s 有关。其中，$s=1$ 代表正常运行，$s=2\sim n$ 代表故障后状态。

$$\begin{cases} \dot{x}_s(t) = A_s x_s(t) + B_s d_s(t) \\ y_s(t) = C_s x_s(t) \end{cases} \tag{4-27}$$

为了保证以下讨论的一般性，假设采用线性控制器 K_s（根据运行状态 s 取值范围为 $1\sim n$）实现闭环控制，相应集中控制框图如图 4-23 所示。所有反馈的信息都经集中控制器 K_s 生成相关的占空比向量 d_s。控制输出如式(4-28)所示。

$$d_s(t) = K_s x_s(t) \tag{4-28}$$

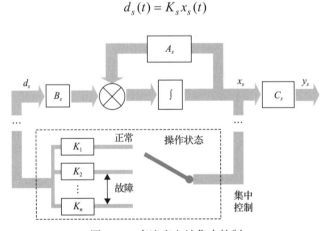

图 4-23　直流变电站集中控制

1. 集中控制的优势

采用集中控制时，综合考虑了直流变电站内部所有耦合关系。因此，理论上集中控制可以达到最优的性能。这里的优化目标可以是鲁棒性、动态恢复时间或者其他控制目标。与之相比，层级控制中将主、从模式变换器之间的相互影响视作扰动。由于动态模型的简化，层级控制下系统性能不是最优的。

从直观电路上解释，考虑图 4-15 中光伏电站 1 处电压 $u_{\text{pv-1}}$ 的控制。在层级控制方式下，只有主模式变换器 Tr_{11} 负责电压调节。而在集中控制下，没有主、从模式之分，Tr_{11} 和 Tr_{12} 都能参与到电压 $u_{\text{pv-1}}$ 的控制中来，从而系统控制性能可以得到提高。

2. 集中控制的缺点

尽管集中控制具备上述优势，但在直流变电站中仍建议使用层级控制，原因如下[36,37]。

1) 集中控制不便于控制调试与实际应用

作为一个多变换器系统，构成直流变电站的变换器可能来自不同的供应商。而只有当所有变换器都制造完成并完成组装后，才能进行集中控制的实际调试。即使假定工程进度和技术隐私方面不存在问题，设计多端口直流变电站的集中控制依然并非易事。以下以图 4-15 中的环形结构直流变电站为例，说明相应集中控制设计。

为实现零稳态误差，引入光伏电站电压偏差的积分项 $u_{\text{int-pv1}}$、$u_{\text{int-pv2}}$ 和电网端口电流偏差的积分项 $i_{\text{int-}iG2}$，如式 (4-29) 所示。

$$\begin{cases} u_{\text{err-pv1}}(t) = u_{\text{pv-1}}^{*}(t) - u_{\text{pv-1}}(t), & u_{\text{int-pv1}}(t) = \int u_{\text{err-pv1}}(t)\mathrm{d}t \\ u_{\text{err-pv2}}(t) = u_{\text{pv-2}}^{*}(t) - u_{\text{pv-2}}(t), & u_{\text{int-pv2}}(t) = \int u_{\text{err-pv2}}(t)\mathrm{d}t \\ i_{\text{err-}iG2}(t) = i_{\text{G-2}}^{*}(t) - i_{\text{G-2}}(t), & i_{\text{int-}iG2}(t) = \int i_{\text{err-}iG2}(t)\mathrm{d}t \end{cases} \tag{4-29}$$

为实现变换器 Tr_{12} 和 Tr_{22} 之间的功率分配，引入变换器电感电流的积分和 $i_{\text{int-}iG2}$ 的积分，如式 (4-30) 所示。

$$\begin{cases} i_{\text{int-}L12}(t) = \int i_{L\text{-}12}(t)\mathrm{d}t \\ i_{\text{int-}L22}(t) = \int i_{L\text{-}22}(t)\mathrm{d}t \\ i_{\text{int-int-}iG2}(t) = \int i_{\text{int-}iG2}(t)\mathrm{d}t \end{cases} \tag{4-30}$$

相应系统的状态向量 x_1 如式 (4-31) 所示。对于所定义的状态向量 x_1，正常运行 ($s=1$) 时，状态空间矩阵 A_s 的维数达到了 20×20。设计这样一个高阶系统的控制并不容易。如果直流变电站端口数量增加，矩阵的维数也会随之增加。由于矩阵中并不能清楚地反映各变量背后的物理含义，基于抽象矩阵的控制设计会给设计者和实际操作人员带来一定的困难。

$$x_1 = \left[u_{11}, i_{11}, u_{\text{err-pv1}}, u_{\text{int-pv1}}, u_{21}, i_{21}, u_{\text{err-pv2}}, u_{\text{int-pv2}}, i_{G\text{-}1}, u_{G\text{-}1}, \right.$$
$$\left. i_{\text{err-}iG2}, u_{G\text{-}2}, i_{\text{int-}iG2}, i_{L\text{-}11}, i_{L\text{-}12}, i_{L\text{-}21}, i_{L\text{-}22}, i_{\text{int-}L12}, i_{\text{int-}L22}, i_{\text{int-int-}iG2} \right]^{\mathrm{T}} \tag{4-31}$$

与之相比,在层级控制中清楚地定义了变换器主、从工作模式。在设计和制造阶段能够实现变换器的独立测试,便于标准化设计。在控制设计中只涉及工程师更熟悉的单输入单输出控制。此外,变换器工作模式的定义和第一/第二层控制与物理电路紧密相关,因此更易于理解和实际操作。

2)集中控制对控制硬件要求较高

如图 4-23 所示,集中控制时,中央控制器收集并处理所有的反馈信号。所有反馈通道中数据的处理速度都同样重要,因此需要一个具备多通道快速数据处理能力的数字控制器。

与之相比,在层级控制中可以采用分布式控制器。运行在主模式和从模式下的变换器可以各自采用独立的控制器。在控制层的第二层,控制带宽要求更低,因此可以采用数据处理速度较慢的控制器。

3)集中控制涉及更多复杂的故障管理

直流变电站作为一个多变换器系统,其中一个重要的运行目标就是要保证单个变换器的故障不至于引起整个系统的崩溃。如果采用集中控制,假设变换器 Tr_{ij} 故障,相关的故障处理逻辑如图 4-24(a)所示。一旦检测到故障,Tr_{ij} 的开关信号就会被闭锁。这导致直流变电站状态空间矩阵发生变化。因此,需要基于故障后

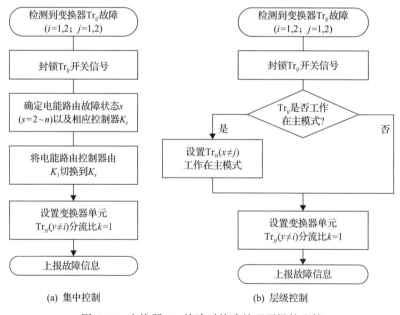

(a) 集中控制　　　　　　　　(b) 层级控制

图 4-24　变换器 Tr_{ij} 故障时故障处理逻辑的比较

的状态 $s(s=2\sim n)$，重新设计另一套控制参数 K_s。工作状态的总数 n 面临着"组合爆炸"的问题。以环形结构直流变电站为例，此时 $n=16$，即需要配备 16 套控制参数。一旦检测到故障后，直流变电站控制参数会从之前的控制参数 K_1 切换到控制参数 $K_s(s=2\sim n)$。这又涉及一个控制器无扰切换问题，需要单独的设计和测试。此外集中控制中参数的变化会同时影响到每个直流变电站端口。

与集中控制相比，层级控制下系统故障管理能够得到简化。如图 4-24(b)所示，如果从模式变换器发生故障，只有与之相连的电流/功率端会受到影响，主模式变换器维持运行。如果主模式变换器发生故障，连接在同一子节点上的正常变换器会切换到主模式，实现电压调节功能，而其他变换器维持正常工作。表 4-5 所示为直流变电站集中控制与层级控制从多种角度比较的结果。

表 4-5　直流变电站集中控制与层级控制的比较结果

比较项目	集中控制	层级控制
控制性能	理论上可以实现最优的控制性能	控制性能不是最优的
设计与操作难度	多变量集中控制增大了理解和操作难度	与物理电路关系紧密且操作更容易
控制硬件的要求	需要高性能中央控制器	可以采用分布式控制器
变换器故障管理	故障后需要重新改变集中控制策略，使得整个系统都将受到影响	只需要改变相关变换器的控制方法，影响范围有限
未来扩建	每次扩建都需要重新设计控制策略	只需重新设计相关的第二层控制策略

4.6　互联配电系统实证研究

为验证所提出的直流变电站拓扑及其层级控制策略的可行性，本书构建了一个小型化的实验用直流电网。该直流电网中直流变电站原理样机如图 4-25(a)所示。直流变电站拓扑与分布式控制器实现如图 4-25(b)所示。相应直流电网系统参数与直流变电站电路参数如表 4-6 所示。

直流电网 1 和直流电网 2 接入端电压均为 ±400V。光伏电站 1 和光伏电站 2 接入端电压分别为 ±300V 和 ±150V。如图 4-25(b)所示，基于分布式控制器平台[由 DSP(数字信号处理器)和 FPGA(可编程逻辑门阵列)组成]实现图 4-19 所示的层级控制策略。路由节点内部变换器单元开关频率 f_{sw} 选为 6kHz。相应地，第一层控制中的主模式变换器电流环和从模式变换器控制带宽设计在 600Hz($f_{sw}/10$)左右。第二层控制中的主模式变换器电压环和端口电流控制带宽设计为 60Hz($f_{sw}/100$)左右。

(a) 直流变电站原理样机

(b) 基于分布式控制器实现层级控制策略

图 4-25 直流变电站原理样机及控制

表 4-6 直流电网系统参数与直流变电站电路参数

参数		数值
直流电网系统	光伏电站 1 接入端电压 $u_{pv\text{-}1}$	$\pm300V$
	光伏电站 2 接入端电压 $u_{pv\text{-}2}$	$\pm150V$
	直流电网 1 接入端电压 $u_{G\text{-}1}$	$\pm400V$
	直流电网 2 接入端电压 $u_{G\text{-}2}$	$\pm400V$
	L_{line1}、L_{line2}、L_{line3}、L_{line4}	$10\mu H$
	r_{line1}、r_{line2}、r_{line3}、r_{line4}	$10m\Omega$
直流变电站电路	开关频率 f_{sw}	6kHz
	变换器电感 L_{11}、L_{12}	0.6mH
	变换器电感 L_{21}、L_{22}	0.3mH
	变换器电容 $C_{pv\text{-}1}$、$C_{pv\text{-}2}$	1mF
	变换器电容 $C_{G\text{-}1}$、$C_{G\text{-}2}$	1mF

4.6.1 直流变电站启动

直流变电站的启动过程如图4-26所示。首先经预充电回路向直流电网端充电。直流电网接入端电压 u_{G-1} 和 u_{G-2} 达到 400V 以后主模式变换器 Tr_{11}、Tr_{21} 以 12V/s 的斜率调整光伏电站接入端电压 u_{pv-1}、u_{pv-2} 至 300V 和 150V。在此期间，直流电网 2 端口电流参考值 i_{G-2} 设定为 0A。如图 4-26 所示，在整个过程中，光伏电站接入端电压 u_{pv-1}、u_{pv-2} 维持良好调节。

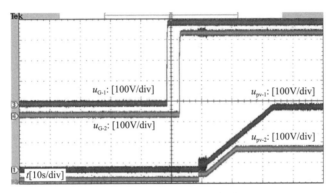

图 4-26 直流变电站的启动

4.6.2 输入光伏电站端的功率变化

光伏电站功率波动条件下，直流变电站的运行情况如图 4-27 所示。设直流电网 1 端为松弛端，直流电网 2 接入端为电流端，且控制端口电流 i_{G-2} 为 10A。在 t_1 和 t_2 时刻，来自光伏电站 1 和光伏电站 2 的输入功率分别增加，相应松弛端电流 i_{G-1} 随之变化。在上述过程中，光伏电站端电压 u_{pv-1}、u_{pv-2} 以及直流电网 2 端口电流 i_{G-2} 维持恒定。

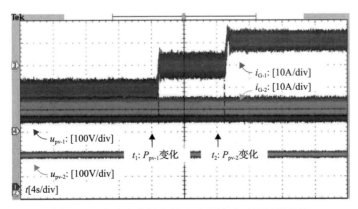

图 4-27 直流变电站在输入功率波动时的运行特性

4.6.3 直流端口功率分配

图 4-28 所示为基于直流变电站实现直流电网之间的功率分配。在 t_1 时刻,电流 i_{G-2} 以 4A/s 的斜率从 0A 增加至 8A。由于功率平衡,可以观察到 i_{G-1} 随之减小。在上述功率分配过程中,光伏电站端电压 u_{pv-1}、u_{pv-2} 和电网端口电流 i_{G-2} 维持良好调节,验证了电压调节和功率分配的多目标控制。

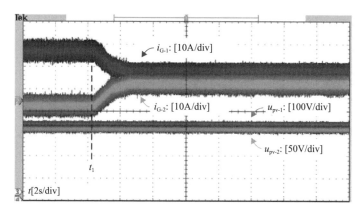

图 4-28　基于直流变电站实现直流电网之间的功率分配

4.6.4 损耗优化

为验证直流变电站损耗优化功能,将计算好的最优功率分配比以查找表形式存放在 DSP 中。在光伏电站输入端电流 i_{pv-1}=30A、i_{pv-2}=60A 时测量直流变电站系统损耗。图 4-29 所示为不同直流电网端口电流 i_{G-2} 运行条件下,固定分流比(k=0.5)与含系统损耗优化单元时直流变电站功率损耗的对比。可以看出采用优化算法能

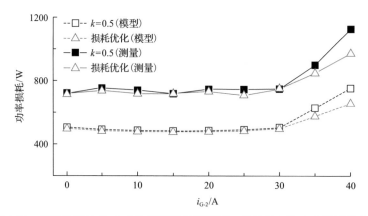

图 4-29　固定分流比(k=0.5)和损耗优化情况下,直流变电站功率损耗的比较

降低系统总功率损耗，上述效果在 i_{G-2} 值较高时更为明显。实际测得的损耗与模型计算之间的偏差主要是因为在损耗模型中忽略了损耗常数项，而常数项并不影响损耗优化所得分流比。

4.7　本章小结

与经典的交流变电站相对应，本章提出了三类直流变电站，即内部交流型、内部直流型和直流自阻型。为了分析不同的电能转换技术和系统结构对变电站运行的影响，从成本、损耗和可靠性三个方面对提出的拓扑结构进行了比较。主要结论如下：

变换器的影响：基于 DC-AC 变换器的内部交流型直流变电站具有最高系统可靠性，系统成本和功率损耗总体较低。与之相比，内部直流型直流变电站的运行性能很大程度上依赖于所采用的 DC-DC 变换器。基于 FTF 型全功率 DC-DC 变换器的内部直流型直流变电站的系统成本和功率损耗显著高于内部交流型直流变电站。可以通过采用直流自耦变压器降低系统成本与损耗。对于直流自阻型直流变电站，基于 DC-DC 变换器本身实现直流故障隔离能力，相应与直流断路器有关的系统成本和功率损耗将会降低，但同时集成化的设计会导致变电站可靠性降低。

系统结构的影响：与经典交流变电站类似，从单母分段、环形结构、到一对半结构、双母线结构，内部交流型和内部直流型变电站的可靠性逐渐提升，而系统成本也随之增加。

对于直流自阻型直流变电站，由于自阻型 DC-DC 变换器同时集成了故障保护功能与电压变换功能，双母线结构反而会有更高的故障率。此外，直流自阻型直流变电站对主动故障更敏感。通过降低自阻型 DC-DC 变换器的主动故障率可以有效提升直流自阻型直流变电站的可靠性。

上述分析的局限性：由于直流配电系统尚处于初始发展阶段，在可靠性比较中仅限于 FTF 型全功率 DC-DC 变换器和基于直流断路器保护的 VSC 逆变器。在获得直流自耦变压器、自阻型 VSC 等设备的长期运行数据后，基于本章提出的方法可以对相应系统的可靠性进行分析。

基于上述电路，本章提出了适用于直流配电系统的两级式层级控制策略，用于同时实现端口电压调节与功率分配。两个控制层级分别是指变换器控制层和路由控制层。

在变换器控制层，为了实现快速电压调节，设计了运行在主模式下的变换器单元控制。为调节直流变电站内部潮流分配调节，设计了运行在从模式下的变换器单元控制。在路由控制层，基于多组从模式变换器，实现端口电流主动分配。同时，以直流变电站总体效率为目标，对系统功率损耗进行优化。变换器控制层与路由控制层响应带宽由直流变电站系统运行中的解耦设计目标所决定。

　　通过数值仿真对所提出的层级控制进行了理论验证，并将其与集中控制进行对比分析。与集中控制相比，所提出的层级控制具有操作灵活、变换器单元故障管理更灵活的优点。基于分布式控制器，搭建相应直流变电站原理样机，验证了所提出的层级控制策略的可行性。

参 考 文 献

[1] 施刚, 王志冰, 曹远志, 等. 适用于高压直流传输的海上直流风电场内网拓扑的比较分析[J]. 电网技术, 2014, 38(11): 3059-3064.

[2] Ma J J, Zhu M, Cai X, et al. DC substation for DC grid-Part I: Comparative evaluation of DC substation configurations[J]. IEEE Transactions on Power Electronics, 2019, 34(10): 9719-9731.

[3] Ma J J, Zhu M, Cai X, et al. DC substation for DC grid-Part II: Hierarchical control strategy and verifications[J]. IEEE Transactions on Power Electronics, 2019, 34(9): 8682-8696.

[4] 盛万兴, 李蕊, 李跃, 等. 直流配电压等级序列与典型网络架构初探[J]. 中国电机工程学报, 2016, 36(13): 3358, 3391-3403.

[5] 马钊, 焦在滨, 李蕊. 直流配电网络架构与关键技术[J]. 电网技术, 2017, 41(10): 3348-3357.

[6] 盛万兴, 段青, 孟晓丽, 等. 电力电子化进程下的交直流无缝混合灵活配电系统研究[J]. 中国电机工程学报, 2017, 37(7): 1877-1889.

[7] 刘海涛, 熊雄, 季宇, 等. 直流配电下多微网系统集群控制研究[J]. 中国电机工程学报, 2019, 39(24): 7159-7167.

[8] 索之闻, 李庚银, 迟永宁, 等. 适用于海上风电的多端口直流变电站及其主从控制策略[J]. 电力系统自动化, 2015, 39(11): 16-23.

[9] 杨仁炘, 孙长江, 蔡旭, 等. 应用于海上直流风场的模块化多电平多端口直流变电站拓扑探究[J]. 中国电机工程学报, 2016, 36(S1): 61-68.

[10] 雍静, 徐欣, 曾礼强, 等. 低压直流供电系统研究综述[J]. 中国电机工程学报, 2013, 33(7): 20, 42-52.

[11] 赵彪, 宋强, 刘文华, 等. 用于柔性直流配电的高频链直流固态变压器[J]. 中国电机工程学报, 2014, 34(25): 4294-4303.

[12] Song Q. A modular multilevel converter integrated with DC circuit breaker[J]. IEEE Transactions on Power Delivery, 2018, 33(5): 2502-2512.

[13] Nami A, Liang J, Dijkhuizen F, et al. Modular multilevel converters for HVDC applications: Review on converter cells and functionalities[J]. IEEE Transactions on Power Electronics, 2015, 30(1): 18-36.

[14] Merlin M, Green T, Mitcheson P, et al. The alternate arm converter: A new hybrid multilevel converter with DC-fault blocking capability[J]. IEEE Transactions on Power Delivery, 2014, 29(1): 310-317.

[15] Gowaid I, Adam G, Massoud A, et al. Quasi two-level operation of modular multilevel converter for use in a high-power DC transformer with dc fault isolation capability[J]. IEEE Transactions on Power Electronics, 2015, 30(1): 108-123.

[16] Jovcic D, Lin W. Multiport high-power LCL DC hub for use in DC transmission grids[J]. IEEE Transactions on Power Delivery, 2014, 29(2): 760-768.

[17] Lin W, Wen J, Cheng S. Multiport DC-DC autotransformer for interconnecting multiple high-voltage DC systems at low cost[J]. IEEE Transactions on Power Electronics, 2015, 30(12): 6648-6660.

[18] Hajian M, Jovcic D, Wu B. Evaluation of semiconductor based methods for fault isolation on high voltage DC grids[J]. IEEE Transactions on Smart Grid, 2013, 4(2): 1171-1179.

[19] Jovcic D, Taherbaneh M, Taisne J, et al. Topology assessment for 3, 3 terminal offshore DC grid considering DC fault management[J]. IET Generation, Transmission & Distribution, 2014, 9(3): 221-230.

[20] Engel S, Stieneker M, Soltau N, et al. Comparison of the modular multilevel DC converter and the dual-active bridge converter for power conversion in HVDC and MVDC grids[J]. IEEE Transactions on Power Electronics, 2015, 30(1): 124-137.

[21] Zeng R, Xu L, Yao L, et al. Design and operation of a hybrid modular multilevel converter[J]. IEEE Transactions on Power Electronics, 2015, 30(3): 1137-1146.

[22] MacIver C, Bell K, Nedić D. A reliability evaluation of offshore HVDC grid configuration options[J]. IEEE Transactions on Power Delivery, 2016, 31(2): 810-819.

[23] Jovcic D, Zhang L. LCL DC/DC converter for DC grids[J]. IEEE Transactions on Power Delivery, 2013, 28(4): 2071-2079.

[24] Fotuhi-Firuzabad M, Aminifar F, Rahmati I. Reliability study of HV substations equipped with the fault current limiter[J]. IEEE Transactions on Power Delivery, 2012, 27(2): 610-617.

[25] Boroyevich D, Cvetkovic I, Burgos R, et al. Intergrid: A future electronic energy network[J]. IEEE Journal of Emerging and Selected Topics in Power Electronics, 2013, 1(3): 127-138.

[26] 李宁, 袁旭峰, 胡晟, 等. 基于 MMC 柔性多端直流配电系统的改进协调控制研究[J]. 贵州大学学报(自然科学版), 2017, 34(2): 40-45, 69.

[27] 马骏超, 江全元, 余鹏, 等. 直流配电网能量优化控制技术综述[J]. 电力系统自动化, 2013, 37(24): 89-96.

[28] 李振, 盛万兴, 段青, 等. 背靠背低压直流配电装备及其直流电压控制策略[J]. 中国电机工程学报, 2018, 38(23): 6873-6881, 7121.

[29] 季一润, 袁志昌, 赵剑锋, 等. 一种适用于柔性直流配电网的电压控制策略[J]. 中国电机工程学报, 2016, 36(2): 334-341.

[30] 赵清声, 王志新, 张华强, 等. 海上风电场轻型直流输电的经济性分析[J]. 可再生能源, 2009, 27(5): 94-98.

[31] 孙蔚, 姚良忠, 李琰, 等. 考虑大规模海上风电接入的多电压等级直流电网运行控制策略研究[J]. 中国电机工程学报, 2015, 35(4): 776-785.

[32] Zhong X, Zhu M, Li Y, et al. Modular interline DC power flow controller[J]. IEEE Transactions on Power Electronics, 2020, 35(11): 11707-11719.

[33] Sun C, Zhu M, Zhang X, et al. Output-series modular DC-DC converter with self-voltage balancing for integrating variable energy sources[J]. IEEE Transactions on Power Electronics, 2020, 35(11): 11321-11327.

[34] Pan P, Chen W, Shu L, et al. An impedance-based stability assessment methodology for DC distribution power system with multivoltage levels[J]. IEEE Transactions on Power Electronics, 2020, 35(4): 4033-4047.

[35] Zhong X, Zhu M, Chi Y, et al. Composite DC power flow controller[J]. IEEE Transactions on Power Electronics, 2020, 35(4): 3530-3542.

[36] Li X, Zhu M, Li Y, et al. Cascaded MVDC integration interface for multiple DERs with enhanced wide-range operation capability: Concepts and small-signal analysis[J]. IEEE Transactions on Power Electronics, 2020, 35(2): 1182-1188.

[37] Li X, Zhu M, Su M, et al. Input-independent and output-series connected modular DC-DC converter with intermodule power balancing units for MVdc integration of distributed PV[J]. IEEE Transactions on Power Electronics, 2020, 35(2): 1622-1636.

第5章 中低压直流配电系统的主动潮流控制

直流潮流控制器，作为一种面向直流电力系统的电力电子装置新概念，可实现中低压直流配电系统中直流线路的潮流主动调控，促进直流配电系统安全优化运行。直流潮流控制器概念的提出，给智能电网先进电力电子装备及理论带来了机遇与挑战。

本章聚焦直流潮流控制器的前沿进展，首先介绍四种基本类型单自由度直流潮流控制器的工作原理，并在此基础上围绕复合型直流潮流控制器以及模块化多线间直流潮流控制器，重点分析其拓扑构建方案与装置级控制策略，阐述多控制自由度直流潮流控制器的基本理论体系。

5.1 直流潮流控制器技术背景

多端中低压直流配电系统日后可进一步拓展，增加换流站之间的直流线路，形成网格，发展为架构复杂的中低压直流配电网。直流电网架构具有冗余性，每个直流换流站之间有多条直流线路，当其中一条线路或一个换流站发生故障与电网的连接被电流断路器断开时，可通过其他线路保持供电稳定性。目前，尽管学界尚未对直流电网形成统一的定义，但国内外研究机构在国际大电网会议(CIGRE)等国际会议上提出了通过多端柔直技术实现直流配电网的理念[1]。

实现直流配电网仍然面临一系列的理论与技术挑战，包括网络拓扑形式、关键装备、运行控制、暂态分析、继电保护、模型与仿真理论等，覆盖从电网规划到安全运行的各相关领域。因此，围绕复杂直流配电系统开展相关理论和应用研究，具有现实性与紧迫性。

5.1.1 直流电网技术与潮流控制问题

由于环状网络相对于辐射状网络能够在很大程度上增加线路利用率、提升线路冗余度和电能传输可靠性，未来复杂柔性直流配电网拓扑必然会逐渐由辐射状向环状发展。综上，复杂柔性直流配电网通常具备以下几个特点[2,3]。

(1)换流站之间由多条直流线路通过断路器相连，形成“网孔”结构的网络，拥有更多冗余，可靠性高。

(2)具有先进的智能化能源管理系统，运行方式丰富，控制手段灵活，直流潮流可在直流“网孔”中灵活分配。

（3）含有大量电力电子变换装置，是一个"低惯量"的系统，暂态过程时间尺度比交流电网低 1～2 个数量级。

（4）合理的潮流分布，则是系统安全稳定运行的重要基础。

因此，柔性直流电网有望在充分利用各种能源资源的互补特性，实现广域大范围内能源资源的优化配置、大规模新能源电力的可靠接入以及现有电力系统运行稳定性提升方面做出突出贡献。

对于复杂直流电网，每条线路的潮流的决定因素仅为线路电阻和线路端电压，故调控潮流必须通过改变线路电阻或者线路端电压来实现。由于多条直流线路的潮流控制彼此紧密耦合，精确主动调控存在巨大挑战。以图 5-1 所示四端网状中低压柔性直流配电网架构为例，其中，VSC1、VSC2 和 VSC3 以恒功率模式工作，向系统输入功率；VSC4 以恒电压模式工作，输出系统功率。通过调整 VSC1、VSC2 和 VSC3 的输出功率，仅能精确控制该网络中的 3 条直流线路的潮流，无法精确控制该网络中 6 条直流线路的潮流，该直流系统运行存在一定的安全隐患[4]。

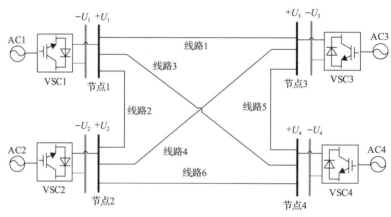

图 5-1　四端网状中低压柔性直流配电网架构

AC1～AC4 表示交流电网

5.1.2　复杂直流系统的潮流控制解决方案：直流潮流控制器

直流电网的运行方式更为高效、灵活的同时，也给系统的控制与保护带来了更大的挑战，直流线路潮流控制问题逐渐引起学术界关注。和交流电网相比，直流电网无须考虑相角和无功功率，仅通过电压和有功功率就能描述直流潮流。在线路电阻一定的情况下，直流潮流的控制可转化为对直流线路电流的控制。在复杂直流系统中，换流站常采用电压下垂控制，协调有功功率与直流母线电压。这里将受控系统主动控制的直流线路数称为潮流控制自由度，简称控制自由度或自由度。一个直流换流站可以控制一条直流线路的潮流，所提供的控制自由度为 1；在线路中安装额外的潮流控制装置后，增加了系统中主动控制的线路潮流数，说明提供了额外的控制自由度。当系统中控制器所提供的控制自由度大于线路数时，所有线路的潮流均能得到独立控制，否则潮流分布由线路的阻抗被动决定。倘使直流系统愈加复杂化和网格化，其中潮流不可控支路的数目也随之增加。

以图 5-1 所示的四端直流系统为例，共有 4 个换流站和 6 条直流线路，至少存在 2 条潮流不受控的线路，随换流站运行方式和其他线路的潮流被动变化。线路潮流不可控会带来线路利用率不高及系统损耗等问题。此外，在切除故障线路后，原线路传输的功率由其他线路承担，不可控线路可能出现过负荷问题，继而导致供电线路异常停运。

假设有一个具有 N 个独立换流站的直流电网,在没有附加控制装备的情况下，需要一个换流站运行在定直流电压控制模式以维持直流电网电压，而其他换流站运行于定功率控制模式[5]。在这种场景下：

(1)直流电网内部的潮流自然分布特性，会导致某个换流站比其余换流站承担更多的电流，这样会产生严重的线路损耗甚至会使该换流站过载。

(2)存在最多 N-1 条直流线路的潮流可以通过换流站控制。在环网结构下，直流线路数目通常是远大于 N 的，致使有更多的不可控直流线路。潮流分布的不合理将引发线路过载，导致直流电网低效率运行或者带来严重的安全隐患。

由上述分析可见：复杂直流系统的潮流控制是直流电网工程实践中必须面对且亟待解决的关键性问题之一，其原因如下。

(1)在复杂直流网络中，线路潮流的独立调控能力缺乏，彼此紧密耦合，控制自由度不足。这也是阻碍现阶段的辐射状多端柔性直流系统向直流环网发展的重要原因之一。

(2)我国多端直流电网的工程实践，均凸显了直流潮流控制技术需求的必要性和紧迫性，潮流分布问题将显著影响到其运行安全性。直流线路潮流的精确控制，可促进高比例新能源的并网消纳，亦可避免某线路过负荷问题，响应国家特高压新基建重大建设需求。

(3)复杂柔性直流系统，其电能高效传输与潮流的精确控制问题，已不能靠多换流站的协调控制来完全解决，势必将引入附加潮流控制装备。这给智能电网的先进电力电子装备理论带来了机遇与挑战。

为提高直流电网的稳定性和可靠性，需要尽可能提高控制自由度，对系统潮流分布情况进行有效调控。直流系统的工作点是由 n 条线路潮流构成 n 维空间中的坐标，当控制自由度为 0 时，系统运行范围只有一个固定工作点；当控制自由度提高时，运行范围由点扩大为点的集合，增大了潮流优化空间。在复杂直流电网中换流站数目确定的情况下，为提高控制自由度，增强系统功率调度的灵活性，需要在直流电网中引入额外的控制装置——直流潮流控制器(DC power flow controller，DCPFC)，增大有效运行空间，通过各支路潮流主动协同控制，可优化系统网损、平均负载率和潮流分布均衡度。

5.2　单潮流控制自由度直流潮流控制器

在直流电网中，由于不存在阻抗相角和无功功率问题，仅通过改变输电线路等效电阻和线路端电压就可改变潮流。从控制原理出发，直流潮流控制器可以分为"电阻型"与"电压型"两类。进一步地，针对"电压型"直流潮流控制器，其常见方案还包括串联可调电压源型、直流变压器型与线间直流潮流控制器三类。作为多控制自由度直流潮流控制器的构建基础，本节将围绕上述四种基本类型，针对单自由度潮流控制器进行阐述。

5.2.1　电阻型直流潮流控制器

电阻型直流潮流控制器通过改变线路等效电阻值实现对潮流的调控。短距离线路的电阻值低，在故障线路被切除、注入功率突增等情况下，未得到有效控制的线路可能出现潮流过大的情况。在线路中串联可变电阻是一种使线路潮流可控的方法。一种具体的电阻型直流潮流控制器拓扑如图 5-2 所示[6]。在直流线路中插入电阻，同时在电阻 R 的两极并联两个方向相反的 IGBT 开关，使得装置可应对线路潮流双向流动的情况。线路的等效串联电阻可以通过开关的通断时间占空比 d 来调控，一个开关周期中等效平均电阻为

$$R_{\text{ave}} = \frac{T_{\text{OFF}}R + T_{\text{ON}} \cdot 0}{T} = (1-d)R \tag{5-1}$$

式中，R_{ave} 为等效平均电阻；T_{ON} 和 T_{OFF} 分别为开关在一个周期内的通、断时间；T 为开关周期。电感 L 用于抑制开关高频通断造成的纹波。可变电阻型 DCPFC 有 1 个可控的自由变量 d，可控制一条线路的潮流，是一种单自由度的潮流控制器。

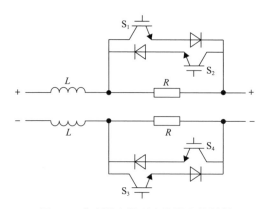

图 5-2　典型的电阻型直流潮流控制器

可采用比例积分微分(PID)控制器对线路潮流进行负反馈调节。拓扑和控制系统简单，可实现线路潮流的平滑调节。然而在线路中串联可变电阻，目标潮流小于实际潮流，只能实现单向调节；同时在线路中串联电阻会大大增加系统的损耗，经济性较低，实际应用的价值有限。

5.2.2 串联可调电压源型直流潮流控制器

串联可调电压源(serial adjustable voltage source，SAVS)型直流潮流控制器的工作原理为在正极性线路或负极性线路中串联可调电压源，从而调节线路潮流。此类直流潮流控制器串联的电压源部分往往从外部电源取能，因此外部电源与被控线路之间需要设计辅助电路[6-8]。

一种 SAVS 型直流潮流控制器的电路拓扑与接入系统方式如图 5-3 所示[7]。该拓扑由高频隔离型直流变压器和双 H 桥 DC-DC 变换器构成。前者从直流母线取能，维持后者运行，调节串联入线路的电压从而调节潮流。

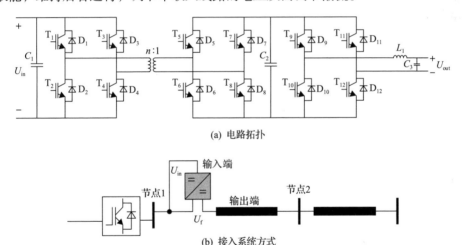

(a) 电路拓扑

(b) 接入系统方式

图 5-3 基于隔离型直流变压器和双 H 桥的 SAVS 型直流潮流控制器电路拓扑和接入系统方式

一种从交流母线取能的 SAVS 型直流潮流控制器的拓扑结构如图 5-4 所示[7,8]，线路中串联的可调电压源从交流侧取能，采用双晶闸管变换器作为可调电压源的辅助电路，用于调控和维持串联在线路中的电压，从而实现线路潮流的控制。

单个 SAVS 提供的潮流控制自由度为 1。此类方案中，装置不用承受系统级的高压和功率，器件的电压应力较低；通过调节串联电压源能灵活地调节线路潮流。但需要引入外部的辅助电源，或直接从交流系统取能，需要设计额外的辅助电路，增加了装置的复杂程度。

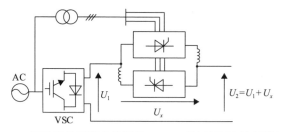

图 5-4　基于双晶闸管变换器的 SAVS 型直流潮流控制器拓扑

5.2.3　直流变压器型直流潮流控制器

直流变压器(DC transformer，DCT)型直流潮流控制器的工作原理为在被控线路中串入直流变压器，通过改变变比以微调端口电压来改变直流线路的潮流。单个 DCT 提供的潮流控制自由度为 1[9-13]。

典型的隔离型直流变压器型直流潮流控制器拓扑结构如图 5-5 所示[9]。其由两组逆变开关电路和一个交流变压器组成。逆变电路通过控制上下两个桥臂上开关器件的通断将直流电逆变为交流电，输出端口与输入端口电压比 $k = U_2 / U_1$。调节变压器变比，输出端口电压随之变化，从而线路潮流分布得以控制。

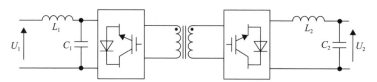

图 5-5　典型的隔离型直流变压器型直流潮流控制器拓扑

一种基于双向谐振型直流变压器的直流潮流控制器拓扑如图 5-6 所示。通过触发晶闸管，分别使电感 L_1 和 L_2 与电容 C_r 谐振，反向并联结构使装置适用于潮流双向流动时的电压变换。直流变压器型直流潮流控制器常具备故障隔离功能和直流断路器功能，当一侧直流线路发生故障时，可切断线路实现故障电流隔离，保障直流系统正常运行。

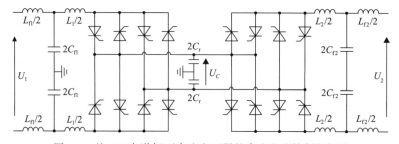

图 5-6　基于双向谐振型直流变压器的直流潮流控制器拓扑

　　直流变压器一般应用于电压变比远大于 1 或远小于 1 的场景，适合连接不同电压等级的直流线路。而控制直流潮流往往只需微调端口电压，所需变压器变比接近 1，因此更多地考虑使用无铁心的全直流变压器来调节潮流。如图 5-7 所示的拓扑采用简单的斩波电路调节直流电压，并通过设计多电平变换器减小输出电压的纹波[14]。

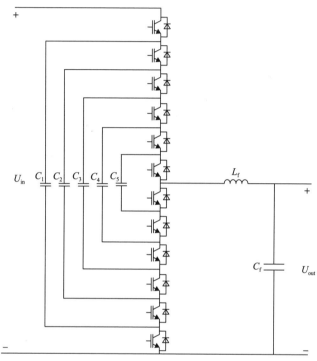

图 5-7　基于多电平变换器的全直流变压器

　　需要注意的是，DCT 型直流潮流控制器跨接在系统正负极性线路之间，需要承受系统级电压，要求器件具有良好的耐压能力和绝缘性能。为减轻器件的电压应力，往往需要采用模块化多电平技术，导致系统设计复杂，成本较高。

5.2.4　线间直流潮流控制器

　　线间直流潮流控制器（interline DC power flow controller，IDCPFC），同 SAVS 型直流潮流控制器一样，无须承受系统级电压。此外和 SAVS 型直流潮流控制器相比，IDCPFC 不再需要外部电源供能，而是在线路之间进行能量交换，从而实现线路的潮流控制。其作用效果可等效[15-31]为在多条线路上分别串联可调电压源，电压源之间存在能量耦合关系，如图 5-8 所示。

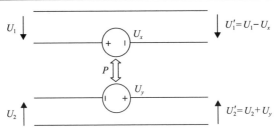

图 5-8　线间直流潮流控制器原理示意图

以两线间直流潮流控制器(dual interline DC power flow controller, DI-DCPFC)为例,其作用可等效为在两条直流线路的正极性线路上分别串联直流电压源 U_x 和 U_y,经过 IDCPFC 后线路端电压变为 U_1-U_x 和 U_2+U_y,线路潮流随等效电压源的串入而改变。同时,U_x 和 U_y 之间进行功率交换,使整个装置无须外部电源供能。近年来,IDCPFC 得到了较多的关注和大量的研究。本节将围绕实现单控制自由度的两线间直流潮流控制器和三线间直流潮流控制器展开阐述。

1. 两线间直流潮流控制器

两线间直流潮流控制器安装在 2 条线路之间[15-18],能主动控制其中 1 条线路的潮流。一种双 H 桥型 DI-DCPFC 拓扑如图 5-9 所示。在两条线路上分别通过 H 桥结构串入一个电容,通过两个电容的并联实现线路能量的交换,从而主动控制其中一条线路的潮流,而无须线路与外部进行能量交换。将图 5-9 中的拓扑简化,仅用一个电容作为能量转移枢纽,并将电容同侧连接在同一节点上的开关管合并,可简化拓扑结构如图 5-10 所示[19]。

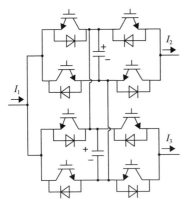

图 5-9　双 H 桥型 DI-DCPFC 拓扑

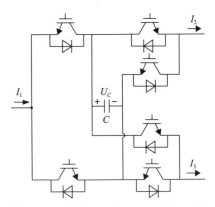

图 5-10　简化双 H 桥型 DI-DCPFC 拓扑

一种以耦合电感为能量传递枢纽的 DI-DCPFC 拓扑如图 5-11 所示[20,21]。在线路上串联电容作为可调电压源,以电感为能量枢纽分别与两条线路进行能量交换，通过耦合电感实现潮流双向流动时的潮流控制，有效减小了电流纹波，并使控制器适用于潮流双向流动场景[22]。与之类似的为一种电感共用式 DI-DCPFC，其拓扑结构如图 5-12 所示。

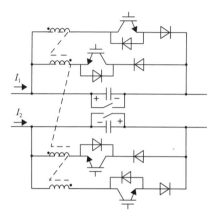

图 5-11　耦合电感型 DI-DCPFC 拓扑

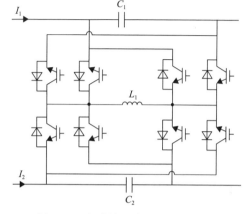

图 5-12　电感共用式 DI-DCPFC 拓扑

总体来说，不同的 DI-DCPFC 拓扑各有所长，其控制自由度均为 1，一台装置只能实现一个潮流控制目标，在复杂直流系统中的潮流控制能力有限。要对多条线路的潮流进行主动控制，往往需要多台装置同时投入运行。增加单个装置的控制自由度，需要改进拓扑结构并配以相应的控制系统，以实现多个潮流控制目标。

2. 三线间直流潮流控制器

拓扑拓展是指将原拓扑结构中的一部分复制，添加到原拓扑中。DI-DCPFC 是结构最简单的 IDCPFC，若将直流线路与能量枢纽之间的部分作为一个模块进行复制，可将其从两线间潮流控制拓展到任意数目的直流线路之间，控制自由度有望得以提升 。将 DI-DCPFC 扩展到 3 条线路的场景中，得到三线间直流潮流控制器（triple interline DC power flow controller，TI-DCPFC），是应用到 3 条线路的潮流控制中的 IDCPFC。

图 5-13 所示为双向开关型 TI-DCPFC 的拓扑结构[23]，3 条直流线路经过两个双向开关连接在一个公共电容两极（电流为 I_{cap}），双向开关由两个全控开关反并联或反串联而成，从而得到适用于所有潮流方向的 TI-DCPFC，但该方案要求安装潮流控制器的节点上有且仅有三条直流线路，受基尔霍夫电流定律的约束，仍只有 1 条线路的潮流可得到主动控制。

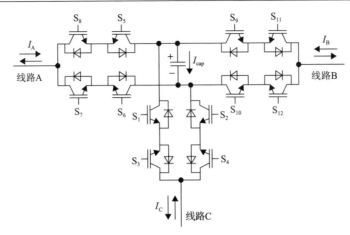

图 5-13 双向开关型 TI-DCPFC

上述 TI-DCPFC 技术方案中，虽然拓扑结构得到了拓展，但主要以控制单条线路潮流为目标，潮流控制自由度仍为 1。

理论上，TI-DCPFC 的拓扑具备主动控制两条线路潮流的潜力，通过适当的工作原理和控制策略可将两个控制目标解耦，进行双自由度潮流控制[24,25]。在此简单介绍一种实现双自由度控制的基于 MMC 的 TI-DCPFC 拓扑，如图 5-14 所示，$U_{c1} \sim U_{c3}$ 为三个 VSC 之间的电压，L_t 为三相变压器与 MMC 之间的电感。该拓扑

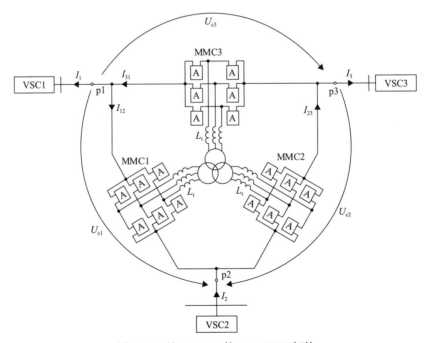

图 5-14 基于 MMC 的 TI-DCPFC 拓扑

在线路中串入三相 MMC 桥臂，实现交直流转换，通过交流变压器实现线路间能量的传输。该拓扑以线路电流 I_{12} 和 I_{23} 为控制目标，计算得到端口电压参考值，以此控制 MMC1 和 MMC2 串入线路的直流电压，实现双自由度控制；通过控制 MMC3 串入线路的直流电压实现三端环网的环流控制；通过控制电压站 VSC2 的输出电压 U_2 实现系统能量平衡。但该电路结构和控制策略较为复杂，而且交流变压器的使用增大了装置体积和系统成本。

5.3 复合型直流潮流控制器

IDCPFC 是直流潮流控制器领域的研究热点。然而在功能特点上，IDCPFC 在调节两条线路潮流时仅能主动控制一条线路的潮流，另一条线路潮流被动改变，无法同时主动控制两条线路的潮流，因此应用场景受限，存在较大改进发展空间。

本节提出复合型直流潮流控制器(composite DC power flow controller，CDCPFC)的技术概念，实现直流潮流控制器功能拓展[32,33]。该类新型直流潮流控制器，基于现有 SAVS 型直流潮流控制器与 IDCPFC 的功能特点与若干组合方式，针对组合运行中的能量流动路径与电路拓扑功能单元的冗余特征，实现功能与拓扑两个层面的复合。其具体构建的复合型拓扑，可有效实现双线路潮流主动控制功能，具备推广应用于多潮流控制目标的技术场景的应用潜力。

5.3.1 复合型直流潮流控制器拓扑构建方案

1. 组合化方案

图 5-15(a)和图 5-15(b)分别给出了 SAVS 型直流潮流控制器和 IDCPFC 两类电压型直流潮流控制器的功能等效示意图。SAVS 型直流潮流控制器可等效于在线路中串入一个电压源，该电压源与外部电压源形成点对点的能量交换路径，从而达到调控线路潮流的目的。IDCPFC 则可等效于在两条线路中分别串入电压源，两个等效电压源彼此之间存在点对点的能量交换路径，通过彼此的能量交换，从

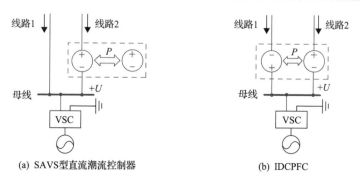

(a) SAVS型直流潮流控制器   (b) IDCPFC

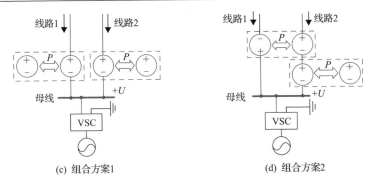

(c) 组合方案1　　　　　　　(d) 组合方案2

图 5-15　直流潮流控制器组合方式(以单极性系统为例)

而实现退化的单增单减模式。由此可见：SAVS 型直流潮流控制器和 IDCPFC 均为单目标直流潮流控制器。

图 5-15(c) 为双 SAVS 型直流潮流控制器组合配置方案，称作组合方案 1。图 5-15(d) 为单 IDCPFC 与单 SAVS 型直流潮流控制器的组合配置方案，称作组合方案 2。通过两类组合方案，两个单目标直流潮流控制器共同完成对两条直流线路的潮流控制。

相比于组合方案 1，组合方案 2 由于 IDCPFC 的存在，外部电源较少，具有系统架构与概念相对简洁的特点，整体成本可降低。组合方案 2 兼具 SAVS 型直流潮流控制器和 IDCPFC 的功能，保留其经济性和实用性较好的优点。在方案 2 中，当其中任意一部分退出运行时，另一部分可继续独立运行。

对于组合方案 1 与方案 2，其组合机制为直接组合，缺乏基于能量交换路径考量的整体组合优化。因此，组合方案具有进一步发展的空间，具体详述如下。

2. 复合化演绎

考虑到组合方案 2 的直流潮流控制器在线路中串联的等效电压源具有冗余性，在此组合方案基础上，进行复合简化可演化推导出 CDCPFC 的一般性构成框架与功能演化示意图，如图 5-16 所示。

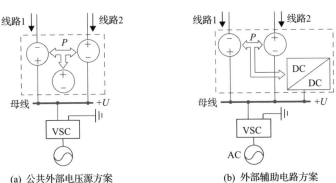

(a) 公共外部电压源方案　　　　　　　(b) 外部辅助电路方案

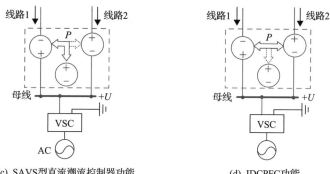

(c) SAVS型直流潮流控制器功能　　　　(d) IDCPFC功能

图 5-16　CDCPFC 一般性构成框架与功能演化示意图

分析图 5-16，可获得以下结果与结论。

(1)图 5-16(a)所示为 CDCPFC 的基本构成框架，本章定义为 CDCPFC 的公共外部电压源方案。该方案在两条线路之间形成一个 T 形三端能量交换路径，增加控制维度，从而实现对于两条线路潮流的主动控制功能。

(2)若图 5-16(a)中 VSC 端以恒电压模式运行，公共外部电压源方案的能量交换路径可引入外部辅助电路与 VSC 端直流母线相匹配，从而取代外部电压源。本章将此改进框架定义为 CDCPFC 的外部辅助电路方案，如图 5-16(b)所示。该方案的 T 形三端能量交换路径，一方面增加控制维度，另一方面与直流母线形成能量流动闭环，从而实现对于两条线路潮流的主动控制功能。

(3)若图 5-16(a)中的外部电压源仅与一条线路实现能量交换，三端能量交换路径则简化为两端路径，可实现 SAVS 型直流潮流控制器功能，如图 5-16(c)所示。

(4)若图 5-16(a)中的两条线路彼此交换能量，不与外部电压源产生能量交换，三端能量交换路径则简化为两端路径，可实现 IDCPFC 功能，如图 5-16(d)所示。

由上述对于图 5-16 的阐述可见，新型 CDCPFC 在继承 SAVS 型直流潮流控制器和 IDCPFC 功能的同时，亦可实现对于两条线路的主动控制功能。

3. 具体拓扑

基于图 5-16 所示的 CDCPFC 的一般性构成框架，可构造出一系列 CDCPFC 的新型拓扑结构，均具备对两条线路的潮流主动控制功能。本章将给出一种 CDCPFC 的具体电路拓扑，如图 5-17 所示。

该直流潮流控制器等效拓扑可视作一个三端口系统，T 形能量交换路径通过三个能量转移端口而形成，如图 5-17 所示。其中，端口 1(即 1—1′)与端口 2(即 2—2′)通过电容 C_1 与 C_2 分别接入两条不同的直流线路(线路 1 与线路 2)，用于控制潮流；端口 3(即 3—3′)则通过电容 C_3 与外部直流电压源或辅助电路相连。

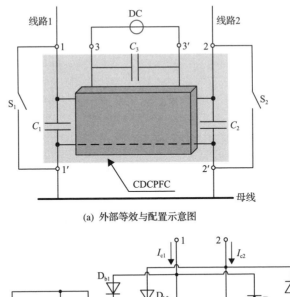

(a) 外部等效与配置示意图

(b) 具体拓扑

图 5-17　CDCPFC 配置方案及拓扑

　　本章提出的新型 CDCPFC 的具体拓扑如图 5-17(b)所示。该电路包括 8 个 IGBT ($Q_1 \sim Q_8$) 和反向并联二极管 ($D_1 \sim D_8$)、5 个串联二极管 ($D_{b1} \sim D_{b5}$)、1 对耦合电感、2 个输电线路串联电容 (C_1 和 C_2) 和 2 个旁路开关 (S_1 和 S_2)。其中旁路开关为双向开关，将用于装备的运行退出隔离等情况，通常由 2 个单向电力电子开关反并联构成。各电气量的参考正方向如图 5-17 所示。

　　当旁路开关 S_1 和 S_2 闭合时，电容 C_1 和 C_2 被短路，CDCPFC 处于旁路状态，不参与系统潮流控制。当 S_1 和 S_2 断开时，CDCPFC 通过控制 8 个 IGBT 的通断实现对两条输电线路的潮流控制，存在 6 个等效电路状态。

　　下文根据两条线路的不同潮流方向，选择 3 种典型工况，对该 CDCPFC 工作原理进行阐述。

5.3.2　复合型直流潮流控制器运行机理分析

若 S_1 与 S_2 均关断，则电容电压 U_{c1} 和 U_{c2} 均将不断上升。因此，为了维持 C_1 与 C_2 电压平衡，需要构建能量交换路径将电容能量转移到耦合电感 L_1 与 L_2。同时为了维持耦合电感的电流平衡，需在耦合电感、C_3 与外部电压源之间构建能量交换路径。

1. 典型工况：I_{c1} 和 I_{c2} 同为正向潮流

这里以"减小 I_{c1} 和 I_{c2}"为例进行说明，即在线路 1 和线路 2 中需要串联等效负直流电压源。其一个完整的开关周期在稳态工作时可分为 3 个开关子模态阶段，等效电路见图 5-18，工作机理简述如下。

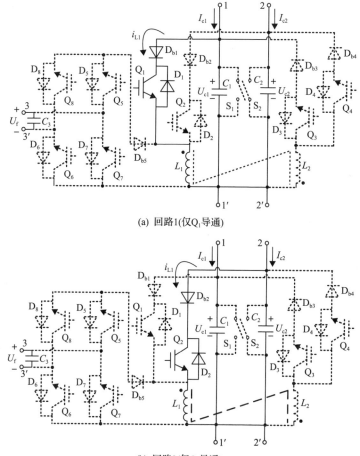

(a) 回路1(仅Q₁导通)

(b) 回路2(仅Q₂导通)

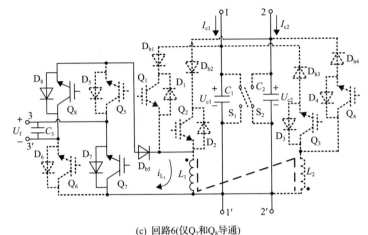

(c) 回路6(仅Q_7和Q_8导通)

图 5-18　I_{c1} 和 I_{c2} 同为正向时的 CDCPFC 开关模态

(1) 开关子模态 1：首先开通 Q_1，C_1—L_1—Q_1—D_{b1} 形成回路 1，如图 5-18(a) 所示。在该开关子模态阶段所持续的时间内，电容 C_1 向电感 L_1 转移能量，电感 L_1 的电流线性增长。

(2) 开关子模态 2：Q_1 关断、Q_2 导通，此时 C_2—L_1—Q_2—D_{b2} 形成回路 2，如图 5-18(b) 所示。在该开关子模态阶段所持续的时间内，能量从 C_2 向 L_1 转移，L_1 的电流继续线性增长。

(3) 开关子模态 3：Q_2 关断、Q_7 和 Q_8 开通，此时 C_3—Q_7—L_1—D_{b5}—Q_8 形成回路 6，如图 5-18(c) 所示。在该开关子模态阶段所持续的时间内，电感 L_1 向电容 C_3 充电，电感 L_1 的电流线性减少。

从上述分析可知，I_{c1}、I_{c2}、U_{c1}、U_{c2} 和 i_{L1} 在一个开关周期内处于动态平衡状态。该工况下，耦合电感中仅 L_1 部分工作(等同于一个普通电感)，L_2 部分不工作。同时，对于该工况需控制 Q_1、Q_2、Q_7 和 Q_8 的通断(Q_1、Q_2、Q_7 和 Q_8 互补导通，Q_3、Q_4、Q_5 和 Q_6 一直处于关断状态)。

2. 典型工况：I_{c1} 和 I_{c2} 同为反向潮流

这里以"增大 I_{c1} 和 I_{c2}"为例进行说明，即在线路 1 和线路 2 中串联正直流电压源(C_1 与 C_2 的电压方向如图 5-19 所示)。其一个完整的开关周期在稳态工作时可分为三个开关子模态阶段，等效电路见图 5-19，简述如下。

(1) 开关子模态 1：首先开通 Q_3，C_1—L_2—Q_3—D_{b3} 形成回路 3，如图 5-19(a) 所示。该开关子模态阶段所持续的时间内，L_2 向 C_1 转移能量，L_2 的电流线性减少。

(2) 开关子模态 2：Q_3 关断、Q_4 开通，则 C_2—L_2—Q_4—D_{b4} 形成回路 4，如图 5-19(b) 所示。该开关子模态阶段所持续的时间内，L_2 向 C_2 转移能量，L_2 的电流线性减少。

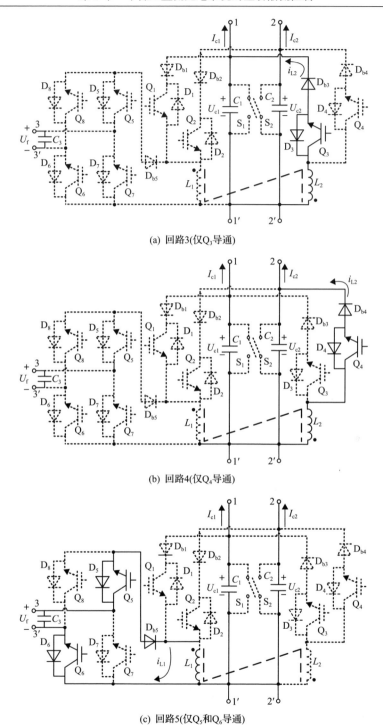

(a) 回路3(仅Q₃导通)

(b) 回路4(仅Q₄导通)

(c) 回路5(仅Q₅和Q₆导通)

图 5-19　I_{c1} 和 I_{c2} 同为反向时的 CDCPFC 开关模态

（3）开关子模态 3：Q_4 关断、Q_5 和 Q_6 开通，此时 C_3—Q_5—D_{b5}—L_1—Q_6 形成回路 5，如图 5-19（c）所示。由于电感的耦合作用，L_2 中的能量转移到 L_1 中。此时，L_1 和 L_2 的同名端电压极性均变为反向，C_3 的能量向 L_1 转移，L_1 的电流线性增加，所储存的能量逐渐达到周期最大值。开关子模态 3 结束后，再次进入下一个开关周期的开关子模态 1，电感 L_1 中的能量转移到 L_2 中，如此循环。

从以上分析可知，该直流潮流控制器利用耦合电感，将 C_3 的能量转移到 C_1 和 C_2 中，从而增大 I_{c1} 和 I_{c2}，具体开关模态如图 5-19 所示。本工况需要控制 Q_3、Q_4、Q_5 和 Q_6 的通断，Q_3、Q_4、Q_5 和 Q_6 互补导通，Q_1、Q_2、Q_7 及 Q_8 一直处于关断状态。

3. 典型工况：I_{c1} 和 I_{c2} 不同向潮流

I_{c1} 和 I_{c2} 不同向的情况分为两种：I_{c1} 正向、I_{c2} 反向或 I_{c1} 反向、I_{c2} 正向。根据对称性，此处以减小 I_{c1} 和增大 I_{c2} 为例说明 I_{c1} 正向且 I_{c2} 反向时的工况，即在线路 1 和线路 2 中分别串联负直流电压源和正直流电压源（电容 C_1、C_2 的电压方向如图 5-20 所示）。其一个完整的开关周期在稳态工作时可分为 3 个开关子模态阶段，等效电路见图 5-20，简述如下。

（1）开关子模态 1：首先开通 Q_1，则 C_1—L_1—Q_1—D_{b1} 形成回路 1，如图 5-20（a）所示。在该开关子模态阶段所持续的时间内，C_1 向 L_1 转移能量，L_1 的电流线性增大。

（2）开关子模态 2：Q_1 关断、Q_4 开通，则 C_2—L_2—Q_4—D_{b4} 形成回路 4，如图 5-20（b）所示。在该开关子模态阶段所持续的时间内，由于电感的耦合作用，L_1 中的能量转移到 L_2 中，L_2 向 C_2 转移能量，L_2 的电流线性减少。假设回路 1 中 L_1 增大的能量小于回路 4 中 L_2 减少的能量，电感的能量减少量需要从 C_3 处获得。

（3）开关子模态 3：Q_4 关断、Q_5 和 Q_6 开通，此时 C_3—Q_5—D_{b5}—L_1—Q_6 形成回路 5，如图 5-20（c）所示。在该开关子模态阶段所持续的时间内，由于电感耦合作用，L_2 中的能量转移到 L_1 中，此时 C_3 向 L_1 充电，L_1 的电流线性增加。反之，若回路 1 中电感 L_1 增大的能量大于回路 4 中 L_2 减少的能量，则 L_1 向 C_3 充电，需闭合 Q_7 和 Q_8，电感 L_1 的电流线性减少。

该直流潮流控制器用 C_3 来平衡 C_1 减少的能量和 C_2 增加的能量之间的差值，从而实现减小 I_{c1} 和增大 I_{c2} 的目标。从以上分析可知，本工况需要控制 Q_1、Q_4、Q_5 和 Q_6 的通断，Q_1、Q_4、Q_5 和 Q_6 互补导通，Q_2、Q_3、Q_7 与 Q_8 一直处于关断状态。

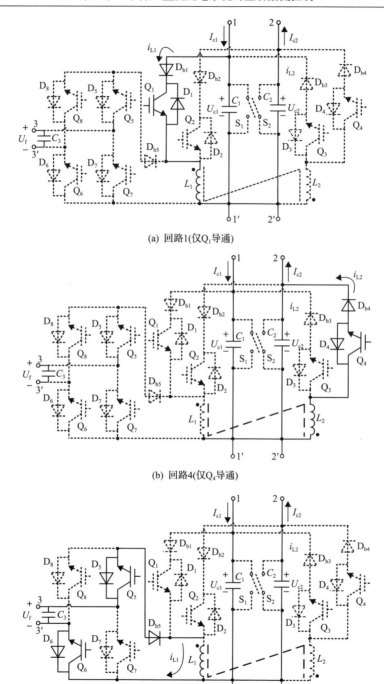

(a) 回路1(仅Q_1导通)

(b) 回路4(仅Q_4导通)

(c) 回路5(仅Q_5和Q_6导通)

图 5-20　I_{c1} 和 I_{c2} 不同向时的 CDCPFC 开关模态

4. 复合型直流潮流控制器工作机理的规律分析

根据以上分析，结合电流方向以及潮流控制的需求，该 CDCPFC 共有 17 种工况，对应不同潮流方向下的不同潮流控制需求，实现不同潮流方向下两条线路的四种潮流调节功能的完全覆盖。表 5-1 给出了每种工况下开关管的通断特征以及被控器件。

表 5-1　CDCPFC 运行工况

工况	I_{c1}/I_{c2} 方向	I_{c1}/I_{c2} 控制需求	U_x/U_y 极性	被控器件
1		增大/增大	−/−	Q_1、Q_2、Q_5 和 Q_6
2		减小/减小	+/+	Q_1、Q_2、Q_7 和 Q_8
3	正/正	增大/减小	−/+	Q_1、Q_2、Q_5 和 Q_6 或 Q_7 和 Q_8
4		减小/增大	+/−	Q_1、Q_2、Q_5 和 Q_6 或 Q_7 和 Q_8
5		增大/增大	+/+	Q_3、Q_4、Q_5 和 Q_6
6		减小/减小	−/−	Q_3、Q_4、Q_7 和 Q_8
7	负/负	增大/减小	+/−	Q_3、Q_4、Q_5 和 Q_6 或 Q_7 和 Q_8
8		减小/增大	−/+	Q_3、Q_4、Q_5 和 Q_6 或 Q_7 和 Q_8
9		增大/增大	−/+	Q_1、Q_4、Q_5 和 Q_6
10		减小/减小	+/−	Q_1、Q_4、Q_7 和 Q_8
11	正/负	增大/减小	−/−	Q_1、Q_4、Q_5 和 Q_6 或 Q_7 和 Q_8
12		减小/增大	+/+	Q_1、Q_4、Q_5 和 Q_6 或 Q_7 和 Q_8
13		增大/增大	+/−	Q_2、Q_3、Q_5 和 Q_6
14		减小/减小	−/+	Q_2、Q_3、Q_7 和 Q_8
15	负/正	增大/减小	+/+	Q_2、Q_3、Q_5 和 Q_6 或 Q_7 和 Q_8
16		减小/增大	−/−	Q_2、Q_3、Q_5 和 Q_6 或 Q_7 和 Q_8
17	—	无	无	S_1、S_2

5.3.3　复合型直流潮流控制器控制策略

CDCPFC 的控制策略如图 5-21(a)所示。以图 5-19 技术场景(工况 12)为例，调度系统根据当前系统潮流情况，向 CDCPFC 发出控制指令，即所控线路上的潮流参考值 I_{c1_ref} 与 I_{c2_ref}。同时，根据所对应的具体工况，CDCPFC 将从调度系统接收工况序列指令，通过逻辑单元选择参与运行的开关器件以及闭锁不参与运行的开关器件。I_{c1_ref} 与 I_{c2_ref} 与实际潮流 I_{c1} 和 I_{c2} 进行比较，所得差值经过 PID 调节

器后与锯齿载波进行比较计算，通过逻辑运算得到 3 组共 4 路(CH1～CH4)驱动
信号。

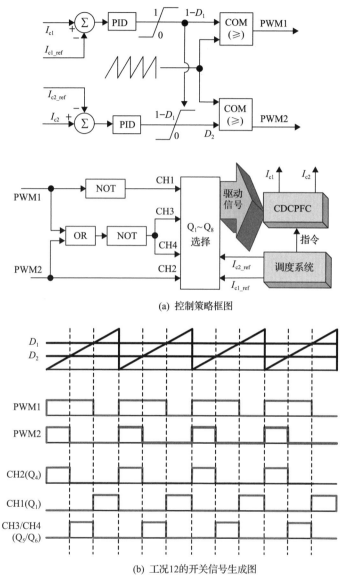

(a) 控制策略框图

(b) 工况12的开关信号生成图

图 5-21　CDCPFC 控制策略

在该控制策略中，两条线路上的潮流控制目标完全解耦，彼此无约束关系。
所产生的 3 组 4 路驱动信号波形在每个开关周期上叠加互补。为了构造 3 组互补
导通的驱动信号，该控制策略引入"动态限幅值"概念，即对其中一组输入信号
的占空比进行限幅值的设定，以满足 $D_1+D_2 \leqslant 1$。见图 5-21(a)，针对生成 D_2 的

PID 单元，其输出限幅单元上限值由 $1-D_1$ 所确定，从而该控制策略可得到 3 组互补导通的驱动信号，CDCPFC 开关管的信号产生过程如图 5-21(b)所示。

5.4　模块化多线间直流潮流控制器

两线间直流潮流控制器是直流潮流控制器领域的最大研究热点。在复杂多端直流电网中，两线间直流潮流控制器具有发展为三线间直流潮流控制器或多线间直流潮流控制器的应用需求。理论上，n 线间直流潮流控制器具有主动实现 $n-1$ 条直流线路潮流主动控制的潜力，而现有文献中缺乏与多线间直流潮流控制器的多直流潮流主动控制能力相关的研究与分析。因此，在未来复杂的直流系统中多线间直流潮流控制器的直流潮流控制能力扩展具有巨大的改进空间。

本节详细阐述全直流型多线间直流潮流控制器的通用型扩展理论，包含扩展型拓扑、工作机理和控制策略工作。为降低直流线路的电压和电流纹波以及应对潮流反转场合，本节选用耦合电感为能量中枢单元，以三线间直流潮流控制器为例对多线间直流潮流控制器扩展理论进行阐述[34-39]。

5.4.1　多线间直流潮流控制器的等效模型与控制能力分析

所提出的多线间直流潮流控制器的等效模型如图 5-22 所示。所提出的多线间直流潮流控制器能完全释放其最大直流潮流主动控制潜力。

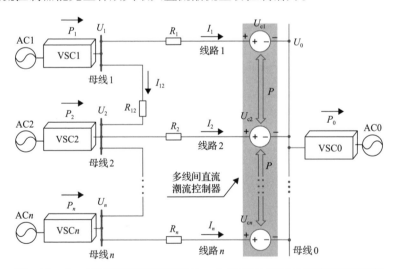

图 5-22　含 n 线间直流潮流控制器的 $n+1$ 端 VSC-HVDC 系统的通用结构

一个 n 线间直流潮流控制器安装在 $n+1$ 端 VSC-HVDC 系统，如图 5-22 所示。需要指出的是，VSC1,VSC2,…,VSCn 工作在恒功率模式，向 $n+1$ 端 VSC-HVDC

系统分别输送功率 $P_1, P_2, \cdots, P_n$。VSC0 工作在恒电压模式，确保直流母线 0 处松弛节点的直流电压为 U_0。

本章提出的模块化线间直流潮流控制器可应用于一个连接多条直流线路的直流总线端，如图 5-22 的母线 0。n 线间直流潮流控制器可等效于 n 个电压源(U_{c1}, $U_{c2}, \cdots, U_{cn}$)串入 n 条直流线路(线路 1、线路 2、$\cdots$、线路 n)中。

该 n 条直流线路的直流潮流即为 n 线间直流潮流控制器的控制目标。通过在上述等效电压源间进行能量交换，以实现多条直流线路的潮流控制。

基于图 5-22 所示的直流系统，各条受控直流线路的直流潮流可由式(5-2)计算得到。

$$U_i - U_{ci} - U_0 = I_i R_i, \quad i = 1, 2, \cdots, n \tag{5-2}$$

图 5-22 中每条非受控直流线路的直流潮流可由式(5-3)计算得到。

$$U_i - U_{i+1} = I_{i(i+1)} R_{i(i+1)}, \quad i = 1, 2, \cdots, n-1 \tag{5-3}$$

式中，$R_{i(i+1)}$ 为从母线 i 到母线 $i+1$ 的直流线路的等效电阻值；$I_{i(i+1)}$ 为从母线 i 到母线 $i+1$ 的直流线路的等效直流潮流。

图 5-22 中 VSC0,VSC1,VSC2,$\cdots$,VSCn 工作在恒功率模式下的功率平衡式如式(5-4)所示。

$$\begin{cases} P_0 = U_0 \sum_{i=1}^{n} I_i \\ P_1 = U_1(I_1 + I_{12}) \\ P_i = U_i(I_i + I_{i(i+1)} - I_{(i-1)i}), \quad i = 2, 3, \cdots, n-1 \\ P_n = U_n(-I_{(n-1)n} + I_n) \end{cases} \tag{5-4}$$

假设多线间直流潮流控制器的能量转换效率为 100%，多线间直流潮流控制器的功率守恒式如式(5-5)所示。

$$\sum_{i=0}^{n} U_{ci} I_i = 0 \tag{5-5}$$

将上述系统级方程数目累加，可得系统级约束方程数目为 $3n$。

对于一个给定的 $n+1$ 端 VSC-HVDC 系统，每个 VSC 对应的输出功率分别为 $P_1, P_2, \cdots, P_n$，VSC0 的直流侧电压为 U_0，各条直流线路的电阻值为 $R_1, R_2, \cdots, R_n$，$R_{12}, R_{23}, \cdots, R_{(n-1)n}$，上述物理量均为常量。将上述系统级常量数目累加，可得系统级常量总数为 $3n$。

电压 $U_1, U_2, \cdots, U_n, U_{c1}, U_{c2}, \cdots, U_{cn}$，电流 $I_1, I_2, \cdots, I_n, I_{12}, I_{23}, \cdots, I_{(n-1)n}$ 均为未知量。将上述系统级未知量数目累加，可得所有系统级未知量总数为 $4n-1$。

对于 $n+1$ 端 VSC-HVDC 系统中存在的 $4n-1$ 个未知量，如果其中 $n-1$ 个未知量被确定，则其余的 $3n$ 个未知量可被 $3n$ 个约束方程求解，即数学模型可解。因此，在数学意义上，该系统的 $n-1$ 个电气参数未知量代表着多线间直流潮流控制器的最大潮流控制空间。

故可得以下结论：对于一个如图 5-22 所示的含有 n 线间直流潮流控制器的 $n+1$ 端 VSC-HVDC 系统，其可主动控制的直流线路潮流数目最大值为 $n-1$，即为多线间直流潮流控制器的最大直流潮流控制能力。该结论亦可说明为有 $n-1$ 条线路的直流潮流可被主动控制，剩余的另一条线路的直流潮流是被动确定的。

以三线间直流潮流控制器为例进行说明，三线间直流潮流控制器可主动控制 2 条直流线路潮流，不可主动控制的直流线路潮流数目为 1。四线间直流潮流控制器可主动控制 3 条直流线路潮流，不可主动控制的直流线路潮流数目为 1。

5.4.2 模块化多线间直流潮流控制器的拓扑结构

一般性的多线间直流潮流控制器拓扑含有一个能量中枢单元以及串入 n 条直流线路的 n 个衔接枢纽单元，在能量中枢单元和衔接枢纽单元之间通过直流母线母线 a、母线 b 和母线 0 建立能量交换路径，如图 5-23(a) 所示。对于第 i 个衔接枢纽单元，节点 p_i、a_i、b_i 和 c_i 分别与直流线路 i、母线 a、母线 b 和母线 0 相连。各个电气量的参考正方向如图 5-23 所示。

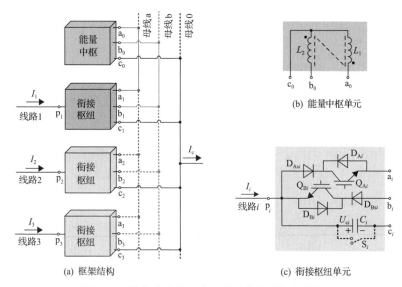

(a) 框架结构

(b) 能量中枢单元

(c) 衔接枢纽单元

图 5-23　模块化多线间直流潮流控制器拓扑结构

1. 能量中枢单元

能量中枢单元可视为模块化多线间直流潮流控制器的内部能量交换中心。本章中，考虑到低电流纹波以及应对潮流反转能力的需求，选择耦合电感(L_1 和 L_2)作为能量中枢单元。能量中枢单元的三种运行模式详述如下。

1)模式一：旁路模式

当多线间直流潮流控制器被旁路时，能量中枢单元被旁路，如图 5-24(a)所示。

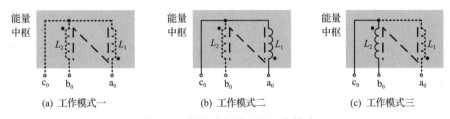

(a) 工作模式一　　　　　(b) 工作模式二　　　　　(c) 工作模式三

图 5-24　能量中枢单元的工作模式

2)模式二：正方向交换模式

当模块化多线间直流潮流控制器工作时，能量中枢单元轮流与每个衔接枢纽单元一起工作，即在一个所选的衔接枢纽单元与能量中枢单元之间进行能量交换。当所选衔接枢纽单元流经的直流潮流方向为正时，能量中枢单元中的 L_1 工作，如图 5-24(b)所示。

3)模式三：负方向交换模式

类似地，当所选衔接枢纽单元流经的直流潮流方向为负时，能量中枢单元中的 L_2 工作，如图 5-24(c)所示。

能量中枢单元亦可根据需要替换为电容和电感。不同的能量中枢单元意味着配套不同的衔接枢纽单元以及不同的技术特点。

2. 衔接枢纽单元

通用型多线间直流潮流控制器拓扑的衔接枢纽单元是能量中枢单元和直流输电线路之间的桥梁。

衔接枢纽单元 i 的内部拓扑包含一个串入直流线路 i 的电容 C_i、两个 IGBT(Q_{Ai} 和 Q_{Bi})、两个反向并联二极管(D_{Ai} 和 D_{Bi})以及两个串联二极管 D_{Asi} 和 D_{Bsi}。旁路开关为双向开关，由两个 IGBT 反向并联构成。衔接枢纽单元的四种运行模式详述如下。

1)工作模式一：旁路模式

当开关 S_i 闭合时，第 i 个衔接枢纽单元 i 被短路，如图 5-25(a)所示，即直流线路 i 与模块化多线间直流潮流控制器之间的能量交互路径被切断。

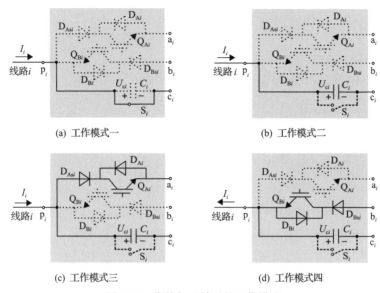

(a) 工作模式一　　　　　　　　(b) 工作模式二

(c) 工作模式三　　　　　　　　(d) 工作模式四

图 5-25　衔接枢纽单元的工作模式

2)工作模式二：常规模式

当开关 S_i 断开时，电容 C_i 被串入直流线路 i，等效于一个电压源串入直流线路 i，如图 5-25(b)所示。节点 c_i 与 VSC0 的直流母线 0 相连，节点 p_i 与直流线路 i 相连。可见，正是电容 C_i 改变了直流线路 i 的潮流。在该模式下，直流线路 i 与能量中枢单元之间不发生能量交换。

3)工作模式三：正向潮流交换模式

对于直流潮流方向为正方向的场景，开关 Q_{Ai} 闭合，直流线路 i 与能量中枢单元之间进行能量交互，如图 5-25(c)所示。

4)工作模式四：负向潮流交换模式

对于直流潮流方向为负方向的场景，开关 Q_{Bi} 闭合，直流线路 i 与能量中枢单元之间进行能量交互，如图 5-25(d)所示。

该衔接枢纽单元因为可在工作模式三和工作模式四灵活切换，故具有应对直流潮流反转场合的能力。

5)衔接枢纽单元的故障动作

若衔接枢纽单元 i 故障，则有以下动作。

　　(1) 开关 Q_{Ai} 和 Q_{Bi} 立即断开。两组反向并联二极管将衔接枢纽单元 i 从直流母线 a 和直流母线 b 之间的能量路径切除。

　　(2) 与此同时，开关 S_i 将会闭合，以将衔接枢纽单元 i 与直流线路 i 之间的能量路径切除，即故障的衔接枢纽单元 i 会与直流电网和模块化多线间直流潮流控制器完全切除。

　　例如，若衔接枢纽单元 2 故障，随即从直流电网和多线间直流潮流控制器中切除，如图 5-26 所示。此时 n 线间直流潮流控制器仅能实现 $n–1$ 线间直流潮流控制器的功能，控制除了直流线路 2 以外的 $n–1$ 条直流线路潮流，即该装置的大部分潮流控制能力得以保持。

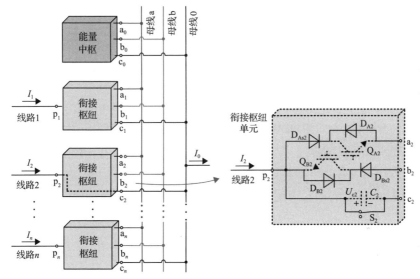

图 5-26　模块化多线间直流潮流控制器的故障动作

3. 母线单元

　　模块化多线间直流潮流控制器内部含有两条公共直流母线 (母线 a 和母线 b)，如图 5-23 (a) 所示。

　　当直流线路 i 的潮流方向为正方向时，直流母线 a 作为能量中枢单元和衔接枢纽单元 i 的能量交换路径。当直流线路 i 的潮流方向为负方向时，直流母线 b 作为能量中枢单元和衔接枢纽单元 i 的能量交换路径。

　　需要指出的是，连接 i 的节点 c_i 的直流母线 0 即为 VSC0 的直流端母线。当多线间直流潮流控制器投入运行时，单一时刻仅有一条内部母线单元 (即母线 a 或者母线 b) 工作。

　　因此，能量中枢单元和衔接枢纽单元 i 工作在哪个工作模式取决于直流线路 i

的直流潮流方向。

5.4.3　多线间直流潮流控制器运行机理

所有现存的两线间直流潮流控制器的运行机理是一致的，如图 5-27 所示，衔接枢纽单元 1 和 2 等效的两个电压源串入线路 1 和 2。衔接枢纽单元 1 和 2 在各自特定的开关状态下轮流与能量中枢单元进行能量交换。通过该能量中枢单元，部分能量在两条直流线路间进行转移以实现直流潮流控制。

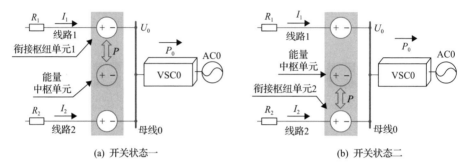

(a) 开关状态一　　　　　　　　　　(b) 开关状态二

图 5-27　在三端 HVDC 系统里线间直流潮流控制器的内部工作机理

类似地，根据两线间直流潮流控制器的工作机理，可推理构造得到 n 线间直流潮流控制器的工作机理。对于 n 线间直流潮流控制器，通过所有开关的闭合与断开，能量中枢单元和各个衔接枢纽单元之间轮流进行能量交换，意味着在一个开关周期内存在 n 个开关子模态以及 n 种能量路径。每个衔接枢纽单元在单个开关周期的各自开关子模态内会与能量中枢单元进行能量交换，如图 5-28 所示。

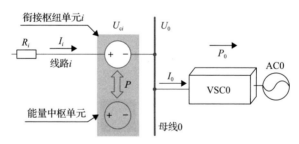

图 5-28　n 线间直流潮流控制器的内部工作机理(第 i 个开关子模态下)

当 $S_1, S_2, \cdots, S_n$ 闭合时，$C_1, C_2, \cdots, C_n$ 被短路，整个多线间直流潮流控制器被旁路。考虑到各直流传输线路的各种可能的潮流方向，基于直流线路的数目存在多种潮流控制工况。为详细分析模块化多线间直流潮流控制器的工作机理，以三线间直流潮流控制器的两种典型工况为例进行说明。两种工况的具体工作机理如图 5-29 和图 5-30 所示。

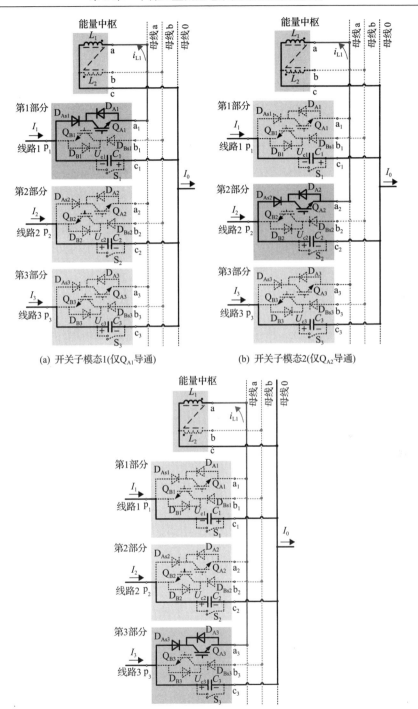

(a) 开关子模态1(仅Q_{A1}导通)

(b) 开关子模态2(仅Q_{A2}导通)

(c) 开关子模态3(仅Q_{A3}导通)

图 5-29　三线间直流潮流控制器的工作机理(工况 1)

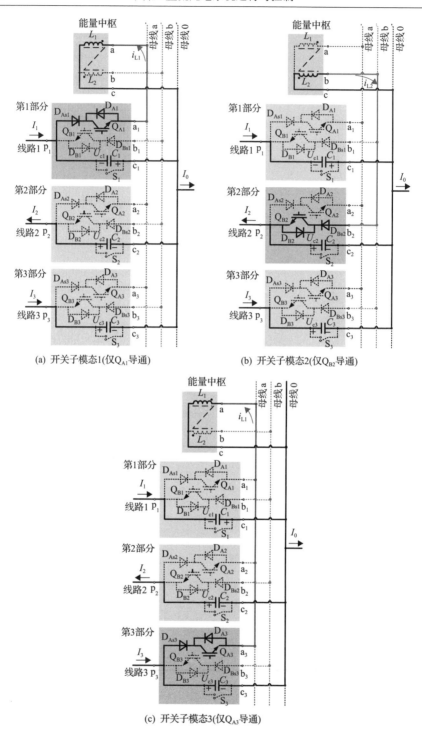

(a) 开关子模态1(仅Q_{A1}导通)

(b) 开关子模态2(仅Q_{B2}导通)

(c) 开关子模态3(仅Q_{A3}导通)

图 5-30　三线间直流潮流控制器的工作机理(工况 2)

1. 典型工况：I_1、I_2 和 I_3 均为正向潮流

在该工况中，三线间直流潮流控制器主动控制直流潮流 I_1 与 I_2 减小，I_3 被动增加，等效于在线路 1 和线路 2 中串入负直流电压源，在线路 3 中串入正直流电压源（电容 C_1、C_2 和 C_3 的电压方向如图 5-29 所示）。

若在衔接枢纽单元和能量中枢单元之间无能量交换路径，电容电压 U_{c1} 和 U_{c2} 将会增大、U_{c3} 将会减小。为了保持电容电压 U_{c1}、U_{c2} 和 U_{c3} 的平衡，需要在电容和能量中枢单元之间搭建能量交换路径。

在稳态运行下，整个开关周期可以被分为三个开关子模态，如图 5-29 所示，其运行机理简述如下。

（1）开关子模态 1：首先，开关 Q_{A1} 闭合，此时 C_1—D_{As1}—Q_{A1}—L_1 构成第 1 部分和能量中枢单元之间的能量交换路径，如图 5-29(a) 所示。在该子模态时间内，部分能量从 C_1 转移至 L_1，电感电流 i_{L1} 线性增大。

（2）开关子模态 2：开关 Q_{A1} 断开，同时开关 Q_{A2} 闭合，此时 C_2—D_{As2}—Q_{A2}—L_1 构成第 2 部分和能量中枢单元之间的能量交换路径，如图 5-29(b) 所示。在该子模态时间内，部分能量从 C_2 转移至 L_1，电感电流 i_{L1} 线性增大。

（3）开关子模态 3：开关 Q_{A2} 断开，同时开关 Q_{A3} 闭合，此时 C_3—D_{As3}—Q_{A3}—L_1 构成第 3 部分和能量中枢单元之间的能量交换路径，如图 5-29(c) 所示。在该子模态时间内，部分能量从 L_1 转移至 C_3，电感电流 i_{L1} 线性减小。

当 Q_{A3} 断开时，Q_{A1} 闭合，另一个开关周期开始。在该工况下，由于三条直流线路潮流均为正方向时，能量中枢单元中仅 L_1 工作，L_2 不工作。在该工况下，仅需控制开关 Q_{A1}、Q_{A2} 和 Q_{A3} 的通断（开关 Q_{A1}、Q_{A2} 和 Q_{A3} 始终互补导通，Q_{B1}、Q_{B2} 和 Q_{B3} 一直处于断开状态）。

2. 典型工况：I_1 和 I_3 均为正向潮流、I_2 为反向潮流

在该工况中，三线间直流潮流控制器主动控制直流潮流 I_1 与 I_2 增大，I_3 被动减小，等效于在线路 3 中串入负直流电压源，在线路 1 和线路 2 中串入正直流电压源（电容 C_1、C_2 和 C_3 的电压方向如图 5-30 所示）。

若在衔接枢纽单元和能量中枢单元之间无能量交换路径，电容电压 U_{c1} 和 U_{c2} 将会减小、U_{c3} 将会增大。为了保持电容电压 U_{c1}、U_{c2} 和 U_{c3} 的平衡，需要在电容和能量中枢单元之间搭建能量交换路径。

在稳态运行下，整个开关周期可以分为三个开关子模态，如图 5-30 所示，其运行机理简述如下。

（1）开关子模态 1：首先，开关 Q_{A1} 闭合，此时 C_1—D_{As1}—Q_{A1}—L_1 构成第 1 部分和能量中枢单元之间的能量交换路径，如图 5-30(a) 所示。在该子模态时间内，

部分能量从 L_1 转移至 C_1，电感电流 i_{L1} 线性减小。

（2）开关子模态 2：开关 Q_{A1} 断开，同时开关 Q_{B2} 闭合，此时 L_2—D_{Bs2}—Q_{B2}—C_2 构成第 2 部分和能量中枢单元之间的能量交换路径，如图 5-30（b）所示。该子模态时间内，由于耦合电感的作用，L_1 的能量转移到 L_2。在该子模态时间内，部分能量从 L_2 转移至 C_2，电感电流 i_{L2} 线性减小。

（3）开关子模态 3：开关 Q_{B2} 断开，同时开关 Q_{A3} 闭合，此时 C_3—D_{As3}—Q_{A3}—L_1 构成第 3 部分和能量中枢单元之间的能量交换路径，如图 5-30（c）所示。该子模态时间内，由于耦合电感的作用，L_2 的能量转移到 L_1。在该子模态时间内，部分能量从 C_3 转移至 L_1，电感电流 i_{L1} 线性增大。

当 Q_{A3} 断开时，Q_{A1} 闭合，另一个开关周期开始。通过耦合电感，电容 C_3 的部分能量转移至电容 C_1 和 C_2，以增大 I_1 和 I_2。在该工况下，仅需控制开关 Q_{A1}、Q_{B2} 和 Q_{A3} 的通断（开关 Q_{A1}、Q_{B2} 和 Q_{A3} 始终互补导通，Q_{B1}、Q_{A2} 和 Q_{B3} 一直处于断开状态）。

3. 模块化多线间直流潮流控制器工作机理的规律分析

基于以上分析可推得：在一个开关子模态下，当衔接枢纽单元 i 与能量中枢单元之间存在能量交换路径时，其他衔接枢纽单元与能量中枢单元不存在能量交换路径。

工况 1 和工况 2 的具体总结如表 5-2 所示。根据以上分析，结合电流方向以及潮流控制的需求，该三线间直流潮流控制器共有 49 种工况，对应不同潮流方向下的不同潮流控制需求，实现不同潮流方向下三条线路的四种潮流调节功能的完全覆盖。

表 5-2　工况 1 和工况 2 的总结

工况	$I_1/I_2/I_3$ 方向	$I_1/I_2/I_3$ 的控制需求	$U_{c1}/U_{c2}/U_{c3}$ 极性	受控开关	开关子模态	衔接枢纽单元 1 的工作模式	衔接枢纽单元 2 的工作模式	衔接枢纽单元 3 的工作模式	能量中枢单元的工作模式
1	+/+/+	↓/↓/↑	+/+/−	Q_{A1}、Q_{A2}、Q_{A3}	子模态 1	工作模式 3	工作模式 2	工作模式 2	工作模式 2
					子模态 2	工作模式 2	工作模式 3	工作模式 2	工作模式 2
					子模态 3	工作模式 2	工作模式 2	工作模式 3	工作模式 2
2	+/−/+	↑/↑/↓	−/−/+	Q_{A1}、Q_{B2}、Q_{A3}	子模态 1	工作模式 3	工作模式 2	工作模式 2	工作模式 2
					子模态 2	工作模式 2	工作模式 4	工作模式 2	工作模式 2
					子模态 3	工作模式 2	工作模式 2	工作模式 3	工作模式 2

基于多线间直流潮流控制器的具体工况分析，可得到如下具体的开关动作规则。若在某个开关子模态下，和线路 i 相连的衔接枢纽单元与能量中枢进行能量

交换，此时：

(1)衔接枢纽单元和能量中枢单元的工作模式的选择，取决于直流线路潮流的方向。模块化三线间直流潮流控制器工作时，仅存在一个衔接枢纽单元与能量中枢单元之间的能量交换路径处于工作状态。

(2)当线路 i 的直流潮流方向为正方向时，能量中枢单元处于工作模式 2；当线路 i 的直流潮流方向为负方向时，能量中枢单元处于工作模式 3。

(3)当线路 i 的直流潮流方向为正方向时，衔接枢纽单元处于工作模式 3，此时衔接枢纽单元内的 Q_{Ai} 处于受控状态；当线路 i 的直流潮流方向为负方向，能量中枢单元处于工作模式 4，此时衔接枢纽单元内的 Q_{Bi} 处于受控状态。

(4)在一个开关周期内，若衔接枢纽单元 $j(j\neq i)$ 参与能量交换，则衔接枢纽单元 j 处于工作模式 2；若衔接枢纽单元 $j(j\neq i)$ 不参与能量交换，则衔接单元 j 处于工作模式 3。

需要说明的是：n 线间直流潮流控制器可实现 k 线间直流潮流控制器的功能（$k=2,3,\cdots,n$）。若存在部分直流线路不参与和其他线路的能量交换，则该部分直流线路对应的衔接枢纽单元处于工作模式 3。

5.4.4　多目标控制策略

在单个开关周期内，n 线间直流潮流控制器存在 n 个开关子模态，每个开关子模态的时间均需要单独控制。分别定义 n 个开关子模态的占空比为 $D_1,D_2,\cdots,D_n$。

模块化多线间直流潮流控制器的通用型控制策略如图 5-31 所示。由图 5-31 可

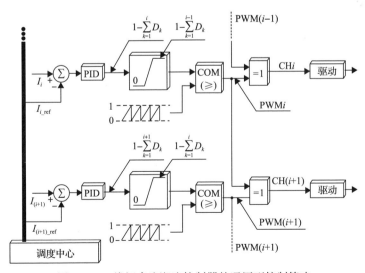

图 5-31　n 线间直流潮流控制器的通用型控制策略

知，该控制策略包含两个部分：前半部分用于生成过渡波形（PWM1，PWM2，…，PWMn），后半部分用于生成开关信号（CH1，CH2，…，CHn）。

直流线路 i 的潮流参考值 I_{i_ref} 与该线路实际潮流值 I_i 比较，所得差值经过PID 调节器后与锯齿波进行比较计算生成 PWMi。需要注意的是，所得差值需要被"动态限幅"以得到互补导通的开关信号。特别地，定义 PMWn 为低电平信号（0），定义 PWM0 为高电平信号（1）。开关信号波形 CHi 由 PWM$(i-1)$ 和 PWMi 两个过渡波形通过异或门生成，并非通过比较占空比与载波生成信号波形的传统方式。

以图 5-29 所示的三线间直流潮流控制器工况 1 为例详细阐述控制策略。假设直流线路 1 和 2 的潮流 I_1 和 I_2 为控制目标，即三线间直流潮流控制器实现主动控制 I_1 和 I_2 的功能，线路 3 的潮流 I_3 被动改变。如图 5-32 所示，两个控制目标 I_1 和 I_2 完全解耦，彼此之间无约束。如图 5-32（a）所示，PID 调节器单元的上限动态限幅为 $1-D_1$，其等效数学约束如式（5-6）所示。

$$\text{s.t.} \begin{cases} 0 \leqslant D_i \leqslant 1, \quad i = 1, 2, 3 \\ D_1 + D_2 + D_3 = 1 \end{cases} \tag{5-6}$$

一个开关周期内，三组互补导通的开关信号（CH1、CH2 和 CH3）的生成过程已在图 5-32（b）中详细描述。CH1、CH2 和 CH3 分别为工况 1 中控制开关 Q_{A1}、Q_{A2} 和 Q_{A3} 的开关信号波形。

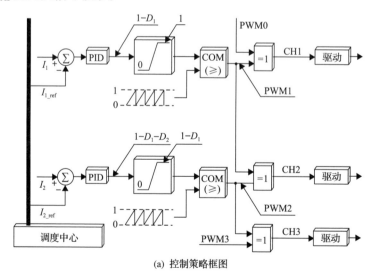

(a) 控制策略框图

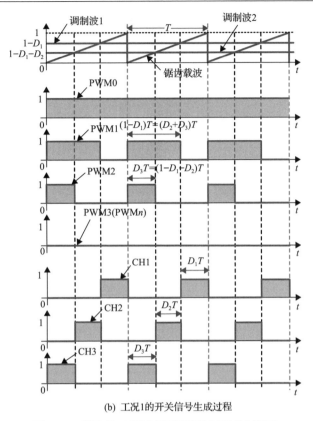

(b) 工况1的开关信号生成过程

图 5-32　模块化三线间直流潮流控制器控制策略

5.5　本章小结

本章首先指出了中低压直流配电网由环状向网状结构发展时所面临的重大挑战——复杂架构带来的系统潮流控制自由度不足，并提出其解决方案——直流潮流控制器，并对四类基本"单自由度"潮流控制器进行了介绍。

"单自由度"潮流控制器无法同时主动控制多条线路的潮流，应用场景受限。因此，本章为进一步拓展直流潮流控制器的控制自由度，提出了复合型直流潮流控制器的概念。复合型直流潮流控制器基于现有 SAVS 型直流潮流控制器与 IDCPFC 进行组合优化与复合演绎，实现二者在功能与拓扑两个层面的复合。其具体构建的两线间复合型拓扑，可有效实现双线路潮流主动控制功能，并具有拓展至多线间的潜力。

模块化多线间直流潮流控制器则进一步挖掘多线间直流潮流控制器的潮流控制自由度，可实现 n 线间直流潮流控制器主动控制 $n-1$ 条直流线路潮流的能力。

同时，本章提出了模块化多线间直流潮流控制器的模块化结构设计与通用型扩展理论，详细分析了其工作机理与控制策略，验证了其潮流控制能力。模块化多线间直流潮流控制器具有模块化设计与高扩展性的优点。

直流潮流控制器作为直流电网领域的新兴前沿概念，可提升系统潮流控制自由度、增强系统主动致稳能力。随着直流配电工程实践的日益深化，直流潮流控制器将有效地解决未来中低压直流配电系统网络复杂化与潮流可控性薄弱之间的矛盾，促进直流配电系统实现"由环向网"的演变。

参 考 文 献

[1] Asplund G, Lindén K, Barker C, et al. HVDC grid feasibility study[J]. Electra, 2013, 533: 50-59.

[2] 温家良, 吴锐, 彭畅, 等. 直流电网在中国的应用前景分析[J]. 中国电机工程学报, 2012, 32(13): 7-12, 185.

[3] 潘垣, 尹项根, 胡家兵, 等. 论基于柔直电网的西部风光能源集中开发与外送[J]. 电网技术, 2016, 40(12): 3621-3629.

[4] Li Y, Shi X, Liu B, et al. Development, demonstration, and control of a testbed for multiterminal HVDC system[J]. IEEE Transactions on Power Electronics, 2017, 32(8): 6069-6078.

[5] Diab H, Tennakoon S, Gould C, et al. An investigation of power flow control methods in multiterminal high voltage DC grids[C]. 50th International Universities Power Engineering Conference(UPEC), Stoke on Trent, 2015: 1-5.

[6] Jovcic D, Hajian M, Zhang H, et al. Power flow control in DC transmission grids using mechanical and semiconductor based DC/DC devices[C]. 10th IET International Conference on AC and DC Power Transmission (ACDC), Birmingham, 2012: 1-6.

[7] 姚良忠, 崔红芬, 李官军, 等. 柔性直流电网串联直流潮流控制器及其控制策略研究[J]. 中国电机工程学报, 2016, 36(4): 945-952.

[8] Veilleux E, Ooi B T. Multiterminal HVDC with thyristor power-flow controller[J]. IEEE Transactions on Power Delivery, 2012, 27(3): 1205-1212.

[9] Jovcic D. Bidirectional high-power DC transformer[J]. IEEE Transactions on Power Delivery, 2009, 24(4): 2276-2283.

[10] Natori K, Obara H, Yoshikawa K, et al. Flexible power flow control for next-generation multi-terminal DC power network[C]. Proceedings of the 2014 IEEE Energy Conversion Congress and Exposition(ECCE), Pittsburgh, 2014: 778-784.

[11] Rouzbehi K, Candela J, Luna A, et al. Flexible control of power flow in multiterminal DC grids using DC-DC converter[J]. IEEE Journal of Emerging and Selected Topics in Power Electronics, 2016, 4(3): 1135-1144.

[12] Falcones S, Ayyanar R, Mao X L. A DC-DC multiport-converter-based solid-state transformer integrating distributed generation and storage[J]. IEEE Transactions on Power Electronics, 2013, 28(5): 2192-2203.

[13] 许烽, 徐政. 一种适用于多端直流系统的模块化多电平潮流控制器[J]. 电力系统自动化, 2015, 39(3): 95-102.

[14] Sau-Bassols J, Prieto-Araujo E, Gomis-Bellmunt O. Modelling and control of an interline current flow controller for meshed HVDC grids[J]. IEEE Transactions on Power Delivery, 2017, 32(1): 11-22.

[15] Deng N, Wang P, Zhang X P, et al. A DC current flow controller for meshed modular multilevel converter multiterminal HVDC grids[J]. CSEE Journal of Power and Energy System, 2015, 1(1): 43-51.

[16] 许烽, 徐政, 新高任. 新型直流潮流控制器及其在环网式直流电网中的应用[J]. 电网技术, 2014, 38(10): 2644-2650.

[17] 贾文鹏, 吴俊勇, 郝亮亮, 等. 一种应用于多端柔性直流系统的新型潮流控制器[J]. 电网技术, 2016, 40(4): 1073-1080.

[18] Sau-Bassols J, Ferrer-San-Jose R, Prieto-Araujo E, et al. Coordinated control design of the voltage and current loop of a current flow controller for meshed HVDC grids[C]. 15th IET International Conference on AC and DC Power Transmission(ACDC), Manchester, 2017: 1-6.

[19] Wu Y, Ye H, Chen W, et al. A novel DC power flow controller for HVDC grids with different voltage levels[C]. 2018 IEEE International Power Electronics Conference(IPEC-Niigata 2018 -ECCE Asia), Niigata, 2018: 2496-2499.

[20] 陈武, 朱旭, 姚良忠, 等. 一种改进型线间直流潮流控制器的仿真与实验[J]. 中国电机工程学报, 2016, 36(7): 1969-1976.

[21] 张家奎, 徐千鸣, 罗安, 等. 电感共用式线间直流潮流控制器及其控制[J]. 电力系统自动化, 2018, 42(23): 20-26.

[22] Sau-Bassols J, Prieto-Araujo E, Gomis-Bellmunt O, et al. Selective operation of distributed current flow controller devices for meshed HVDC grids[J]. IEEE Transactions on Power Delivery, 2019, 34(1): 107-118.

[23] Mike R, Lehn L W. A multiport power-flow controller for DC transmission grids[J]. IEEE Transactions on Power Delivery, 2016, 31(1): 389-396.

[24] 李国庆, 边竞, 王鹤, 等. 一种基于 MMC 的新型直流潮流控制器[J]. 电网技术, 2017, 41(7): 2107-2114.

[25] Zhong X, Zhu M, Huang R, et al. Combination strategy of DC power flow controller for multi-terminal HVDC system[J]. IET Journal of Engineering, 2017, 2017(13): 1441-1446.

[26] Chen W, Zhu X, Yao L, et al. An interline dc power-flow controller(IDCPFC) for multiterminal HVDC system[J]. IEEE Transactions on Power Delivery, 2015, 30(4): 2027-2036.

[27] 陈武, 朱旭, 姚良忠, 等. 适用于多端柔性直流输电系统的直流潮流控制器[J]. 电力系统自动化, 2015, 39(11): 76-82.

[28] 武文, 吴学智, 荆龙, 等. 新型多端口直流潮流控制器及其控制策略研究[J]. 中国电机工程学报, 2019, 39(13): 3744-3757.

[29] 王鹤, 边竞, 李国庆, 等. 适用于柔性直流电网的多端口直流潮流控制器[J]. 电力系统自动化, 2017, 41(22): 102-108.

[30] Zhong X, Zhu M, Chi Y, et al. Combined DC power flow controller for DC grid[C]. 2018 IEEE International Power Electronics Conference(ECCE-Asia), Niigata, 2018: 1491-1497.

[31] Zhong X, Zhu M, Chi Y, et al. Composite DC power flow controller[J]. IEEE Transactions on Power Electronics, 2020, 35(4): 3530-3542.

[32] 钟旭, 朱淼, 迟永宁, 等. 复合型直流潮流控制器构建与实现[J]. 中国电机工程学报, 2020, 40(2): 444-455.

[33] Zhong X, Zhu M, Wang S, et al. Topology, operation principle and control of three-line composite DC power flow controller[C]. 2020 IEEE International Power Electronics and Motion Control Conference(ECCE-Asia), Nanjing, 2020: 1305-1309.

[34] Zhong X, Zhu M, Li Y, et al. Modular interline DC power flow controller[J]. IEEE Transactions on Power Electronics, 2020, 35(11): 11707-11719.

[35] Zhong X, Zhu M, Chi Y, et al. A general extended theory of interline DC power flow controller[C]. 2019 IEEE Innovative Smart Grid Technologies-Asia(ISGT-Asia), Chengdu, 2019: 2266-2269.

[36] 刘斯棋, 朱淼, 钟旭, 等. 具备双自由度控制能力的三线间直流潮流控制器[J]. 电力系统自动化, 2019, 43 (18): 75-83.

[37] Liu S, Zhu M, Zhong X, et al. A triple interline DC power flow controller with dual-freedom control function[C]. 2019 14th IEEE Conference on Industrial Electronics and Applications (ICIEA), Xi'an, 2019: 1903-1908.

[38] Yi J, Zhu M, Zhong Z, et al. An improved triple interline DC power flow controller for bidirectional power control[C]. 2020 IEEE Region 10 Conference (TENCON), Osaka, 2020: 1301-1306.

[39] Yi J, Zhu M, Zhong X, et al. Modular capacitor-based full bridge interline DC power flow controller: Topology analysis and performance study[C]. Conference Proceedings of 2021 International Joint Conference on Energy, Electrical and Power Engineering, Singapore, 2021: 583-593.

第6章 直流配电的工程实践探索

中低压直流配电技术是分布式能源消纳与配电网能效提升的重要方向之一，目前已在新能源发电、交通电气化、信息系统等领域得到部分应用。本章对国内外近年来已开展的代表性直流配电系统示范与实证工程展开对比分析。同时，结合直流配电的实践探索，本章对相关领域的标准化工作进程进行了综述，以期为我国未来直流配电的工程实践提供思路。

6.1 直流配电系统典型应用场景

直流配电系统的重要性和优势可主要体现在以下几个方面：分布式与集中式能源消纳与并网发电、交通电气化、绿色建筑、直流负载供电等。

6.1.1 分布式光伏直流发电与并网

典型的光伏发电装置以光伏发电板阵列的形式构成，分布在各个区域。根据额定电压和功率，每个光伏发电板阵列中的发电板以串并联的形式进行阵列排序。光伏发电装置大部分都是直流，且会因为天气状况的改变呈现出间歇性和波动性变化。在传统的交流配电网中，首先通过 DC-AC 逆变器将光伏发电装置的输出电压转为交流，然后经过变压器进行升压，将低压转为中压，之后将分布式的光伏发电板阵列进行汇集，再通过缆线输送到电网侧，最后利用中高压升压变压器进行升压并网[1-3]。

如图 6-1 所示，相较于传统交流方式，在光伏直流配电网中，首先利用隔离式 DC-DC 转换器，将每一个光伏发电板阵列的电压提升至汇集额定电压水平，再将不同光伏发电板阵列提升后的电压汇集到同一个母线上，之后经过缆线将母线电压输送至电网侧，最后将 DC-AC 逆变器和中高压升压变压器作为接口进行并网。

分布式光伏直流配电系统具有以下优点：①可以对区域电力的质量和性能进行实时监控，非常适合向农村、牧区、山区、发展中的大中小城市或商业区的居民供电，大大减小环保压力；②输配电损耗低，无须建设配电站，降低或避免附加的输配电成本，土建和安装成本低；③与智能电网和微电网的有效接口运行灵活、受限较小，适当条件下可以脱离电网独立运行，避免发生大规模停电事故，安全性较高；④调峰性能好，操作简单；⑤具有良好的稳定性，无相位同步问题，适应分布式可再生能源高渗透率接入。

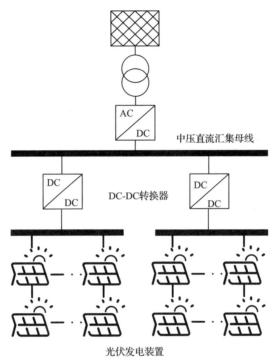

图 6-1 典型分布式光伏直流发电与并网方案

6.1.2 集中式海上风力发电与并网

对于海上风力发电与并网，现有的柔性直流并网方案仍然需要庞大笨重的工频变压器升压和大型海上平台，内部汇集网仍然用到大量的交流电缆。鉴于现有海上风电场中存在的诸多缺陷，以及柔性直流技术的不断发展，不仅使用直流技术进行风电场的并网，在风电场内部也使用直流配电技术汇集电能的全直流海上风电并网技术成为近年来的研究热点。

基于直流配电技术的海上风电场内部直流汇集系统典型方案如图 6-2 所示。在该方案中，直流风机控制各自独立。一定数量的直流风机并联汇集后，利用基于大容量直流变换器的海上换流站，直接提升直流电压到高压直流输电等级。该方案具备如下特点：①有效简化海上风电场从发电到并网的整个过程，避免对电能进行多次整流、逆变和升压，从而减少系统投资、降低损耗；②采用高频变压器和电力电子设备等，具备更小的体积和更高的功率密度，能够减轻海上平台载荷，降低建设维护成本；③采用电压源型换流站，能够保持友好并网的性能；④能够独立控制与电网交换的有功和无功功率，保证良好的电能质量。可见，全直流海上风电场在设备的体积和重量、系统损耗、并网友好性、建设成本等方面均优于现有的海上交流风电场。

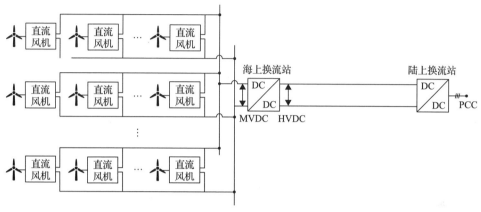

图 6-2　典型全直流海上风电汇集与并网方案

面向我国高效、低成本、大规模开发海上风能资源的巨大需求，适应海上风电传输容量越来越大、传输距离越来越远的发展趋势，风电场能量汇集和输送采用全直流方案将具有重大技术创新导向。

6.1.3　直流船舶电力系统

交流船舶电力系统中，利用多组冗余的发电机对多种负载进行供电。在当前的交流船舶电力系统中，必须对发电机转速进行实时调整来保持整个电力系统的运行频率稳定，这导致原动机(如柴油发动机)只能在次优化的状态运行，工作点不能进一步被优化。

直流船舶电力系统的发电机由蒸汽轮机(GT)和燃气发动机(DE)驱动，通过永磁同步发电机(PMSG)给船舶的用电设备供能，大型船舶通常需要多组发电装置进行供能。此外，能量储存系统(ESS)的引入可以用来补偿直流船舶电力系统中负载的波动。各供电单元通过整流、滤波后将能量输送给直流船舶电力系统的母线，出于经济性考虑，其架构大都是环形或者放射形的，可以用来连接独立的电力线从而给船舶系统的多种负载供电。船舶系统的负载主要包括推进负载、服务负载和脉冲功率负载。图 6-3 展示了一种船舶直流配电系统的带状分布环形母线结构，这种环形母线由多个供能装置支持，并给多个区域内的负载供电，其中SG1、SG2 为同步发电机。

船舶直流配电系统有以下优势：①船舶发电机和引擎速度可以根据系统负载情况动态优化，减少燃料消耗，从而降低维护成本；②直流电力系统便于储能接入；③船载直流电力系统通过"软"方式清除大短路电流，系统可以快速恢复并且可预测，不会受瞬变影响；④船载直流系统组件数量减少，和交流系统相比占地空间减少高达 30%，从而有更小的空间和重量。

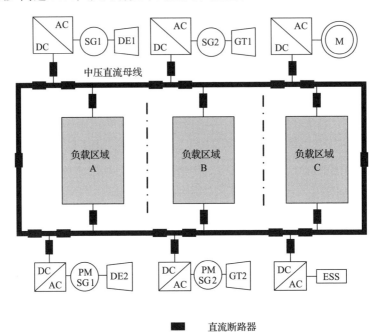

图 6-3　典型直流船舶配电系统方案

6.1.4　直流建筑

建筑中的交流配电系统目前面临着诸多挑战。未来我国建筑表面的太阳能光伏发电可达 2 万亿 kW·h，需要引入终端蓄电方式以协调供需矛盾、缓解建筑用电峰谷变化对电网的冲击。同时，建筑中的终端电器也呈现直流化的特征，光伏、蓄电池也均为直流接入，因而在交流建筑配电系统中需要引入多级交直流转换，并大范围接入转换装置，过多的设备投入会带来更多的故障点，并造成额外的转换损失。

在直流建筑中，如图 6-4 所示，照明装置采用 LED 光源；计算机、显示器等信息设备，空调、冰箱等白色家电，其内部都是直流驱动；电梯、风机、水泵等建筑中的大功率装置，目前的高效节能发展方向也是直流驱动的变频控制。为提高用电效率，用户可以通过屋顶光伏发电等新能源发电技术对负荷进行直流电能供给，并针对新能源发电的波动性引入储能装置，保证负荷用电的稳定性。在用户发、储、用自给自足的情况下，可以通过电力电子设备将用户的发电装置进行并网，提高电能的使用效率，发挥多余电能的价值。因此在直流配电系统中，用户不仅是电能的消费者，还是电能的生产者，构成发、储、用、销一体化的运行模型。

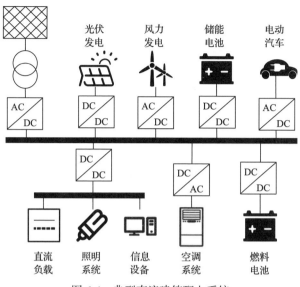

图 6-4　典型直流建筑配电系统

相对于交流建筑，直流建筑具有以下优势：①建筑用电负载由刚性转为柔性可有效应对可再生能源的波动性与电网的峰谷差，提高用电安全性；②采用直流配电系统的柔性建筑，能够作为能量的调蓄池，有效提高城市能源系统的综合效率；③与分布式电源和电网协同响应，在实现恒功率供电等方面具有明显优势。

6.1.5　直流充电站

在交流配电系统中，可以通过变压器使高压交流电网对中压交流配电网进行供电，同时中压交流配电网通过多种变换器对可再生能源进行整合，之后连接快速充电站，为整个公共交通系统进行供能。在环状交流配电网中每个能量源都要经历 DC-AC 转换，同时每个充电桩都要经历 AC-DC 功率变换，整体效率较低。

在直流配电系统中，如图 6-5 所示，中压直流配电网由多种可再生能源通过直流变换器进行供能[4-6]，同时，也通过 AC-DC 转换器与高压交流电网连接。因此，通过中压直流配电网的调度，充电侧中未能匹配的需求高峰可以由高压交流电网和电能储存设备提供。

直流充电站存在以下优势：①直流充电站充电功率大、充电速度快，提升了整体效率；②直流充电站无须安装交流配电系统中配备的逆变器和整流器，既节约了成本，又减少了占地面积；③直流配电系统通过连接能量储存装置和高压交流电网，对公共交通系统进行电力供应，提高了供电稳定性。

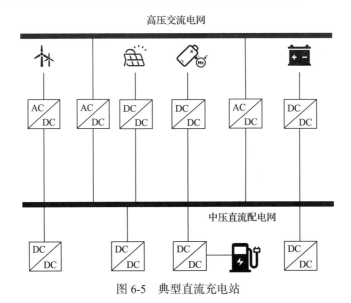

图 6-5　典型直流充电站

6.1.6　直流数据中心

随着大数据时代的到来，互联网产品和服务需求量与日俱增，作为大量数据承载和信息媒体传输的数据中心的重要枢纽地位越来越突出[7-9]。数据中心是我国新基建七大领域之一，其能源消费正在快速增长。数据中心的不断发展对配电网的供电水平和能力提出了更高的要求。采用合理的配电系统设计方案，能保障集中度高且需长时间不断电运行的数据中心系统的高效可靠运行。当前的数据中心大多采用交流供电的形式，但存在可靠供电效率低、灵活性差、电能转换环节多等问题。直流供电系统因具有控制快速灵活、系统效率高、供电容量大、线路损耗小、电能质量高、具备无功补偿能力等优点，更适合于分布式电源、储能装置和直流负荷的灵活接入，是数据中心供能系统发展的重要方向。我国也发布了《信息通信用 240V/336V 直流供电系统技术要求和试验方法》（GB/T 38833—2020）。

采用全直流供配电的数据中心存在以下优势：①数据中心的设备均为直流负荷，中低压直流配电系统可为数据中心直接提供电力，相比于传统的电力供应方式，可以减少交直流电源转换环节，取消两级变换后电路结构得以简化，可大大减少由电源转换造成的能耗；②全直流数据中心能够更方便地接入光伏发电和储能设备，可减少甚至省去本地备用电源，若能成功实现冷、热、电等多种能源方式的综合利用，将进一步提高能源的综合利用效率，助力"双碳"目标实现，图 6-6 为典型的直流数据中心方案。

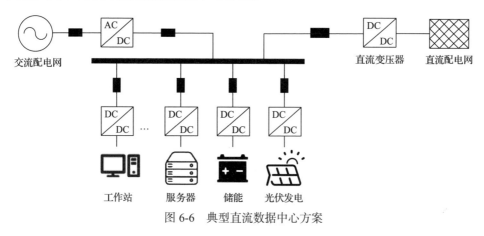

图 6-6　典型直流数据中心方案

6.2　国外直流输配电工程

近年来，美国、德国、丹麦、日本、韩国等国家都逐渐开展直流配电系统的相关研究，从电压等级、应用场景、控制架构和继电保护方案等方面进行理论研究和示范验证。国外相关示范工程大多集中在直流建筑、海岛微电网、数据中心等，电压等级较低且容量较小，具体如表 6-1 所示。

表 6-1　国外示范工程介绍

工程名称	投运年份	直流电压等级	供电容量	应用场景
德国西门子公司 SIPLINK 系统	2003	—	1.2MW	交流配电网、柔性互联
日本大阪大学直流试验系统	2006	230V、±170V	—	直流微电网
美国弗吉尼亚理工大学 SBN 工程	2010	380V DC、48V DC	—	直流微电网
德国亚琛工业大学 City of Tomorrow 工程	2011	±5kV	15.5MW	环网、城市配电网
韩国巨次岛直流配电系统示范工程	2017	750V DC、±750V	3MW	海岛微电网
德国 FEN 中压直流示范工程	2019	±2.5kV	7.5MW	多端、中压直流、分布式电网

6.2.1　德国西门子公司 SIPLINK 系统

早在 2003 年，德国西门子公司就开发了名为 SIPLINK[10]的中压直流背靠背互联系统。利用系统内部中压直流母线的解耦特性，SIPLINK 能够实现多组中压交流系统异步柔性互联。如图 6-7 所示，在这种互联电网系统中，SIPLINK 换流器能够有效调控无功与有功潮流。目前该系统已经在德国卡尔斯鲁厄(1.2MW)等地区开展了示范应用。

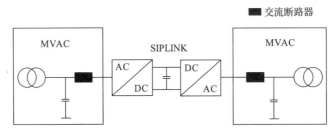

图 6-7　SIPLINK 换流器示意图

MVAC 表示中压交流

6.2.2　日本大阪大学直流试验系统

在 2004 年，日本东京工业大学等机构就提出了基于直流微电网的配电系统构想，并实现了一套 10kW 直流配电实验系统[11-13]。在上述研究工作基础上，日本大阪大学于 2006 年提出了一种双极性直流系统架构，如图 6-8 所示。230V 交流电通过降压变压器从 6.6kV 配电网直接获取，然后通过双向整流器变换为±170V

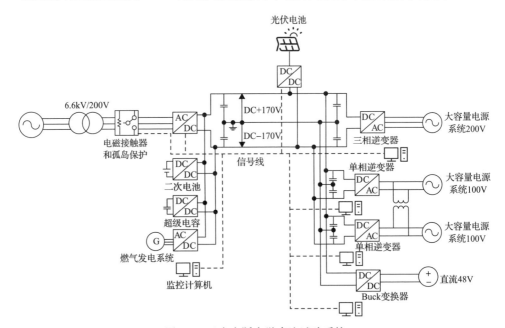

图 6-8　日本大阪大学直流试验系统

的直流电压。一台燃气轮机通过背靠背变换器直接连接到 230V 交流电,蓄电池和超级电容等储能设备以及光伏等分布式电源,均通过直流变换器连接到直流母线。基于直流母线,可以通过电力电子变换器得到多类型电能输出,如单相交流100V、三相交流 200V 和直流 100V 等。

6.2.3　美国弗吉尼亚理工大学 SBN 工程

美国弗吉尼亚理工大学电力电子中心(Center for Power Electronics Systems,CPES)在 2007 年提出了主要为未来住宅提供电力的"Sustainable Building Initiative"(SBI)研究计划,并在 2010 年将 SBI 发展为 SBN(Sustainable Building and Nanogrids)计划。该直流系统具备直流 48V 和直流 380V 共 2 个电压等级,以分别给不同等级的负载供电。其中直流 48V 母线主要是为了匹配通信标准的直流电压等级,它依靠 DC-DC 变换器与直流 380V 母线连接。直流 380V 母线则依靠前端整流器和功率因数校正(power factor correction,PFC)电路接入主电网,以匹配工业标准的直流电压等级。

在 SBN 研究的基础上,结合高压直流输电的发展,CPES 还提出了交直流配电分层连接的混合配电系统结构,其拓扑结构示意图如图 6-9 所示。在该混合配电结构中,同时存在有交流配电网和直流配电网,系统根据电压等级从低到高依

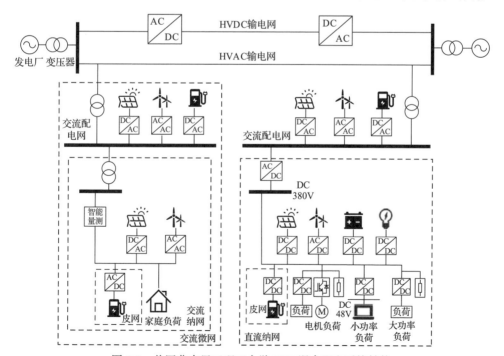

图 6-9　美国弗吉尼亚理工大学 SBN 混合配电系统结构

次分为皮网、纳网、微网、子网，这些网络子系统均通过电力电子变换器与上层配电母线连接。这种模块化的多层次分类方式，对直流配电系统的研究和拓展具有重要意义。

6.2.4　德国亚琛工业大学 City of Tomorrow 工程

德国亚琛工业大学提出 City of Tomorrow[11,14-16]城市供电方案，并在亚琛工业大学内建造了±5kV 直流配电示范工程，该城市配电系统采用中压直流环网供电，通过大功率 AC-DC 换流器和 DC-DC 变换器进行电能转换与传输。

德国亚琛工业大学 City of Tomorrow 工程是一种双极结构的直流微电网系统，该系统由外部 20kV 交流变电站供电，经 AC-DC 变换后为亚琛工业大学新校区的几个大功率试验台提供电能，总功率为 15.5MW。如图 6-10 所示，该直流配电系统采用电缆双极环网方式供电，每台试验装置通过 DC-DC 变换器或 DC-AC 换流器连接到直流母线上。其中，双向 AC-DC 换流器 A 连接直流配电系统和外部交流系统，在正常工作时以整流方式为直流配电系统供电，必要时反转潮流方向，以逆变模式运行为外部交流系统供电。

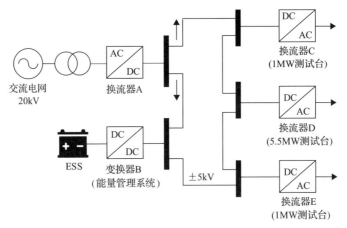

图 6-10　德国亚琛工业大学 City of Tomorrow 工程示意图

6.2.5　韩国巨次岛直流配电系统示范工程

韩国巨次岛直流配电系统示范工程[10,16]由韩国电力公司(KEPCO)设计建造，图 6-11 为巨次岛直流电网的拓扑结构，其中分布式资源包括光伏、风机和 ESS，功率转换设备包括连接分布式发电的 DC-DC 变换器、连接负荷的 DC-DC 变换器、连接交流系统的 AC-DC 换流器。在直流配电系统中，用于风力和光伏发电的变流器和电池充电器都并联到一条 750V 直流线路上，由变流器进行功率控制，并通过双极线向用户供电。

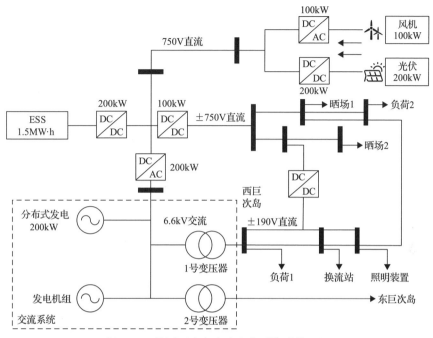

图 6-11 韩国巨次岛直流配电系统示范工程

直流配电系统可由操作员根据 ESS 的状态进行管理，ESS 从分布式发电中吸收电能，当发生过充时，可以通过设置 ESS 的最大 SOC 来限制分布式发电的输出功率。如果 ESS 的 SOC 不足，则通过调整柴油发电机的输出功率给 ESS 充电。

韩国巨次岛直流配电系统示范工程由于未与外部电网连接，需要实现岛内能量自给，因此在分布式发电的基础上，采用柴油发电机来保障能量供给。该直流配电系统示范工程提高了该岛的能源效率，易于实现可再生能源互联，并且该工程中开发的直流优化运行系统有助于实现直流配电系统的商业化运行。

6.2.6 德国 FEN 中压直流示范工程

自 2013 年启动预研究之后，柔性电网研究院（FEN）于 2014 年在德国联邦教育研究部（BMBF）的资助下成立。FEN 致力于研究和发展直流电网技术以促进能源转型。其中部分研究包括建设多端、中压直流、分布式电网。如图 6-12 所示，该工程[10]主要设计参数包括：运行电压为±2.5kV，总装机终端功率为 7.5MW，建设线路总长 2.5km。电网的设计已经完成，并于 2018 年初开工建设。主要地面工程于 2018 年年中竣工，并于 2019 年投入运行。

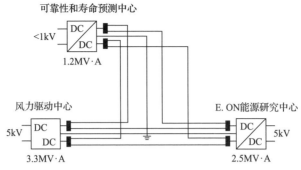

图 6-12　德国 FEN 中压直流工程示意图

6.3　国内直流输配电工程

2008 年开始，在国家高技术研究发展计划(以下简称 863 计划)和国家重点研发计划的推动下，国内相关单位逐步对直流配电网展开研究。目前，国内相关的直流配电示范与实证工程，主要用于分布式发电的就近消纳和敏感负荷供电等，尚未实现商业化和大规模推广，具体如表 6-2 所示。

表 6-2　国内示范工程介绍

工程名称	投运年份	直流电压等级	供电容量	应用场景
深圳宝龙工业区柔性直流配电工程	2017	±10kV	20MW	柔性直流配电
唐家湾多端交直流混合柔性配电网互联工程	2018	±110V、±10kV、±375V	40MW	多层级直流配电
苏州吴江中低压直流配电网工程	2021	±10kV	20MW	中低压直流配电网
贵州大学五端柔性直流配电示范工程	2018	±10kV	4MW	五端直流配电网
杭州江东新城智能柔性直流配电网示范工程	2018	±10kV	30MW	智能柔性直流配电网
苏州同里新能源小镇交直流混合配电网示范工程	2021	±750V、±375V	20MW	混合交直流多端口电力电子变压器
北京延庆交直流分区互联示范工程	2019	10kV	10MW	分区柔性互联
深圳未来大厦直流示范工程	2021	±375V、48V	345kW	光储直柔技术集成
雄安新区全直流生态低压直流供用电系统	2021	750V、48V	36.81kW	全直流生态
大理光伏直流升压并网技术示范系统	2021	±30kV	5MW	光伏直流串联升压、中压直流并网
张北分布式光伏多端口接入中低压直流配电系统实证平台	2021	±10kV、240V、±375V、	1.2MW	中压直流环网、中低压拓扑重构

6.3.1   深圳宝龙工业区柔性直流配电工程

深圳电网是全国供电负荷密度最大的特大型城市电网，随着近些年来宝龙工业区内敏感负荷的增多及直流负荷的大幅增加，深圳宝龙工业区柔性直流配电工程[16-18]为缓解深圳电网供电压力应运而生。

该示范工程的拓扑架构如图 6-13 所示，其采用 VSC 分别从碧玲变电站和丹荷变电站的 10kV 母线侧接收电能，以满足直流配电系统供电负荷的用电需求。该示范工程的用电负荷主要可以分为 4 类，包括高可靠性高电能质量的交流负荷、直流负荷、交流微电网以及直流微电网等，深圳宝龙工业区柔性直流配电工程两端的交流系统与中压直流配电母线之间均通过全控型 VSC 相连，大大提高了交流配电网的电能质量。

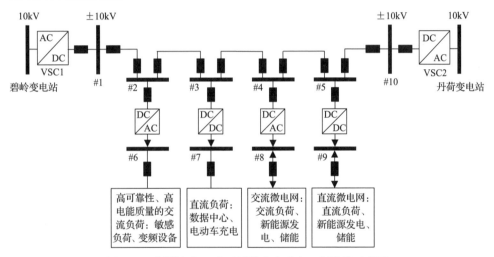

图 6-13   深圳宝龙工业区柔性直流配电工程接线示意图

深圳宝龙工业区柔性直流配电工程通过使用不同的设备模块，不仅满足了不同负荷的用电需求，还解决了分布式发电的就地消纳问题，降低了系统成本。该工程的直流变压器采用输入串联输出并联的多重化结构，其低压端采用并联方式以提高功率等级，而高压端则采用串联方式以提高电压等级，具备双侧定直流电压控制和功率双向传输功能，可通过近端储能站控制 2 个交流源的相移来调节功率流动的大小和方向，该工程中的控制保护系统、主设备选型及对直流配电系统的电气主接线方案等关键技术的深入研究，为我国中压直流配电系统的研究和工程实践提供了参考。

6.3.2   唐家湾多端交直流混合柔性配电网互联工程

作为世界上规模最大的多端交直流混合柔性配电网互联工程，唐家湾多端交直流混合柔性配电网互联工程[16,19,20]于 2017 年由广东电网有限责任公司开始筹建，并于 2018 年 12 月成功建成投运。

　　唐家湾多端交直流混合柔性配电网互联工程是典型的多层级直流配电工程，其拓扑架构如图 6-14 所示，该示范工程采用三端交流供电的拓扑结构。其中鸡山换流站Ⅰ、Ⅱ和唐家换流站的 VSC 出口通过±10kV 直流母线互相连接，光伏、储能、直流充电桩、直流负荷等组成±375V 低压直流系统，由三端互联直流配电母线供电。园区直流微电网则通过 DC-AC 换流器为 110V 交流负荷供电，±375V 低压直流母线则经过直流变压器与中压直流母线相连，从而形成多级直流配用电网络。

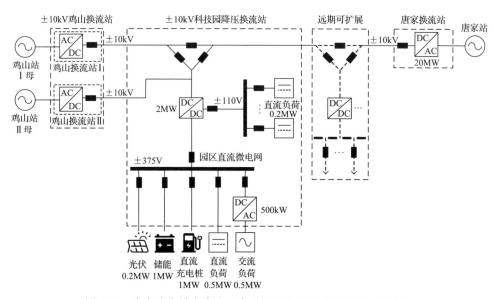

图 6-14　唐家湾多端交直流混合柔性配电网互联工程系统接线图

　　唐家湾多端交直流混合柔性配电网互联工程为世界上最大容量的±10kV 配电网柔性直流换流站，也是国际上首个±10kV、±375V、±110V 多电压等级交直流混合配电网示范工程，其采用星形网络拓扑结构和单极对称的主接线形式，以用来实现多端功率转供、对系统的潮流方向进行调节和对系统内各节点电压的调控，提高了系统的供电可靠性。由于在多端直流系统中通常存在多个线路交汇点，而在每个交汇点处均安装混合式直流断路器将极大地增加工程成本，因此，在保证可以清除任一线路故障的情况下，该示范工程采用三端口耦合负压型混合式直流断路器，在提高系统经济性的同时可实现多路协调关断，为解决多端直流系统断路器设置问题提供了宝贵经验。

6.3.3　苏州吴江中低压直流配电网工程

在"十三五"国家重点研发计划项目"中低压直流配用电系统关键技术及应用"的支持下，苏州吴江中低压直流配电网工程[16,21]由国网江苏省电力有限公司在 2018 年正式开始建设，并于 2021 年建成投运。

该工程主要可以分为用户侧、配电侧、主网侧 3 个部分，并具有±10kV、750V、375V 多电压等级，可以满足不同用户的直流供电需求。其中，该工程的配电侧共包括 3 座光伏升压站以及 7 座配电房，包括居民配电房、数据中心配电房、光伏站配电房、商业配电房、充电桩配电房，以及工业配电房Ⅰ和工业配电房Ⅱ。工程总容量约为 20MW，主网侧则包含苏州吴江经济技术开发区内的庞东换流站和九里换流站两座直流中心站。其中庞东换流站主变容量为 50MV·A，九里换流站主变容量为 50MV·A。

该工程的拓扑架构如图 6-15 所示，庞东换流站和九里换流站 2 个直流电源点通过 MMC 引出±10kV 直流母线，以满足直流负荷的用电需求与分布式电源的接

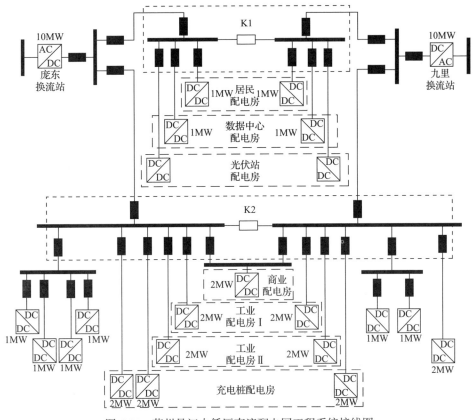

图 6-15　苏州吴江中低压直流配电网工程系统接线图

入。该工程的 7 座配电房按照负荷就近布置原则，由开闭所 K1 引入 2 回±10kV 进线，主要满足数据中心负荷、居民负荷供电及光伏接入；由开闭所 K2 也引入 2 回±10kV 进线，主要满足包括充电桩、工业与商业用电等负荷的供电需求。

6.3.4　贵州大学五端柔性直流配电示范工程

2018 年 9 月，我国首个中压五端柔性直流配电示范工程在贵州大学新校区建成投运[16]，该示范工程建立了国内首个将交流配电网、交流微电网、直流微电网、分布式电源、电动汽车充电站融合为一体的柔性交直流互联配电中心，提高了城市配电网运行的经济性和可靠性。

该示范工程的拓扑架构如图 6-16 所示，可以分为低压交流微电网、低压直流微电网和中压直流配电系统 3 个部分。其中低压交流微电网由混合储能电池、交流负荷、风力发电、备用电源等设备组成，其直接并联或经换流器并联在 380V 交流母线上；低压直流微电网则包含混合储能电池、多类型光伏组件、直流负荷、备用电源等直流设备，其直流母线电压为±375V；中压直流配电系统通过 3 个 1MV·A 的 MMC 与 10kV/10kV 隔离变压器和 10kV 交流配电网相连，其直流母线电压为±10kV，同时低压交流微电网和低压直流微电网分别通过#4 MMC 和直流

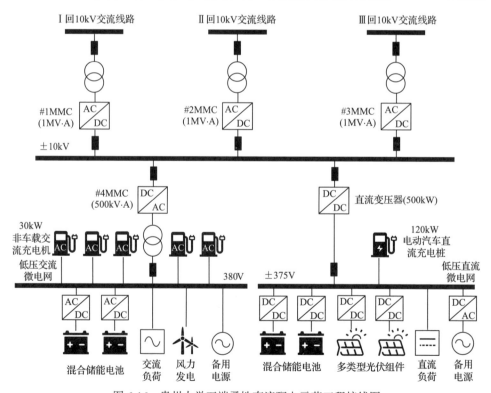

图 6-16　贵州大学五端柔性直流配电示范工程接线图

变压器(500kW)连接在±10kV 直流母线上,实现中压直流配电系统与低压交直流微电网的柔性互联。其中 MMC 和直流变压器均具有功率双向流动功能,可实现低压交流微电网、低压直流微电网与中压直流配电系统之间的功率控制。

该示范工程作为一种交直流混合的城市直流配电网,不仅考虑了光伏、风力等分布式能源,也接收了来自城市热力网的能量,并且通过多个换流器和直流变压器实现了多配电系统的功率控制和能量交换。该示范工程采用了开放式设计,对交直流负荷的增加和分布式电源的接入具有良好的灵活性。

6.3.5　杭州江东新城智能柔性直流配电网示范工程

为打造高效、可靠、经济、互动友好的现代化配电网,杭州供电公司于 2017 年正式启动并于 2018 年成功建成杭州江东新城智能柔性直流配电网示范工程[16],该示范工程极大地提高了杭州电网的供电可靠性,优化了杭州电网的供电能力。

该示范工程的拓扑架构如图 6-17 所示,项目共有临欣、新湾以及长征三座交流换流站,其中临欣换流站运行电压为 20kV,并通过 1 台 10kV AC/±10kV DC 的 FMMC 连接至 10kV 直流母线,新湾和长征换流站则分别通过 1 台 10kV AC/±10kV DC 的 HMMC 连接至 10kV 直流母线,其运行电压均为 10kV。10kV 直

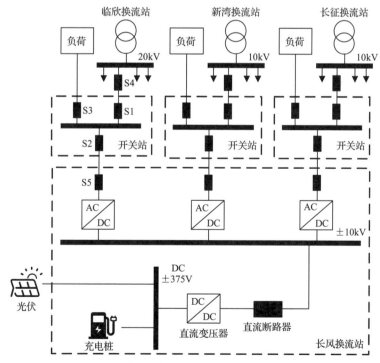

图 6-17　杭州江东新城智能柔性直流配电网示范工程接线图

流母线配备有一套±10kV 混合型直流断路器，并通过直流变压器将 10kV 电压转换至±375V 为负荷供电。

该示范工程的三台 MMC 中均未使用变压器，因此当出现直流侧单极接地故障时，交流侧会产生很大的直流偏置电流，该工程通过在 HMMC 中采用阻尼子模块(damping sub-module, DSM)抑制直流偏置电流，从而实现交流断路器的可靠分断，该示范工程的成功运行验证了无变压器直流配电系统的可行性以及阻尼子模块对交流断路器可靠分断的有效性，同时该工程采用的智能配电柔性多状态开关是我国相关设备研制的一大突破，减缓了三相不平衡、电压骤降等故障。

6.3.6　苏州同里新能源小镇交直流混合配电网示范工程

在"十三五"国家重点研发计划项目"基于电力电子变压器的交直流混合可再生能源技术研究"的支持下，国网江苏省电力有限公司于 2017 年开始建设包含光伏发电、太阳能热发电、风力发电及储电、储热、热利用等分布式可再生能源的基于 PET 的交直流混合配电系统——苏州同里新能源小镇交直流混合配电网示范工程[22]。

该工程的拓扑架构如图 6-18 所示。其直流功率来源是新能源小镇内的光伏电站、直流风机及外部电网引入的光伏功率，同时为了应对光伏发电与负荷用电需求不匹配问题，该工程配备有 200kW 的混合储能，小镇的交流功率则由交流中压线路从外网引入。该工程的用电负荷主要包括路灯、充电桩、中心站、直流数据中心、直流空调以及公交充电等。

小镇的交流电网和直流电网之间通过两台 3MV·A 多端口 PET 实现互联，共计 10kV AC、380V AC、±750V DC、±375V DC 等四个端口，小镇依托大容量多端口 PET 构建交直流混合配电网，提高了系统可靠性和电能质量，而针对多端口 PET 接入的交直流混合配电系统多运行场景的复杂工况，小镇则采用了划分多电压等级分区的分层分布式控制策略。

6.3.7　北京延庆交直流分区互联示范工程

在 863 计划课题"交直流混合配电网关键技术"的支持下，国网北京市电力公司于 2015 年在北京市延庆区八达岭经济开发区开展了 10kV 交直流混合配电网工程建设，北京延庆交直流分区互联示范工程于 2019 年正式建成，并投运了国内外首个 10kV 交直流混联物理实验平台。

该示范工程的拓扑架构如图 6-19 所示。作为国内外首个 10kV 三端柔性环网控制示范工程，该工程通过引入分区柔性互联技术，构建了潮流可控、拓扑灵活的主动配电网，实现了对当地配电系统的改造和与区域智能微电网的交互，提高了能源传输的网络容量。北京延庆交直流分区互联示范工程采用的三端柔性直流

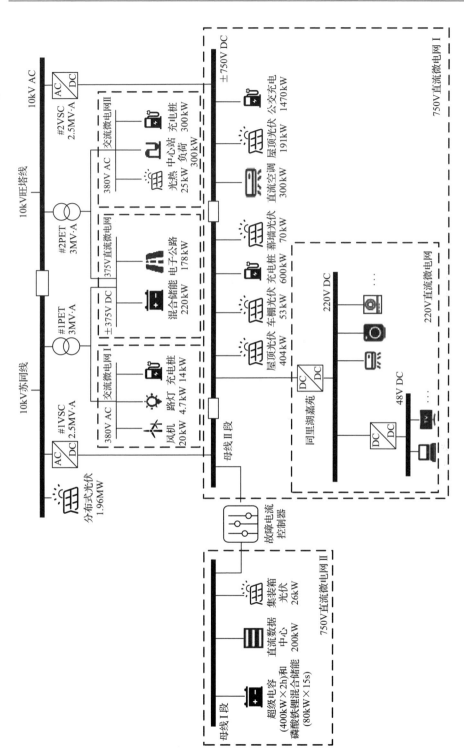

图6-18 苏州同里新能源小镇交直流混合配电网示范工程主要构成示意图

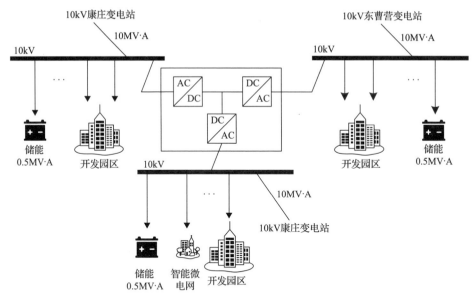

图 6-19　北京延庆交直流分区互联示范工程示意图

互联装置额定容量为 10MW，实现了环网闭环运行以及与相邻环网的互联，解决了高密度可再生能源的接入问题。

　　该项目成功研制了交直流混合配电网规划与保护测控模块、中压配电网运行控制软件、10kV 柔性环网控制装置，实现了交直流混合环网闭环运行控制和面向城市不同供电区域之间的柔性直流互联，并解决了高密度可再生能源接入问题，从而提高了交流配电网的可靠性。

6.3.8　深圳未来大厦直流示范工程

　　为进一步提高中国公共建筑整体能效水平，促进高效节能低碳技术的应用，深圳供电局有限公司联合深圳市建筑科学研究院股份有限公司等单位在 2021 年正式建成深圳未来大厦直流示范工程[23,24]，该示范工程采用光储直柔技术集成方案，实现了整个建筑用电负荷的柔性调节，推动了我国建筑领域可再生能源的消纳和利用进程。

　　该示范工程拓扑架构如图 6-20 所示。整个大厦采用了 ±375V 和 48V 两种电压等级，其中 48V 满足工作站、传感器、照明等负荷需求，同时兼顾安全和节能，±375V 则为空调等持续提供电能。另外，深圳未来大厦配置了 150kW·h 的光伏系统，并通过具备 MPPT 功能的变换器接入直流母线，因此通过充分利用光伏系统，大厦有可能实现净零能耗，同时为了解决光伏发电与负荷不匹配问题，大厦也配置了 300kW·h 的电池储能系统。而在用电负荷的柔性控制方面，深圳未来大厦则采用基于直流母线电压的自适应控制策略，建立了直流母线电压与建筑设备功率之间的联动关系，并通过调节直流母线电压来调节建筑的总功率。

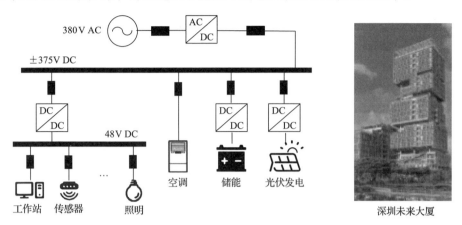

图 6-20　深圳未来大厦直流配电系统示意图

该项目为建筑领域提供了可再生能源利用、建筑负荷柔性调节的参考解决方案。

6.3.9　雄安新区全直流生态低压直流供用电系统

雄安新区近年来在直流供用电领域开展了若干工程实践，使雄安成为直流全生态[25]的先行者、引跑者和贯彻新发展理念的创新发展示范区。雄安新区成立了智慧物联直流共享实验室。这是目前国际上首个集中低压直流配用电、低压动模仿真、直流用电展示等功能于一体的试验与展示平台，聚焦中低压直流技术开展系统仿真与设计、方案验证与分析、装备研发与测试、直流用电设计与展示，并将研究成果优先应用于雄安新区，助力雄安新区建设全国直流应用示范城市。

目前，雄安新区正在持续规划建设全直流生态的 LVDC 供用电系统，2021 年，雄安·中交未来科创城项目服务中心——"未来源点"已经启动开放，实现了光伏直流系统在雄安建设中的顺利落地。雄安·中交未来科创城位于雄安高铁站东广场南侧，其中，"未来源点"的光伏系统装机容量为 36.81kW，建筑配电系统采用分级直流母线微电网结构，涵盖 48V DC 与 750V DC 两个典型电压等级，配置完备的直流系统故障保护。"未来源点"项目打造了一个融合高效发电、可靠变电、灵活用电、能源实时控制、信息集中管理的直流供用电系统，使得不同功率类型的负载的运行更加高效节能、安全可靠。

6.3.10　大理光伏直流升压并网技术示范系统

在"十三五"国家重点研发计划项目"大型光伏电站直流升压汇集接入关键技术及设备研制"的支持下，中国科学院电工研究所、云南电网有限责任公司等单位于 2021 年在大理正式建成±30kV/5MW 大型光伏直流升压并网技术示范系统[26]，突破了大型光伏电站直流升压汇集接入的关键技术。

该示范工程系统拓扑架构如图 6-21 所示，由 4 路光伏直流（串联）升压单元通过 MMC 并联至交流电网，该项目共研制了六种关键装备，包括分别基于 GaN 高电子迁移率晶体管和 SiC MOSFET 的两种光伏直流升压变流模块、±30kV/1MW 和串联型 20kV/500kW 两种光伏直流升压变流器、一套 DC-AC 换流器（运行电压为±30kV，额定容量为 5MW）以及一成套控制保护系统。该示范工程为我国大型可再生能源基地的电能接入、送出、汇集工程实践提供了一定的支撑。

6.3.11 张北分布式光伏多端口接入中低压直流配电系统实证平台

依托"十三五"国家重点研发计划项目"分布式光伏多端口接入直流配电系统关键技术和装备"，本书项目团队于 2018 年启动，并于 2021 年在中国电力科学研究院有限公司"新能源与储能运行控制国家重点实验室"张北试验基地建成"兆瓦级分布式光伏多端口接入直流配电系统实证平台"[27]。该实证平台架构设计如图 6-22 所示。

该平台配置中压直流模拟负载、多类型低压直流负载、中低压直流变压器、中压直挂储能变流器，可开展分布式光伏多端口接入直流配电系统关键装备实证。平台电压等级包括：直流±10kV、直流±375V、交流 380V。平台通过多端口直流接入 1.2MW 光伏，目前配置有 5 种光伏直流变换器，包括基于 SiC 器件的 200kW 光伏±10kV 直流变换器、基于 Si 器件的 200kW 单支路光伏直流变换器、200kW 多支路光伏±10kV 直流变换器、500kW 多端口光伏±10kV 直流变换器以及基于 SiC 器件的 50kW 光伏直流变换器。

该平台可对直流配电系统关键技术与装备进行集中实证验证，在运行中不断对产品技术与装备进行优化，因此该实证平台技术特点如下。

（1）运行条件可切换：系统既有长期运行的需求，也需要主动改变运行场景，包括网络结构、电网供电质量、负荷运行状态的设置。

（2）平台具有兼容性、前瞻性：实证平台具有多种组件接入方式、并网电压等级，可以满足多种类型的光伏直流并网装备并网要求。

（3）数据采集完整性、全面性：对系统运行数据的采集不仅用于系统稳定运行，也要用于设备运行状态的分析，对电气测量数量、精度、物理量类型要求更高。

（4）数据分析的长期性：原始数据多为长时间的电压电流瞬时录波数据，统计分析是实证数据处理的最重要手段，其他还包括噪声数据的过滤、特征数据的计算等。

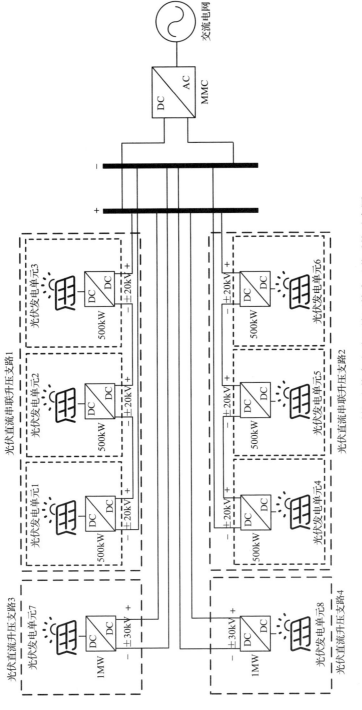

图 6-21　大型光伏直流升压并网技术示范系统示意图

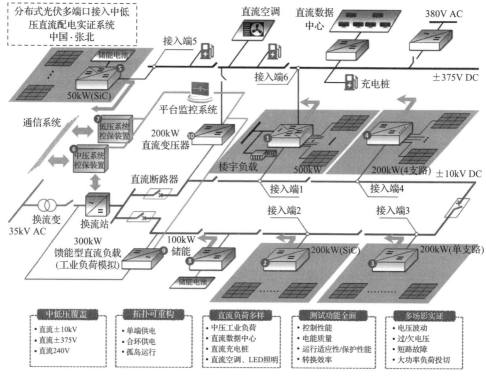

图 6-22　张北分布式光伏多端口接入中低压直流配电系统实证平台架构示意图

依据当前国内外典型的直流示范工程，以及未来直流配电的主要应用场景，该实证平台通过三套±10kV 直流断路器,设计了拓扑可重构、负荷可模拟的功能,用于构建典型直流配电场景。该平台是目前世界复杂度最高、首个兆瓦级分布式光伏多端口直流接入实证工程，设计了涵盖组件切换、一次拓扑构建、二次控保系统和测量系统的实证整体方案，首次实现了以分布式光伏为主体的多端口中压直流电网稳定运行。

该平台可为各类型直流配电网装备的实验验证提供基础，为各类直流配电的工程实践提供全方位支撑。

6.4　技术标准化工作

随着中低压直流配电技术的快速发展与工程实践的不断深化，尽快建立相应的各类技术标准，建立完善的中低压直流配电系统的标准体系，对促进直流装备产业发展与直流工程建设尤为重要。中低压直流领域的国际标准工作，最早可追溯至 21 世纪初。我国相关标准工作虽起步较晚，但发展迅速，呈现出"以自主制定为主、以国际标准为辅"的新格局。目前，国内外日益重视中低压直流配电技术标准的制定与更新，以契合该领域的发展变化。

6.4.1　国际标准工作

1. IEC 国际标准工作

国际电工委员会(IEC)成立于 1906 年，它是世界上成立最早的国际性电工标准化机构，负责有关电气工程和电子工程领域中的国际标准化工作。1904 年在美国圣路易召开的国际电工会议上通过了关于建立永久性机构的决议。1906 年 6 月，13 个国家的代表集会伦敦，起草了 IEC 章程和议事规则，正式成立了国际电工委员会。1947 年 IEC 作为一个电工部门并入国际标准化组织(ISO)，1976 年又从 ISO 中分立出来。IEC 的宗旨是促进电工、电子和相关技术领域有关电工标准化等所有问题(如标准的合格评定)的国际合作。

SG1 是 IEC 标准化管理局(IEC/SMB)决定成立的临时机构。2014 年 11 月，IEC 正式批准在 SG1 下设置了 IEC/SMB/SEG4 工作组，该工作组持续到 2017 年完成相关工作。SEG4 工作组采用 WG1～WG6 子工作组架构，其中：WG1 负责收集、分析 LVDC 现有标准，WG2 负责 LVDC 利益相关者的评估与参与，WG3 负责市场评估，WG4 负责电压等级调查与合理化，WG5 负责安全数据调查与合理化，WG6 负责研究 LVDC 如何提高电力普及应用。

IEC/SMB/SEG4 于 2016 年发布低压直流发展报告，指明了 LVDC 的工作方向，指出系统应重点考虑安全、可靠性、模块化升级维护、即插即用等方面。报告还指出 LVDC 主要可行的应用模式包括集中式直流发电站、微电网、智能楼宇、低成本的 PV-LED(指太阳能电池与 LED 组合的照明方式)等。报告指出对于标准的制定，应重视住宅模数化功率设计、不同网络间的兼容性、全生命周期管理等方面。

2017 年 1 月在 SEG4 的基础上，SyC LVDC(低压直流系统委员会)正式设立，负责研制系统标准、标准化路线图、通用用例、参考架构，梳理标准列表。

2017 年 10 月，IEC TC8 技术委员会为响应 SEG4 低压直流发展报告及 SyC LVDC 的工作需要，成立了 IEC TC8/WG9(第九工作组，"低压直流配电系统")，专门开展低压直流配电网相关的标准工作。

IEC SC 8A "大容量可再生能源接入电网" 技术分委会于 2013 年 7 月正式成立，主要负责大容量可再生能源发电并网技术领域的国际标准化工作，涵盖大容量可再生能源发电(包括风电、太阳能等)并网的术语和定义、资源评价与功率预测、并网技术条件、规划与设计、并网符合性、运行与维护、控制和保护、分析与评估等方面。

IEC SC 8A 技术分委会于 2020 年 5 月正式批准成立 IEC SC 8A/WG7(第七工

作组，"分布式光伏发电接入直流系统及用例"）。该工作组主要聚焦高渗透、规模化分布式光伏接入各类直流系统的交互影响问题，围绕中压与低压直流开展的相关国际标准制定工作。

2. IEEE 国际标准工作

IEEE 标准协会（IEEE Standards Association）是世界领先的标准制定机构，隶属于电气与电子工程师学会（IEEE）。IEEE 标准协会通过开放的流程，采用无国界标准化模式，制定市场推动以及行业普遍认可的标准。IEEE 标准在制定过程中，注重吸纳新兴科学技术知识，明确技术指标和管理规范。

1）IEEE Std 1547-2018

IEEE 1547 系列标准是 IEEE 关于微电网和分布式电源并网的主要技术标准。IEEE 燃料电池、光伏、分布式发电和储能（fuel cells, photovoltaics, dispersed generation, and energy storage）标准协调组在 2003 年发布了 IEEE 1547-2003（standard for interconnecting distributed resources with electric power systems，分布式资源与电力系统的互联标准）。这是分布式电源和微电网一系列互联标准中的第一项标准。从此，标准协调组陆续制定颁布了微电网并网的一系列标准及草案。

该系列标准最新的 IEEE Std 1547-2018 标准修订自 IEEE Std 1547-2003 版标准，规范了分布式能源（DER）与电力系统（EPS）的物理与电气互联的统一要求。该标准提供了 DER 互联的性能、操作、测试、安全和维护等相关要求。该标准还包括一般要求：对异常情况的响应、电能质量、孤岛和测试规范，以及对设计、生产、安装评估、调试和定期测试的要求。

2）IEEE Std 1709-2018

为了对发展迅速的船舶中压直流电力系统进行规范，IEEE 工业应用协会推出了 IEEE Std 1709 标准。该标准于 2010 年制定首版，2018 年修订，是对 IEEE Std 45 船舶电力系统系列标准的补充。该标准针对船舶中压直流电力系统的设计、制造、安全规程、实践和操作步骤等内容进行了规范，还针对电气元件可靠接入船舶中压电力系统的分析方法、互联接口和性能评价参数等给出了推荐方案。

标准面向的对象是民用和军用船舶的设计师和评估人员、造船工程师、港口操作员、设备制造商、研究机构和大学等。标准给出了船舶中压电力系统涉及的主要方面，给出了结合现有技术提升船舶电力系统可靠性、生存力和电能质量的推荐实践方案。标准给出了针对 1～35kV 电压等级的船舶中压直流电力系统分析方法、推荐互联方案、性能评价参数和测试方案。该标准的目的在于，对船舶中压电力系统的接口、尺寸、生命周期成本、效率等内容给出推荐定义。

3）IEEE Std 2030

IEEE 2030 系列标准为全球范围内的智能电网提供了另外一种尝试和最佳实践范例，也对能源技术和信息技术与电力系统、终端应用、负载的智能电网互操作性做出了规定。例如，IEEE Std 2030.5-2018 规范了使用传输控制协议/互联网协议（TCP/IP）在传输层和网络层中提供功能的应用层标准，以实现对终端用户能源使用情况的管理。用户能量管理包括需求响应、负载控制、每日定价、分布式发电、电动汽车的管理等。IEEE 2030 系列标准指南现已从以下三个方面启动。

《电能动力交通设施指南》（IEEE P 2030.1 TM）：为公共机构、制造商、运输供应商、基础设施开发商、电动车消费者和寻求解决路面个人交通和公共交通运输问题，支持基础设施建设的相关人员提供了指导方针。

《接入电力系统的储能系统互操作性指南》（IEEE P2030.2 TM）：旨在帮助消费者更好地了解储能系统。储能系统把电力系统的离散式和混合型储能系统接入到电力基础设施中，并使用了不同系统拓扑结构。

《储能系统接入电网测试标准》（IEEE P2030.3 TM）：该标准为电力能源存储设备和系统中的测试过程以及电力能源系统应用确立了标准。

6.4.2　我国标准工作

1.《中低压直流配电电压导则》（GB/T 35727—2017）

国内由中国科学院电工研究所、中机生产力促进中心、中国电力科学研究院有限公司等机构共同起草，并由中华人民共和国国家质量监督检验检疫总局和中国国家标准化管理委员会发布了中华人民共和国国家标准——《中低压直流配电电压导则》（GB/T 35727—2017）[28]，主要规定了中低压直流配电应遵循的电压等级和电压偏差。

1）相关术语定义

（1）直流配电系统：以直流方式实现与用户电气系统交换电能的配电系统。

（2）系统标称电压：用以标志或识别系统电压的给定值。

（3）直流供电电压：直流配电系统供电点处的极对极或极对地电压。

（4）负荷距：在满足线路末端电压要求的前提下，将单位功率输送的最远距离，也可换算成一定功率输送的最远距离。

（5）直流电压偏差：实际运行电压对系统标称电压的偏差相对值。

2）电压等级划分

将 3000（±1500）V～±50kV 划定为中压范围，将 110V～1500（±750）V 划定

为低压。同时给出了中低压直流配电系统的标称电压建议值(表 6-3、表 6-4)。

表 6-3 中压直流配电系统的标称电压 (单位:kV)

优选值	备选值
	±50
±35	
	±20
±10	
	±6
±3	
3(±1.5)	

注:未标正负号的电压值对应单极性直流线路,标有正负号的电压值对应双极性直流线路。建议在未来新建系统中优先采用优选值。基于技术和经济原因,某些特定的应用场合可能需要另外的电压。

表 6-4 低压直流配电系统的标称电压 (单位:V)

优选值	备选值
1500(±750)	
	1000
750(±375)	
	600
	440
	400
	336
	240
220(±110V)	
	110

注:未标正负号的电压值对应单极性直流线路,标有正负号的电压值对应双极性直流线路。基于技术和经济原因,某些特定的应用场合可能需要另外的电压。

3)直流电压偏差

(1)10kV～±50kV 等级的直流供电电压偏差范围为标称电压的 −10%～5%。

(2)1500V～±6kV 等级的直流供电电压偏差范围为标称电压的 −15%～5%。

(3)1500V 以下等级的直流供电电压偏差范围为标称电压的 −20%～5%。

4)负荷距

直流配电系统负荷距计算时需综合考虑电压等级、导线标称截面、最高长期允许运行温度等因素。《中低压直流配电电压导则》(GB/T 35727—2017)中给出了运行温度为 70℃时各典型标称截面下直流配电系统的负荷距,感兴趣的读者可自行查阅。

2.《标准电压》(GB/T 156—2017)

《标准电压》(GB/T 156—2017)[29]以 IEC 60038 为基础进行修改，补充了高压直流输电系统的标准电压：±160kV(±200kV 备选)、±320kV(±400kV 备选)、±500kV(±660kV 备选)、±800kV、±1100kV。中低压直流配电系统与高压直流系统互联装置的电压设计应当与《标准电压》(GB/T 156—2017)和《中低压直流配电电压导则》(GB/T 35727—2017)所述电压等级相对应。

3.《能源路由器功能规范和技术要求》(GB/T 40097—2021)

直流配电系统是能源互联网的重要组成部分。由中国电力科学研究院有限公司等单位起草的《能源路由器功能规范和技术要求》(GB/T 40097—2021)已于 2021 年正式发布。此标准定义了能源互联网的相关术语与组成部分，也为直流配电系统的发展提供了一个方向。

1) 相关术语定义

(1) 能源路由器(能量路由器)：以电能路由器为基本模块，可汇集和管理电、热、冷、气、油、水及其他形式能源，具备能量转化以及功率变换、传递和路由功能，并实现能源物理系统与信息系统的融合，能控制和协调其管理的多种能源、储能和负荷，是支撑能源互联网的核心装备或系统之一。

(2) 能量路由：能在三个或以上能量端口之间，根据外部控制指令或依据实际工况进行能量的传输分配和路径选择。

(3) 狭义能源互联网：是指以系列电能路由器为核心装备构建的，以传输和管理电能为主的能源互联网。

(4) 广义能源互联网：是指以系列能源路由器(能量路由器)为核心装备或系统构建的，除传输和管理电能以外，还同时传输和管理热、冷、气、油、水等其他能源形式的能源互联网。

2) 能源互联网基本原则

(1) 合理开放：以电能功率变换和管理为核心，以多种能量的多向可控流动为基本特征，可实现多种形式能源的转换、变换和管理，具备多源信息融合、多目标共享的合理开放节点，参考市场机制的资源配置和竞争优势，鼓励需求侧和第三方主体参与能源管理和交易，可实现能量的统一配置或分布式配置，支撑能源互联网的协调运行。

(2) 能量综合管理：支撑以电网为核心的多能融合的能源互联网，以提升能源综合利用价值为目标，采取协同控制和运行手段，维持安全稳定的能量传输和供应，保障供、储、需侧选择权，实现能量多元、多端可控。

（3）信息物理融合：在对能源物理系统感知的基础上，深度融合计算、通信、协调和控制能力，以物联网为基础，通过能量流、数据流、业务流的协调，使能源网络具有更高的灵活性、自治性、可靠性、经济性和安全性。

（4）分布与自治相结合：以能源互联网低碳化、去中心化和普及化为宗旨，通过有效利用大量分布式能量采集装置、分布式能量储存装置和各种可控负荷等可调资源，实现以电能和多能互补为基础的区域自治体系和多源协同架构。

4.《船舶中压直流电力系统通用要求》（GB/T 35719—2017）

中压直流系统在交通电气化领域中具有显著的技术优势，具有调速性能佳、节约空间、运行经济性好等优点。《船舶中压直流电力系统通用要求》（GB/T 35719—2017）由中船重工集团公司第七〇四研究所、青岛海检集团有限公司起草，规定了 1～35kV 船舶中压直流电力系统的基本要求、设计和结构、试验要求、检查和预防性维护，适用于船舶中压直流电力系统的设计、制造。

1）相关术语定义

给出了全速倒车、应急状态、电力品质、使用质量等船舶中压直流电力系统常用术语的定义。

2）基本要求

针对定额、接地、电气隔离、稳定性、效率、电力质量、保护、负载和发电机的连接与断开、功率管理系统等船舶中压直流电力系统基本要求做了具体阐述。

3）设计和结构

给出了船舶中压直流系统的推荐结构型式、结构设计、安全设计等方面的基本要求。

4）试验要求

给出了中低压直流电力系统试验、特殊中压直流试验、例行试验、电缆安装后试验和应急状态试验的基本要求。

此外，该标准还给出了针对船舶中压直流电力系统的检查和预防性维护等要求。未来中低压直流配电系统的构建将基于新一代能量流、信息流、业务流合一的能源互联网，其具有高度互联的特点。同时，用户侧参与开放式的电网管理，受能源路由机制影响，直流配电网中的电能流向更加灵活，能源利用更加高效，同时，直流配电系统应具备自治功能，以形成区域自治、多能协同体系。

综上所述，随着直流配电技术的发展，尽管相关标准规范正在出台和不断完善，但尚不足以支撑中低压直流配电系统的规模化规划与建设。随着能源互联网成为世界能源综合体的主要方向，中低压直流配电系统的标准体系亟待完善，以适应高度互联的未来能源网的需求。

6.5 本 章 小 结

中低压直流配电系统的发展和推广，对于实现以新能源为主体的新型电力系统、促进我国可持续发展具有重要意义。本章介绍了近年来国内外主要直流配电系统的示范与实证工程，实践表明直流配电系统是促进新能源消纳和提升区域电网安全稳定运行能力的有效途径。

目前，国内外的直流配电系统尚未实现商业化和大规模推广，示范工程辐射范围较小，实证平台潜力未能充分挖掘。随着直流配电技术的发展，尽管相关标准规范正在出台和不断完善，但尚不足以支撑中低压直流配电系统的规模化规划与建设。

未来中低压直流配电系统的构建将基于新一代能量流、信息流、业务流合一的能源互联网，其具有高度互联的特点。同时，用户侧参与开放式的电网管理，受能源路由机制影响，直流配电网中的电能流向更加灵活，能源利用更加高效，直流配电系统应具备自治功能，以形成区域自治、多能协同体系。随着能源互联网成为世界能源综合体的主要方向，中低压直流配电系统的工程实践与标准化工作面临巨大的机遇和挑战，直流配电系统将以其技术和经济优势而拥有广阔的发展前景，以适应高度互联的未来能源互联网的需求。

参 考 文 献

[1] 屠卿瑞, 徐政. 多端直流系统关键技术概述[J]. 华东电力, 2009, 37(2): 267-271.

[2] 汤广福, 罗湘, 魏晓光. 多端直流输电与直流电网技术[J]. 中国电机工程学报, 2013, 33(10): 8-17, 24.

[3] 徐殿国, 刘瑜超, 武健. 多端直流输电系统控制研究综述[J]. 电工技术学报, 2015, 30(17): 1-12.

[4] 熊雄, 季宇, 李蕊, 等. 直流配用电系统关键技术及应用示范综述[J]. 中国电机工程学报, 2018, 38(23): 6802-6813, 7115.

[5] 宋强, 赵彪, 刘文华, 等. 智能直流配电网研究综述[J]. 中国电机工程学报, 2013, 33(25): 5, 9-19.

[6] 江道灼, 郑欢. 直流配电网研究现状与展望[J]. 电力系统自动化, 2012, 36(8): 98-104.

[7] 王丹, 毛承雄, 陆继明, 等. 直流配电系统技术分析及设计构想[J]. 电力系统自化, 2013, 37(8): 82-88.

[8] 张伟, 韦涛, 陈庆, 等. 中低压直流配用电系统接地方式选择研究[J]. 电力电子技术, 2019, 53(12): 84-89.

[9] 吴盛军, 王益鑫, 李强, 等. 低压直流供电技术研究综述[J]. 电力工程技术, 2018, 37(4): 1-8.

[10] CIGRE. WG C6.31: Medium voltage direct current(MVDC)grid feasibility study; Technical Brochure TB793[R]. CIGRE: Paris, 2020.

[11] 盛万兴, 李蕊, 李跃, 等. 直流配电电压等级序列与典型网络架构初探[J]. 中国电机工程学报, 2016, 36(13): 3358, 3391-3403.

[12] Kakigano H, Miura Y, Ise T, et al. Low-voltage bipolar-type DC microgrid for super high quality distribution[J]. IEEE Transactions on Power Electronics, 2010, 25(12): 3066-3075.

[13] Kakigano H, Miura Y, Ise T, et al. DC micro-grid for super high quality distribution-system configuration and control of distributed generations and energy storage devices[C]//Proceedings of the 2006 37th IEEE Power Electronics Specialists Conference, Jeju, 2006: 1-6.

[14] Stieneker M, Butz J, Rabiee S, et al.Medium-voltage DC research grid Aachen[C]//International ETG Congress, Bonn, 2015: 1-7.

[15] de Doncker R W, Mura F. Design aspects of a medium-voltage direct current(MVDC)grid for a university campus[C]//Proceedings of the 8th International Conference on Power Electronics and ECCE Asia, Jeju, 2011: 2359-2366.

[16] 姜淞瀚, 彭克, 徐丙垠, 等. 直流配电系统示范工程现状与展望[J]. 电力自动化设备, 2021, 41(5): 219-231.

[17] 刘国伟, 赵宇明, 袁志昌, 等. 深圳柔性直流配电示范工程技术方案研究[J]. 南方电网技术, 2016, 10(4): 1-7.

[18] 胡子珩, 马骏超, 曾嘉思, 等. 柔性直流配电网在深圳电网的应用研究[J]. 南方电网技术, 2014, 8(6): 44-47.

[19] 曾嵘, 赵宇明, 赵彪, 等. 直流配用电关键技术研究与应用展望[J]. 中国电机工程学报, 2018, 38(23): 6791-6801, 7114.

[20] 屈鲁, 余占清, 陈政宇, 等. 三端口混合式直流断路器的工程应用[J]. 电力系统自动化, 2019, 43(23): 141-146, 154.

[21] 苏麟, 朱鹏飞, 闫安心, 等. 苏州中压直流配电工程设计方案及仿真验证[J]. 中国电力, 2021, 54(1): 78-88.

[22] 姚晓君, 齐保振, 管笠, 等. 以交直流混联电网为核心的区域能源互联网研究与实践[J]. 电力与能源, 2020, 41(4): 488-491.

[23] 李雨桐, 郝斌, 赵宇明, 等. 低压直流配用电技术在净零能耗建筑中的应用探索[J]. 广东电力, 2020, 33(12): 49-55.

[24] 刘晓华, 张涛, 刘效辰, 等. "光储直柔"建筑新型能源系统发展现状与研究展望[J]. 暖通空调, 2022, 52(8): 1-9, 82.

[25] 梁永亮, 吴跃斌, 马钊, 等. 新一代低压直流供用电系统在"新基建"中的应用技术分析及发展展望[J]. 中国电机工程学报, 2021, 41(1): 13-24, 394.

[26] 陈卓, 蒋艾町, 梁亚博. 云南大理光伏±30kV 柔性直流输电工程过电压与绝缘配合研究[J]. 四川电力技术, 2021, 44(1): 14-19, 61.

[27] 郭铭群, 梅念, 李探, 等. ±500kV 张北柔性直流电网工程系统设计[J]. 电网技术, 2021, 45(10): 11.

[28] 中华人民共和国国家质量监督检验检疫总局, 中国国家标准化管理委员会. 中低压直流配电电压导则: GB/T 35727—2017[S]. 北京: 中国标准出版社, 2017.

[29] 中华人民共和国国家质量监督检验检疫总局, 中国国家标准化管理委员会. 标准电压: GB/T 156—2017[S]. 北京: 中国标准出版社, 2017.